地球を「売り物」にする人たち

異常気象がもたらす不都合な「現実」

マッケンジー・ファンク 著

柴田裕之 訳

ダイヤモンド社

WINDFALL

by

McKenzie Funk

This edition published by arrangement with The Penguin Press,
a member of Penguin Group (USA) LLC, a Penguin Random House Company
through Tuttle-Mori Agency, Inc., Tokyo

COLD RUSH

北極海の氷が解けるにつれて出現してきた北西航路の縁で歩哨（ほしょう）に立つカナダ軍兵士（第１章）

SHELL GAMES

縮小を続けるアラスカのチュクチ海。シェルが2012年に掘削を始めたこの海は、120億バレルもの石油を産出しうる（第２章）

ノルウェーの「スノーヴィット」は、世界最北の天然ガス採掘施設で、ここを北極圏の未来のモデルにしている石油会社もある（第２章）

GREENLAND RISING

グリーンランドのフィヨルドは、融解の時期が早まり、凍結の時期が遅くなっているため、
海上輸送が可能な期間と氷山が見られるシーズンが長くなっている（第３章）

グリーンランドの氷河が後退するにつれて鉱床が露出し、採掘が可能になったブラック・エンジェルのような鉱山が、デンマークからの独立に向けての運動への資金提供を支えることが見込まれている（第３章）

FATHER OF INVENTION

イスラエルの淡水化エンジニア、アヴラハム・オフィールは、飲料水を得る方法を模索しているうちに、高性能の人工雪製造機を発明した。今や彼の製造機は融解の進むアルプス山脈で使われている（第４章）

TOO BIG TO BURN

民間保険会社のために働く民間の消防士。ロサンジェルスでクライアントの住宅を守るために大急ぎで作業をしているところ（第５章）

UPHILL TO MONEY

南カリフォルニアでの歴史的な旱魃のあいだに、国境を越えてメキシコへ滲み出す水の量を減らすため、オールアメリカン運河の改良工事が行われていた。漏出を免れた水は、サンディエゴに供給される（第６章）

FARMLAND GRAB

食糧価格が高騰するなか、アメリカの投資家フィル・ハイルバーグ（右）は、何千平方キロメートルもの農地を獲得するために、南スーダンの将軍の息子ガブリエル・マティップと契約を結んだ（第７章）

GREEN WALL, BLACK WALL

アフリカでは、サハラ砂漠の拡大を防ぐための試みとして、約7000キロメートルに及ぶ「緑の長城」を生み出す植樹プロジェクトが進められている。最初のフルシーズンが終わったあと、それを祝うために行進するボランティアたち（第8章）

SEAWALLS FOR SALE

左の写真に写っているマエスラントのもののような巨大な堰によって高潮から守られているオランダは、懸念を深める世界に対して、洪水対策の専門技術を売っている（第10章）

GREAT WALL OF INDIA

バングラデシュのダッカは、サイクロンや上昇する海面から逃れて移り住んでくる人で、毎年50万ずつ人口が増えている。さらにインドへと向かう人々の前には、不法移民を防ぐべくつくられた世界最長の国境フェンスが待ち受けている（第９章）

通行人をこのイベントに誘う2人のモデル）に声をかけられて中に入った人々は、たちまちコートを脱ぎ、マフラーを外した。それほど温度差が大きかった。そう、それが肝心なのだ。

この人目を引く催しは一種のお披露目パーティで、ドイツ銀行がアメリカ各地で展開していた、80のイベントから成る「投資環境は変動している」の巡回宣伝のうちでも、いちばんお金をかけたものだった。スケールと構想力の点でこれに並ぶのは、数週間前にビバリーヒルズのロデオドライブ沿いに同銀行がしつらえたスキー場と全長30メートル近いスノーボードスロープぐらいだろう。このときには、シカの角製シャンデリアや木製のスノーシューズで飾られたシャレー、ドイツ銀行のロゴが入った氷の彫刻群、女性スキーヤーに扮（ふん）したモデルたち、アイスランドから取り寄せたボトル入り飲料水、ヴェルサーチの店舗の屋上から吹き下ろす人工雪、冷凍トラックに満載して運び込んだ氷の塊を機械で削って作った、さらにリアルな人工雪30トン、プロのスノーボーダー2人（適切なジャンプ台が造られていなかったと、彼らはのちに不平を漏らすことになる）が用意された。

マンハッタンとビバリーヒルズのイベントには締めて150万ドルかかったが、どちらもカーボンニュートラルだ、とドイツ銀行は自慢した。イベントでの温室効果ガス排出は、インドでのバイオガス・プロジェクトへの投資によって帳消しになるというのだ。サウスストリート・シーポートでは、カーボンクレジット社発行の保証書が証拠として入場者全員に配られた。ジャングルパーティは3時間続き、温室効果ガス152トンを排出したが、これは平均的なインド人なら3度人生を送らなければ排出できない量に相当する。

ブラジリアン・ガールズ（実は本物のブラジル人は1人もおらず、女性も1人だけのグループ）による

ＤＪセットが始まる前に、銀行の幹部たちは記者会見を行った。これは２００８年初頭のことで、北極圏の氷の記録的な融解や、アル・ゴアの恐ろしげな映画、気候変動に関する政府間パネル（ＩＰＣＣ）による陰鬱な報告のせいで世間が依然として浮き足立っているのを尻目に、すでに大手投資会社６社が地球温暖化をテーマとするオープンエンド型投資信託を設定していたのだ。ドイツ銀行のものは、29億ドル規模の「ＤＷＳ地球温暖化対策関連株投信」で、ジャングルのイベントはその宣伝用だった。プレスリリースでは、次のような説明がなされていた。「ＤＷＳ地球温暖化対策関連株投信は、気候変動の如何に振りまわされることなく、気候変動関連投資の最先端を行きます」

ジャングルイベントの目的は、「たんに、気候変動が起こっていることだけではなく、気候変動絡みの投資機会も生まれている事実を示すこと」にある、と同行エグゼクティブのアクセル・シュワルザーは述べた。別のプレスリリースでは、さらに踏み込んだ説明があった。「気候変動にまつわる議論は、コストとリスクから離れ、胸躍るチャンスの数々をどうつかむかというテーマへ移りつつあります」。気候変動ほど大規模で普遍的な出来事が、悪いことばかりであるはずがなかった。生態面での大惨事は、誰にとっても金銭面での大惨事であるとはかぎらないのだ。

ドイツ銀行の気候戦略責任者マーク・フルトンのオフィスは、ミッドタウンのパーク・アヴェニューに面したビルにあり、私は巡回宣伝のあと、そこを訪ねた。セキュリティチェックを受け、静かなエレベーターで27階に上がる。彼の部屋は役員室だったが、狭くて書類で散らかっていた。オックスフォードで教育を受けたオーストラリア人のフルトンは、ビジネスの世界で生きてきた人間でありながら科学者にも見えた。

気候変動と闘いたいというフルトンの願いは本物だった。彼は少年時代の1970年代に、地球の環境収容能力に対して新マルサス主義の立場をとる、ローマ・クラブの『成長の限界――ローマ・クラブ「人類の危機」レポート』（大来佐武郎監訳、ダイヤモンド社、1972年）を読んだそうだ。「たいへんなショックでした」と言う。「何もかもが枯渇するという話です。『どうしたらいいのか？生き方を変えるしかない！』」大学卒業後、国際的な環境保護団体「グリーンピース」で働くことも考えたが、株式ブローカーになり、そのあとアナリストを経て、最終的にドイツ銀行に入り、地球温暖化が何十年にもわたって利益を生みうる「メガトレンド」であることを同行に気づかせた。「これまでのキャリアで助けてもらいっぱなしです、気候変動には」と彼はおどけて言った。

DWS地球温暖化対策関連株投信は、よりグリーンな世界を築くためのテクノロジー（風力発電や太陽光発電、スマート送電網（グリッド）、よりスマートな電気計器など）にもっとも多く投資しているものの、ほかの株式も購入しており、それには、気候変動との闘いに役立つからではなく、地球が温暖化して居住に適さなくなればなるほど、手に入る利益が棚ぼた式に増えるから、という理由でポートフォリオに収まった企業の株式も含まれていた。これは、私たちがすでに気候変動を阻止しそこないかけていると暗に認めたに等しい。それらの企業には、世界最大の水道会社で、5つの大陸、74か国でパイプを管理し、海水淡水化プラントを建設しているヴェオリアや、遺伝子操作をして耐乾性農作物を開発している農業バイオテクノロジー大手のモンサントとシンジェンタ、カナダの温帯で急成長中の農業関連企業バイテラ（訳注　2012年、スイスの資源商社グレンコアに買収された）、しだいに乾燥していく中国で最大級の水処理企業の多元環球水務公司、ヤラとアグリウムという肥料の多国籍企業2社などがある。

ドイツ銀行は海面上昇からどうやって利益を得るつもりかと尋ねると、フルトンは、2004年の津波で水浸しになったインド洋のモルディヴ共和国で島を1つ再建したばかりのオランダの浚渫・海洋土木企業ロイヤル・ボスカリス・ウエストミンスターへの少額の投資に触れた。「護岸壁に関する専門技術となれば、オランダ以外考えられないでしょう?」

気候変動関連のほかの投資家たちからも、似たような話を聞かされた。彼らは、新しい低炭素経済には欠かせないクリーンテクノロジーやグリーンテクノロジーの企業に投資する一方で、気候変動の影響が深刻化する事態にも備えはじめていた。

ロンドンでは、シュローダー・グローバル気候変動ファンドがロシアの農地（安価で肥沃な耕作地が、温暖な冬と、旱魃に煽られた世界的な食糧危機のせいで、突如高価になった）に投資しており、ファンドマネジャーはこのロジックをさらに一歩進めて、カルフールやテスコといったスーパーマーケットチェーンの株式を購入していた。「もし気候変動が農作物の収穫高に悪影響を及ぼすなら、消費者は食料品にどうしても前より多くお金を使わざるをえなくなります。小売業者がその恩恵を受けるのは明らかでしょう」とそのマネジャーは私に語った。

街の反対側では別のファンドマネジャーが、ミュンヘン再保険やスイス再保険といった再保険会社の先行きを楽観している理由を説明してくれた。「気候変動が洪水や旱魃を引き起こしはじめ、自然災害がありふれてくると、保険会社、とりわけ再保険会社は価格決定力を持つはずです」と彼は言う。そのおかげで保険会社は料率を上げられるので、「ハリケーンが毎年猛威を振るうのは、実はたいへんな好材料なのです」。

ウォール街の音に聞こえたある投資銀行のパートナーは、ウクライナの農地の写真を示しながら、自分の銀行は現地で「広大な土地」の買い上げに動いた、と語った。旧ソ連時代の集団農場は、「生きていくのもやっと」の状態に逆戻りしていた、と彼は言う。「連中のところへ行って、ウオッカのボトルを数本と、ふた月分かそこらの穀物を差し出せば、引き換えに何千ヘクタールも手に入るんですよ。本当に、ウオッカと穀物をくれてやるだけで」

コペンハーゲン、カンクン、ダーバン、ドーハと続く気候変動会議を前にして、ほかの誰もがホッキョクグマのことでやきもきしたり、電気自動車を話題に上らせたりしていたので、ファンドマネジャーのなかには、私に誤解されるのを心配する人もいた。理想ばかり追いかける活動家だと思われたり、彼らのファンドもグリーンファンドあるいは社会的責任投資ファンドの1つにすぎないと思われたりしかねない、と。

「『気候変動にはどう投資すればいいのか?』と考えたとき、たいていの人が思いつくのは、まあ、代替エネルギーといった分野が1つか2つ、せいぜい3つでしょう」。そう語ったのは、イギリスのF&Cグローバル・クライミット・オポチュニティーズファンドのマネジャー、ソフィー・ホースフォールだ。「当方にしてみれば、とてもその程度の話ではないのです。倫理的な価値観を切り離さなければなりません。環境問題からも距離を置く必要があります。一歩下がって眺める必要が」。私はきょとんとしているように見えたに違いない。「気候変動は避けられません——その現実を直視しなければならないということです」と彼女は続けた。「とても難しいですよね」

強欲な人間のシンプルでシニカルな前提「気候変動は止まらない」

地球温暖化については私たち全員が、もう何十年も前から何かしら知っていた。温暖化は科学的探究のテーマとしても長い歴史があり、19世紀にジョン・ティンダルとスヴァンテ・アレニウスによって初めて指摘されたが、世間の心配や話題の種となったのは、1970年代初期に初の精巧なコンピューターモデルが登場し、1979年に第1回世界気候会議が開催され、1988年にアメリカ航空宇宙局（NASA）の大気物理学者ジェイムズ・ハンセンによる歴史的な議会証言が行われてからだ。

「地球温暖化」という言葉は長年親しまれているうちに、何かにつけて使われるようになり（私にしてみれば、今これを書きながらシアトルで経験している熱波も、この地球温暖化のおかげにほかならない）、新たな決まり文句の誕生にもつながった。人間が自ら創り出した地質年代を指す「人新世（ひとしんせい）」というのがそれだ。人類は工学技術と温室効果ガスの排出で地球をあまりに大きく変えてしまったので、今や私たちは人新世に生きているというわけだ。

そしてまた、「地球温暖化」がこれほど長いあいだ叫ばれてきたのだから、何か手を打つ時間はたっぷりあったはずだ。新しい千年紀（ミレニアム）に入り、アル・ゴアの『不都合な真実』（枝廣淳子訳、ランダムハウス講談社、2007年）が出版され、ニコラス・スターン卿の700ページに及ぶ報告書『気候変動の経済学（*The Economics of Climate Change*）』が発表され、数々の気候関連の法案が不成立に終わり、国連の会議もみな不調だったために、警告の声はかつてないほど高まり、支持を集めている。

それにもかかわらず、大気中の二酸化炭素濃度は上がる一方だ。これは人間が気候に与える影響のうちでもっとも大きく、温暖化の主犯でもある、ということにほかならない。二酸化炭素濃度は、今では産業化以前の4割増しで、過去80万年間でもこれほど高かった時期はほかにない。ニューヨークのマディソン・スクエア・ガーデンで最近ドイツ銀行によって除幕式が行われた高さ20メートル余りの「カーボンカウンター」は、リアルタイムで温室効果ガスの量を追跡している。温室効果ガスは毎月20億トン（毎秒800トン）ずつ増えており、その総計は3兆7000億トンを超えてなおも増加を続けている。このカーボンカウンターには13桁の赤い数字が表示されるが、7番街から眺めていると、下3桁はぼやけて見える。目にも留まらぬ速さで変わりつづけているからだ。

本書は人類が性懲りもなく温暖化を促して生み出す気でいるように思える世界に対して、私たちがどう準備を進めているかについての本だ。気候変動がテーマではあるが、それを科学的に解明するためのものでもなければ、気候変動をめぐる政治についてのものでもないし、どうすれば私たちが気候変動を止められるか、あるいはなぜ止めるべきなのかを直接取りあげるわけでもない。それでは何の本かといえば、「人類は気候変動を早急に止めそうにない」というシンプルでシニカルな前提に賭けた、人間のふるまいについてのものだ。本書は人々、それもおもに私のような人間、すなわち歴史的に見て、いわゆる温室効果ガス排出国と呼ばれる、北半球の先進国の、文字どおりの意味で、あるいは比喩的な意味で高い位置を占め、ドライな土地に暮らす人についてのものだ。

私は、気候変動が人間にどのような行動をとらせるかに関心がある——私たちがどのように危機に立ち向かうかのケーススタディ、それも究極のケーススタディとして。

温暖化によって地球は変わる。そして私たちはすでに、どう変わるかはおおよそ見当がついている。暑い場所はもっと暑くなる。雨の多いところはもっと雨が多くなる。氷はどんどん解ける。おもに熱帯の貧しい国々——工場をせっせと稼働させ、ガスを排出させ、温暖化を引き起こすような消費生活にはもっとも縁遠く、責任もない国々——がもっとも深刻な打撃を受ける羽目になるが、ヨーロッパやカナダ、アメリカといった豊かで高緯度の地域も影響を完全には免れえない。

この変化はあまりに大きく普遍的なので、人間の分別の限界を超えているように見える。したがって、今回の窮地を脱する術（すべ）を見つけようとして今や多くの人が、人類をここまで導いたイデオロギー、脱工業化時代を誘導してきたイデオロギーの数々——テクノロジー渇望や過度の個人主義、成長イコール進歩という発想、束縛のない市場への揺るぎない信念——に頼ろうとしているのも、けっして意外ではないはずだ。温暖化する世界に備えるプランの立て方ほど、人間の先見の明と視野の狭さの取り合わせを際立たせるものはほかにない。

人間は不合理であるという考え方は、最近流行している。先般の世界的な金融危機もそのせいにできる。行動経済学者たちが指摘してくれたように、市場は論理的な人間たちの集合にはほど遠く、ケインズ派の言う「アニマルスピリッツ」、すなわち、情動、偏見、衝動、短絡思考のなすがままになっている。そして、それが人間のほぼすべての決定やあらゆる金融バブルの根底にあり、二酸化炭素排出量の削減に私たちが無関心である一要因でもある。

アメリカでは、気候研究の連邦予算の98パーセント近くが、いわゆる「ハードサイエンス（自然科学）」に回される。これまで、ハードサイエンスは地球温暖化の証拠を山のように積みあげるとともに（自分を偽ることなくそれを眺めれば、誰もが温暖化を信じるしかないほどだ）、いっそう悲惨な未来を予想する、いよいよ精緻なコンピューターモデルを生み出してきた。マサチューセッツ工科大学（MIT）による最近の予想では、排出量を減らさなければ2100年までに気温は中央値で5・2℃上昇することが見込まれている。これは運動家たちによれば、夏季に北極圏の氷がすべて解け、中央アメリカとアメリカ南部の一部が砂嵐の吹く黄塵（こうじん）地帯に変わり、島嶼（とうしょ）国が地図上から消し去られるほど急激な上昇だという。

連邦研究予算の残る2パーセントが、社会科学者に回される。たとえばコロンビア大学の「環境に関する意思決定研究センター」の学者たちで、彼らは今やもっとも重要とも思える疑問、すなわち、リスクがわかっているのなら、私たちはなぜ手をこまぬいているのか、という疑問に取り組んでいる。同センター長のエルク・ウェーバーは、情緒的レベルと分析的レベルという、人間が決定を下す際の2つのレベルの両方で障壁があるのではないか、と述べている。情緒的な障壁とは、目に見えないものは怖くない、というものだ。「地球温暖化のリスクは現実のものとなるまでに時間がかかり、抽象的で、しかも、統計的であることが多いので、強い本能的な反応を引き起こさない」とウェーバーは書いている。分析的レベルでは、個人のリスクと全体のリスクとのあいだの緊張関係（明らかな「共有地（コモンズ）の悲劇」）に加えて、経済学者が「双曲割引」と呼ぶものがある。たとえば、きょう5ドルもらうか、1年後に10ドルもらうかという選択肢を与えられた人は、おそらく目先の5

ドルを選ぶということだ。

多くの活動家や政治家、科学者の見るところ、気候変動が今抱える問題点は、おもにＰＲの不足だ。うまい説得法が見つかれば、あるいは、現実をようやく心底から実感してもらえれば、人々は行動を起こすだろうと彼らは想定している。だがそれに加えて、語られることも、めったに検討されることもない、はるかに大きな前提がある。「行動を起こす」とは、二酸化炭素排出量を削減しようとすることである、という前提だ。そのような行動は、さまざまな形をとって表れる。緑化された屋上（グリーンルーフ）。二酸化炭素排出量枠。環境に優しい自動車。ソーラーパネル。自然の中の遊歩道。森林。電球型蛍光灯。自転車。断熱材。藻類の実用化。適切な空気圧のタイヤ。シャワーによる節水。乾燥機ではなく物干し綱の使用。リサイクル。地産地消主義。軽量軌道交通（ライトレール）。集合型風力発電所（ウィンドファーム）。菜食主義。ヒートポンプ。在宅勤務。より小型の住宅。より小さな家族。よりささやかな暮らし。地球温暖化に対する人々の集団的な恐れが、集団的行動へと必然的に私たちを押しやってくれることを、誰もが期待している。

だが、私たちの知っているような地球が消滅しはじめるなか、私たちにおなじみの世の営みがそのまま続いていったらどうなるのだろう？　氷の融解や海面の上昇、つまり気候変動の実態を突きつけられたときには、別の反応の仕方もありうる。部族主義的・原始的で、利益に衝き動かされ、目先のことしか頭にない、理想主義の対極にある反応——誰もが己のことだけを考え、どの企業も自社のことだけを考え、どの都市も自らのことだけを考え、どの国も自国のことだけを考える、という反応の仕方が。私たちは５ドルを選ぶ可能性があるのだ。

気候変動で金持ちになろうと目論む人を訪ねて世界じゅうへ

北極圏のしかるべき場所を選び、ロシア人かアイスランド人、あるいは石油会社のエグゼクティブとでもいっしょに午後を過ごし、彼らが企てているプランに耳を傾ければ、ドイツ銀行のジャングルテントに漂っていたカーニバルのような雰囲気をあらためて味わうことができる。私が本書のもととなる記事のための最初の取材をしたのが、この北極圏だった。そして、気候変動をめぐる熱狂や、環境危機のさなかにあってのご都合主義を、初めて嗅ぎつけたのもそこだった。氷の下には石油があった。北極圏を通る新航路が出現しつつあった。グリーンランドではイチゴが芽を出していた。温暖化が目に見えぬ脅威ではなく日常的な現実になった最初の場所が北極圏であり、したがって、私が人々の反応を目の当たりにできた最初の場所もそこだった。私は同じ意図を持って世界のほかの場所へも足を運びはじめた——温暖化する世界に今日どんな準備がなされているかを記録する意図、そして、何が起こりうるかという理論を立てるのではなく、何が起こっているのかを観察するという意図を持って。

私が調べたプランやプロジェクトをさらに勢いづけることになる地球温暖化の物理的な影響は、3つのおおまかなカテゴリーに分けられる。融解、旱魃、洪水だ。そこで本書も3部構成になっている。

「第1部　融解」は、世界各地の氷床や氷原、海氷や氷河の融解を背景に展開する。融解のペースは速まるばかりだ。有史以来、今日まで、北西航路（訳注　太平洋と大西洋を結ぶ、北アメリカ大陸北岸航路）と北東航路（北極海航路）（訳注　太平洋と大西洋の北海を結ぶ、ユーラシア大陸北岸航路）が氷から解放され、その結果、商業輸送に対して開かれたことはかつてなかった。そして、北極圏の海氷が、2007年、2008年、2009年、2010年、2011年、2012年の各夏ほど小さくなったことはなかった。とくに2012年夏には、アメリカ合衆国よりも広い約1170万平方キロメートルの氷が解けてなくなった。

「第2部　旱魃」では、地球の水循環に起こっている大規模な変化を取りあげる。この変化のせいで、これまでとは違う地域で違う時期に雨が降ったり、これまでにはなかった場所に砂漠が出現したりしている。氷雪の融解のせいで旱魃が起こっているところもある。山の万年雪原や氷河は自然界の最高の貯水槽なのだが、それが劇的な減少を見せている。旱魃がすでに始まっていることは、特定の事象によってではなく、さまざまな事象――コロラド州の山火事や森林火災、中国北部の水不足、スペインの砂漠化、セネガルの食糧暴動、さらには、オーストラリアの穀倉地帯であるマリー＝ダーリング盆地の近年の状況を説明するのに、「旱魃」という言葉が退けられ、より永続的な響きのある「乾燥」という言葉が使われるようになった事実――が織り成すパターンによって裏づけられている。

「第3部　洪水」では、島嶼国や沿岸都市を脅かすことになる海面の上昇や、奔流と化した河川、巨大暴風雨といった懸念に取り組む。私たちにとっては、3つのうちで一般的にもっとも先（何世紀ではないにせよ、何十年ものち）の懸念であるとはいえ、このプロセスは速まっている。からからに干上がった都市が地下水を汲みあげて枯渇させ、地盤沈下を引き起こし、それに追い討ちをかけるように、グリーンランドの氷床が解けて海に流れ込んでいるからだ。そして、ハリケーン「サンディ」や台風「ボーファ」が発生したり、世界の二酸化炭素排出量を削減する試みが次々と失敗に終わったりしていることを考えると、私たちが深刻な事態に陥るのは、それほど先のことではないだろう。

多少の例外はあるものの、私が世界を回りながらおおまかに取り組んだように、融解から旱魃、洪水へと、こうした変化を順に検討するのは、ご都合主義から防衛策、さらにはあからさまな絶望へという道筋をたどるのに等しい。その過程では、北極圏の石油ラッシュをめぐる拡張主義の熱狂（それに踊らされた人々は、エリザベス朝の侵略者さながら奔走して未開の領域の所有権を主張している）はやがて薄れ、十分な水を欠くマルサス主義的世界のぞっとするような自由市場経済主義へ、さらには海面上昇と暴風雨の脅威に直面した者の頑（かたく）なな自己保全心理へ、という変化が見られる。海面上昇とハリケーンのおかげで、多くのアメリカ人は気候変動をようやく身近なものとして捉えられるかもしれず、その脅威を免れるには、実現が容易でないテクノロジーに賭けるしかないように思えてくる。

地球温暖化の影響への反応はけっして1つではない（ただし、私たちが見せる対応は数にかぎりがあるように思える）が、各地を取材して回るうちに、私にはそうした反応を貫くテーマが見えてきた。気候変動のおかげで金持ちになれると考える人に、私は何百人も出会ったのだ。自分の二酸化炭素排出量枠をはるかに超えるほど飛行機に乗り、24か国とアメリカの十数州を訪ねながら、本書に収録した文章を書くために費やした6年の月日に、私は、暴利を貪る商人、エンジニア、軍閥の長、傭兵、自警団員、政治家、スパイ、起業家、泥棒など、温暖化した新しい世界で勝ちを収めようとしている人々と出会った。その誰もが私に親切に接してくれた。そして、イデオロギー、恐れ、非情な現実主義のいずれか、あるいはすべてに衝き動かされた彼らのほぼ全員が、自分は必要なことをしているまでだと考えていた。この6年間で、私は1人として悪人には出くわさなかった。

高い所（北半球の十分豊かで、十分緯度が高く、海面から十分に高い場所）に暮らしている人はまだ、エジプトやマーシャル諸島、さらにはニューヨークのスタテンアイランドの住民ほど、地球温暖化に存続を脅かされることはない。温暖化とは、スキーシーズンが縮まり、食パンの値段が上がり、新たな商機が訪れる――その程度のことでしかない。私たちには海水淡水化プラントを建設する余裕がある。護岸壁を築く余裕もある。すでにこの世に存在している不均衡の多くは、気候変動によって拡大するだけのように見える。そして、私たちが気候変動にどう対応するか次第で、その不均衡はさらに大きくなりかねない。

変貌した地球に備える試みを意味する専門用語は「適応」という（ちなみに、温室効果ガスの排出量を削減する試みは「緩和」という）。コペンハーゲン（2009年）とカンクン（2010年）での気候変動会議ではわずかながら具体的な成果があり、その1つは、貧しい国々が適応するのを助ける、と主要排出国が誓約したことだった。ところが、気候変動対策用の新規の資金提供は、すでに滞っている。貧しい国々を救うために集まった金額はこれまで20億ドルで、これは次なるハリケーン「サンディ」からニューヨークを守るために建設が提案されている高潮防壁の費用を、少なくとも80億ドル下回る。

本書で取りあげたプランやプロジェクトが1つ残らず、もっぱら、あるいはおもに気候変動に対する措置として生まれたと言ったら間違いになる。

北極圏の石油が魅力的なのには多くの理由があり、とくに、それ以外の場所に眠る石油がしだいに減っているだけでなく、残る石油が敵対的な国々（イラン、ベネズエラ、スーダン）、もしくは、近年紛争が起こっている地域（イラク、ナイジェリア、リビア）にあるという実情が挙げられる。

オーストラリアとカリフォルニアでは、水市場が活況を呈している。それは、現地の水関連法が昔から常軌を逸しており、愚かしいか果敢かはともかく、何もない場所を農地に、砂漠を楽園に変えるという決定が下されたことに負うところが大きい。

南ヨーロッパの仮収容所にあふれ返っているアフリカの難民は、拡大を続けるサハラ砂漠ではなく、もっと切実な脅威から逃れてきた人が多い。

超自然的なまでに完璧なトウモロコシを生み出そうと先を争う遺伝子工学者たちは、気候変動もまた、自らの取り組みを正当化するただの口実の1つにすぎないと見なしている。

気象を制御しようとする人々は、この20年ほど、雨を降らせようとしたり、暴風雨を鎮めようとしたりしてきた。

インドがバングラデシュのまわりに建設中の、全長3400キロメートル近いフェンスは、海面上昇対策のためだけではない。まったく違う。インドはバングラデシュがあまり好きではなく、バングラデシュ人の流入が長年悩みの種という事情もあるのだ。

人間の行動を気候にまつわるたった1つの原因に帰するのは難しい。きょうの気象の概況（あるいは、1回の小麦の不作）を長期的な気候変動に帰するのが難しいのと同じことだ。だが地球温暖化こそが、これらの展開を結びつける糸であり、私たちの集団的心理状態をのぞき見る窓でもある。

私は、現在に軸足を置きつづけるように努めてきた。したがって、本書の中で未来を垣間見るような箇所があれば、それはほかならぬ私たちがその未来を生み出しているからにすぎない。本書は、「気候変動に関して私たちはいったい何をしているのか？」という、しだいに切迫の度合いを高めている問いに対する、1つの答えたるべくして書かれたのだ。

地球を「売り物」にする人たち
異常気象がもたらす不都合な「現実」

目次

CONTENTS

第1章
COLD RUSH

第4章

FATHER OF INVENTION

第5章
TOO BIG TO BURN

災害で利を得る保険ビジネスの実態

第6章
UPHILL TO MONEY

水はカネのあるほうへ流れる

第7章 FARMLAND GRAB

第8章 GREEN WALL, BLACK WALL

第9章

GREAT WALL OF INDIA

肥沃な土地に「逆流」する脅威

――バングラデシュからインドへの移民が後を絶たない理由

第12章

PROBLEM SOLVED

第1部

融解

THE MELT

北極地方が最後の最高額の入札者に

資するべく競売に付されるとの知らせが広まったとき、

じつにさまざまな意見が出てきたのは当然予測できることだ。……

北極地方を利用する？

まったく、そのような考えは「愚か者の脳味噌の中にしか見つかり」えない

というのが、一般的見解だった。

とはいえ、この事業ほど真剣なものはほかになかった。

——ジュール・ヴェルヌ作『北極冒険旅行』1889年

（白木茂訳、学習研究社、少年少女ベルヌ科学名作選集所収、1974年）

第1章

コールドラッシュ
──カナダ、北西航路を防衛す

COLD RUSH

石油と航路

——北極海の2つの宝

主権誇示演習のための終日任務の初日、艦長はフリゲート（小型の軍艦）の速度を落とし、兵士たちは銃を持ち出して北西航路に弾丸の雨を降らせた。爽快な気分だった。あたりには霧が立ち込めており、兵士たちが鉛をまき散らすと、無垢（むく）な海が泡立った。生き物の姿はなく、波もほとんどない。風は冷たく、北極海はくすんだ緑色をしていた。氷はまったく見当たらない。だが、もしあったなら、兵士たちはそれにも銃弾を浴びせたことだろう。

銃はC7で（アメリカ製のM16自動小銃だが、カナダの多くの武器同様、愛国心から自国の頭文字のついた名前に改められていた）、射手のほとんどはケベックの名高い王立第22連隊所属の、迷彩服をまとったティーンエイジャーだった。彼らはフランス語で22を表す「ヴァン・ドゥ」にちなんで、「ヴァンドゥー」と呼ばれている。

ヴァンドゥーたちは後甲板に3人ずつ横に並び、それぞれその場で屈強な水兵に支えられながら発砲した。まずはセミオートで、続いてフルオートに切り替えて。それから拳銃に、さらには散弾銃に持ち替えて撃ちまくり、やがて甲板は薬莢（やっきょう）だらけになった。射撃を終えると、彼らは薬莢を海に蹴り込んだ。フリゲートには、ジャーナリストも乗船していた。北極海の氷が解けており、北側の沿岸を新たに開発・防衛することとなったカナダは、精一杯獰猛（どうもう）な顔を見せようとしていた。氷の縮小によって露わになる富ならば何のためであれ闘う覚悟がある、ということを世界に知らしめる必要があったのだ。

フリゲートの名は「モントリオール」。全長は2街区分ほどあり、軍艦らしい灰色に塗られた艦は、魚雷24本を搭載し、250人近い人でいっぱいだった。水兵、ヴァンドゥー、騎馬警官隊員が乗り組んでいる。カナダの通信社の記者陣や、機内誌少なくとも2誌のカメラマンもいた。先住民族イヌイットの高官や、ヌナヴト・トゥンガヴィク株式会社（1999年に、イヌイット自身が管理する約205万平方キロメートルのヌナヴト準州の設置を実現させた、なかば政府のようなイヌイットの企業）のオブサーバーもいた。巡航速度は15・5ノット（時速約29キロメートル）で、燃料は正規の125パーセント積んでいた。補助タンクにはみな、水ではなくディーゼル燃料が入っていたので、シャワーの使用は最長2分に制限された。艦は、王立カナダ海軍にとっては何十年ぶりというほど北へ向かって航行していた。

北極海には2つの大きな宝がある。石油と新しい航路だ。世界の石油とガスの未開発資源の推定22パーセント（アメリカの合衆国地質調査所によれば、900億バレルの石油と47兆立方メートル以上の天然ガス）が北極圏に眠っていると考えられており、その一部はまだどの国にも属さない区域にある。氷が減れば減るほど、手の届く石油が増え、所有権を主張するようにという圧力が高まる。同様に、氷が減れば減るほど、歴史に名高い北西航路（長年氷に閉ざされてきた、大西洋と太平洋のあいだの待望の近道）は、パナマ運河の代替航路として現実味を増し、ニューアークやボルティモアから上海や釜山に向かう便の船荷主は、6400キロメートルほど航路を縮め、輸送料金と燃料代を何十万ドルも節約できる可能性がある。

カナダは北西航路の両側（北西航路はカナダの北極諸島のあいだを抜けていく）の土地を領有してい

るが、世界の大半の国々、とりわけ、通常は盟友であるアメリカは、カナダがこの水路そのものを領有しているという見方には同意していない。カナダ人は自国よりも人口の多い隣国に翻弄されるのにうんざりしていた。2010年にウィキリークスによって公表された外交公電の中で、アメリカの外交官たちが使った言葉を借りれば、「アメリカの『バットマン』に対して、つねに『ロビン』を演じる羽目」になるのに、辟易（へきえき）としていた。したがってここでは、たんに金銭や自国の安全保障ばかりでなく、国家の誇りもかかっていたのだ。

「ランカスター作戦」と命名されたこのカナダの武力誇示行動を開始するにあたっては、保守派のスティーヴン・ハーパー首相が、かつてはアメリカ軍基地の所在地で、今やヌナヴト準州の州都となっているイカルイトに自らはるばる出向いた。彼は新しい重砕氷船群、新しい北極圏戦闘・訓練センター、大型外洋船が停泊できる新しい深水港、海中センサーと無人機の新しいネットワークの建造や構築の約束を携えてやってきた。そして今、ヴァンドゥーや騎馬警官隊員たちを北に向かわせることで、いよいよ地上部隊も派遣したのだ。

　主権誇示演習は、2007年から始まる「ヌナリヴト」作戦（「ヌナリヴト」はイヌイットの一方言であるイヌクティトゥット語で「この地はわれわれのもの」の意）や、その前々年の「凍った（フローズン）ビーバー」演習など、さまざまなものが行われている。「フローズンビーバー」のときには、グリーンランドの近くにあり、デンマークとカナダがともに領有権を主張しているハンス島（豆形の面積1・3平方キロメートルほどの岩）にカナダの兵士たちがヘリコプターで降り立ち、耐風仕様という触れ込みの、鋼鉄製の旗のついた鋼鉄製の旗竿を立てたが、たちまち風になぎ倒された。

とはいえ、ランカスター作戦はその種の演習としてはこれまでのところ最大規模で、初めて海氷の縮小を活かすものであった。しかも、北西航路を通る最初の航海（それを行ったのはノルウェー人だったが、そんなことにこだわる人は誰もいなかった）からちょうど100年目に当たる記念すべき年に実施されていた。この作戦が掲げた目標は、「東部北極海の広範な水域に十分な規模の戦力を投射する」こと。

演習は12日にわたって行われることになっていた。モントリオールは海軍の軍艦2隻、沿岸警備隊の砕氷船2隻から成る小型艦艇部隊を率いて、北西航路の東の入り口であるランカスター海峡に入り、哨戒機のオーロラやヘリコプターのグリフォンが騒々しく飛びまわるなか、あちらへ、こちらへとパトロールする。そのあいだに、誰もホッキョクグマに食べられたりしないように目を光らせているイヌイットの予備兵に伴われたヴァンドゥーたちは、モントリオールより小さな船で岸に乗りつけ、海峡の両側に監視所を設置する。北側の岩だらけのデヴォン島には第1監視所、南側の氷河で覆われたバイロト島と、その近くのボーデン半島に、第2と第3の監視所だ。兵士たちは1週間のほとんどを見晴らしのいい監視所に詰めて過ごし、北西航路に侵入する者がいないか、見張りを続ける。

これらすべてに先立って、カナダの決意を誇示するために、航行阻止の模擬演習が行われることになっていた。銃による射撃と、翻るカナダ国旗を眺めたあと、私はぶらぶら歩きながら艦橋に上がり、モントリオールの艦長の隣に立った。彼をはじめ、乗組員はすでに緑色のヘルメットをかぶり、緑色の防弾チョッキを着ていた。

突然、無線機が音を立て、カリフォルニアのサーファーを真似たカナダ人の声が艦橋に響き渡った。キラー・ビー号の船長役の声だった。キラー・ビーは、実は全長45メートル余りのカナダの掃海艦グースベイで、今回の演習では、北西航路を無許可で通過しようとする「アメリカの」違法商船役をあてがわれていた。

霧の中を進むキラー・ビーまでの距離は６４３０メートル。このままいくと14分42秒後に、その進路が私たちの艦の進路と交差することが見込まれる。キラー・ビーは行き先を明かさない。船倉の中身も教えない。「商船キラー・ビー、積み荷は何ですか?」と、モントリオールの通信士が尋ねる。「こちらは軍艦３３６。再度尋ねますが、積み荷は何ですか?」

キラー・ビーの返事はそっけなく、ぶしつけで、ときおりぼろが出るものの、アメリカ人の発音といっても通用しそうだった。「われわれは岸を65キロメートル離れているから、ここは公海だ。ここで私を尋問する権限が、本当にそっちにあるのか？　私がこんな質問をされる理由をもう１度、さっさと言ってもらえないか？　おたくらは泣く子も黙るカナダ政府なんだろう。それなら、この種の情報には、きっとどこかよそでアクセスできるはずだ」

モントリオールはランカスター作戦を指揮している大佐に連絡をとり、キラー・ビーに乗員を送り込む許可と、必要ならば「無力化射撃」を行って航行をやめさせる許可を求めた。艦橋の水兵たちは左舷の霧を透かし見た。モントリオールがキラー・ビーに乗員を乗り込ませることを伝えると、それはあまり賛成できない、とキラー・ビーの船長は答えた。エンジンが唸（うな）りを上げた。モントリオールは距離を詰めていった。７００メートル、６００メートル、５００メートル。キラー・ビーの姿が見え、50口径（口径約12・7ミリメートル）の機関銃がそちらに向けられた。「海でごり押ししても、われわれ2国の協力関係のためにならないぞ」という声が聞こえた。

モントリオールはキラー・ビーに、全乗員を上甲板から退避させるように命じ、銃手たちはキラー・ビーの船首から900メートルのところに曳光弾（えいこうだん）を連射した。火薬の匂いが艦橋にも漂う。次の射撃は船首から450メートルのところに浴びせられた。そしてついに、57ミリカノン砲が旋回し、キラー・ビーのほうを向いた。轟音が5回続けざまに響き、5回砲煙が上がり、数秒後、6発目が発射された。キラー・ビー前方の海面に水煙が立つ。船長は態度を軟化させた。「カナダは平和維持者の国だと思っていたんだが」と、偽アメリカ人船長は泣き言を言った。

その後の800キロメートルは、霧と海面が見えるばかりで、それ以外には、バフィン島の山々の滝や頂（いただき）がときおりちらっと姿を見せるだけだった。作戦4日目の午前10時になってようやく、スピーカーから待望のアナウンスが流れた——前方に氷山。私たちは、普段、将校がたむろしてタバコを吸っている左舷の甲板へと急いだ。ここは北緯72度で、巨大な氷山が3つ見えた。60～90メートルはあり、私たちの乗っているフリゲートをはるかに見下ろす高さだった。氷山は、南の大西洋のもっと温かい水域へと漂っていく。そこでほどなく、跡形もなく解けてしまうのだろう。ヴァンドゥーたちは手摺（てす）りから身を乗り出し、スナップ写真を撮っていた。

地球温暖化は危機なのか、「絶好の機会」なのか

これは2006年夏の出来事で、旱魃に狂乱したラクダたちがまもなくオーストラリアの村を荒々しく駆け抜け、ニューヨークではハドソン川のチェルシー埠頭脇を熱帯原産のマナティーが1頭泳ぎ過ぎ、オランダが有名なエルフステーデントホト・アイススケートレースを永久に延期せざるをえないかもしれないと発表することになったのと同じ年の話だ。

同じころに見られた「兆し」はまだある。もともと中南米に生息していたアルマジロがアーカンソー州北東部に到達し、アラスカではオオカミが犬を食らっていた。シベリアでは20万平方キロメートル以上の森林が焼失し、グリーンランドでは1000億トンの氷が解けてなくなった。イヌイットたちはエアコンを設置し、ホッキョクグマは絶滅危惧種のリスト入りに近づいていた。インドのゴラマラ島はベンガル湾にほとんど沈み、パプアニューギニアのマラシガ村はソロモン海にほぼ呑み込まれ、アラスカのシシュマレフ村はチュクチ海に没する前に立ち退くことを決めた。カナダの科学者たちは、100平方キロメートルあるエイルズ氷棚（ひょうほう）がエルズミア島から分離して氷の島となり、急速に解けていると報告した。ヨーロッパの人工衛星は、ロシア北部から北極まで叢氷（そうひょう）（大浮氷群）に延々と伸びる亀裂が一時的に入っている様子を映し出した。国立海洋大気圏局はその年の冬が、1880年に記録をとりはじめて以来もっとも暖かい冬であると宣言し、気候変動に関する政府間パネル（IPCC）は、過去12年のうち11年が人類史上もっとも温暖だったと発表することになる。

振り返ってみると、地球温暖化が本当に起こっていると私たちが信じはじめたのが、この時期だった。それも、たんなる抽象的な知識としてではなく（そうした知識としては、すでにほとんどの人が素直に受け入れることができていた）、金銭や権力の獲得や喪失につながるという厳然たる事実として、私たちは温暖化を捉えはじめたのだ。懐疑主義者は、科学界の圧倒的なコンセンサスをその後も声高に疑いつづけるのだが、彼らはいわば「煙幕」だった。気候変動の持つ、イデオロギー上ではなく戦略上の影響について考えている者（軍、企業、ごく少数の政治家）にとっては、それがもたらす結果と取り組む時が巡ってきた。やがて勝者も出れば、敗者も出るはずだった。誰がどちらになるかを決めるプロセスが始まったのだ。

イギリスは、世界の市場に対して地球温暖化がどのような影響を及ぼしそうかを調べるよう、国内きってのエコノミスト、ニコラス・スターン卿に依頼したばかりだった。彼の所見は暗澹たるものだった。温室効果ガスの排出を野放しにしておけば、1年に全世界のGDPの5パーセント以上を失うのに等しいという――毎年、未来永劫にわたって。アフリカと南アメリカの熱帯では、農作物の収穫高が激減する。東南アジアでは、何億もの人々と、何兆ドルもの資産が、海面の上昇によって脅かされる。「何が戦争を引き起こすでしょう？」と、イギリスの外務大臣マーガレット・ベケットは2007年の国連安全保障理事会で尋ねた。「水をめぐる争いです。降雨パターンの変化です。食糧生産や土地利用をめぐる争いです」。スターン卿によれば、世界は2つの世界大戦や大恐慌並みの激動の瀬戸際にあるという。

だが、未来は一律に暗く見えたわけではない。危機の辺縁部では、すでに絶好の機会を目にしている者もいた。とくに、そもそも気候変動を引き起こしていた豊かな国々では。ヨーロッパ、ロシア、カナダ、アメリカの大半では、少なくとも短期的には、雨は引き続き降り、栽培期は長くなり、二酸化炭素の排出に支えられて、一部の農業は拡大しうるだろう。二酸化炭素は、植物の生長のカギを握る要素だからだ。ほかの条件がすべて同じなら（といっても、そんなことはめったにないのだが）、大気中の二酸化炭素濃度が高いほど、収穫が増える。

さらに北の北極圏では、アイス・アルベド・フィードバック（訳注　氷で覆われた地表の面積の変化によって太陽光を反射する割合が増減することで起こる正のフィードバック）効果のせいで（海氷は日射の85〜90パーセントを反射するが、解けて海水になると、1割しか反射しない）、全地球の2倍のペースで気温が上がりつづける。北半球の経済は、少なくともそれと同じぐらいの速さで成長しそうに見える。カナダの農民たちは、すでに栽培期が年に2日延びていたし、アサバスカのタールサンド（訳注　タール状の油を含んだ砂）はいつの日か、マッケンジー川経由で北からアクセスできるようになるかもしれない。

世間知らずとまで言えるほど善意に満ちていると多くのアメリカ人が考えていた国カナダが、スティーヴン・ハーパー首相の下で、国際気候会議における悪者国家の1つになりかけていた。カナダは京都議定書の締約国だ**った**。１９９７年に成立した、実効性に乏しいこの議定書は、中国やアメリカなどの大量排出国をほぼ除外していたが、それでも今なお世界初かつ唯一の、温室効果ガスに関する、拘束力のある条約であることに変わりはない。とはいえ（やはり北半球の先進国ロシアが不参加を表明する直前の）２０１２年にカナダがこの議定書から離脱する時点では、定められた目標値を3割も上回っていることになる。カナダが方針を翻したのは、二酸化炭素排出量の多いタールサンドへの依存のせいにできるかもしれない。だが、気候変動はカナダにとってはまんざら悪いことではないという事情もあるのではなかろうか。

アル・ゴアの映画『不都合な真実』の興行収入4900万ドルが、地球温暖化による真の金銭的サクセスストーリーの第1号だったかもしれないが、フリゲートのモントリオールが北西航路に入ったころには、地球温暖化で儲けるということの新しい考え方は、しっかり根づきつつあった。

シティグループやUBS、リーマン・ブラザーズの報告書には、この世界的な危機から金銭的利益をどうやって絞り出すかについてのアドバイスが投資家向けに提供されている。なかでも、2007年1月に発表されたシティグループの報告書『気候の影響──変動しつつある気候が投資に対して持つ意味合い』は参考になった。この報告書は、アグアス・デ・バルセロナ社（旱魃に悩まされるスペインの「水供給分野のリーダー」）やバイオ化学メーカーのモンサント（耐乾性農作物の開発）、農機具メーカーのディア・アンド・カンパニー（旱魃のせいでオーストラリアの小麦輸出が激減したため、アメリカではトラクターの需要が高まった）を含む、18か国、21業界の74社に対する投資機会を明確に提示していた。また、世界の天然ガス生産の上位6か国を示すグラフも載せていた。そのうち、ロシア、アメリカ、カナダ、ノルウェーの4か国が、北極圏に領土を持つ国だった。

「解ける氷」が領土・領海争いに

――愛国者の言い分

モントリオールで同室だったのは、背の高い、ランナーのような体型の40代のカナダ人（ここでは「ストロング軍曹」と呼ぶことにする）で、茶色の濃い口ヒゲを生やし、金色の徽章（きしょう）のついた黒っぽいベレー帽をかぶっていた。バルカン諸国やアフガニスタン、名前は挙げないがほかの場所でも人を殺したことがあり、私がカメラを取り出すたびに、写らない位置まで身を引いた。そして、私が彼の本名を出すのを望まなかった。彼は愛国者で、軍人一筋できたあと、カナダの「アーミーニュース」の記者になったばかりだった。ニコンのカメラを2台肩から下げ、艦内を歩きまわっていた。

最初に出会ったのは後甲板のヘリコプター格納庫の近くで、彼はすぐさま、北西航路は誰のものだと思うか、と尋ねてきた。よくわからないと答えると、「オレたちのものだ」と彼は言った。「ぜったい、オレたちのものだ」。それから、ハンス島をめぐる領土問題の解決法を披露してくれた。「さっさとデンマークを核攻撃すべきなのさ」。もちろん冗談だった。カナダは核武装していない。彼が本当に考えていた解決策はもっとカナダ人らしいもので、氷上への兵力派遣というランカスター作戦の基本的前提を彼が信じていることを物語っていた。カナダが現地に人を送って北極圏での領有権の主張を後押しすれば、世界もその主張を認めるだろうというわけだ。「あの島にトレーラーハウスを1軒持っていくだけでいい。2か月交替で2人ずつ駐在させるんだ。テレビとビデオを与えておく。そうすれば、めでたく一件落着っていう寸法さ」

軍曹には、ブラッドリー上級伍長という大男のビデオ撮影者の相棒がいた。小柄な人が抱くというナポレオン・コンプレックスとは正反対の性格だった。ブラッドリーの口ヒゲはグレーで、ワックスで固めて左右を尖（とが）らせ、ひねりあげてあった。そして、撮影していないときでさえ、ノイズキャンセリングのヘッドホンをつけていた。モントリオールの内部を背を丸めて歩くのだが、たえず出入り口に頭をぶつけていた。私たちは3人そろって、デヴォン島に第1監視所を設置しに上陸するチームに同行することになった。ヴァンドゥー8人とカナディアン・レンジャー（赤いコットンのフードつきスウェットシャツを着たイヌイットの予備兵）4人とともに、ダンダス湾から上陸する。そこは浅いフィヨルドで、1920年代にカナダ騎馬警官隊が前哨基地を置いて詰めていた。当時、2人の巡査が自らの頭に弾丸を撃ち込んで亡くなっている。1人は自殺で、もう1人はどうやら、セイウチ猟中の不幸な事故だったようだ。

「兵力投入」（デヴォン島行きの任務を誰もがしつこくそう呼んでいた）の2日前、私たちはモントリオールの作戦司令室の見学を許された。レーダーやソナー（水中音波探知機）の画面と、赤色の暗い照明だけに照らし出された、湿気の多い空気が充満する洞窟のような場所だ。中で私たちは、艦の水中戦担当将校に会った。「そばを通過する潜水艦がいたら、探知できますか？」と私は尋ねた。すると、できないとのことだった。この艦は、NATO（北大西洋条約機構）の許可がなければ、ソナーの音波を水中で発することはできないという。「許可を求めれば、何のために、と不審がられるでしょう。それに、仮に何かを探知したとしても、『おい、そっちの潜水艦を見つけたぞ』と言ったところで、アメリカのやつらには『それは何かの間違いだろう』と返されるのがおちで、あとは水掛け論になります。厄介な問題なんです」

私は両国海軍の相対的な規模を訊いてみた。「アメリカは、まったく、何隻軍艦を持っているか、数えられないほどです。ノーフォークの基地だけでも軍務に就いている人は6万はいるでしょう。たった1つの基地に、ですよ。6万といえば、カナダの全軍に匹敵します。アメリカは、大艦隊をいくつも持っています。巨大な艦隊を。それに比べれば、わかるでしょう、こっちはちっぽけなものです」。そこへ案内役が口を挟んだ。「でも、格上の相手とだって、戦えますよ」。すると将校も同意した。「ああ、格上の相手とだって、戦うさ」

作戦司令室のすぐ下は、階級の低い者たちの食事場所になっていた。私はある日の午後、ヌナヴト準州の正式な首長であるコミッショナー、アン・ミーキジュク・ハンソンがそこで兵士たちに演説するのを聞きに行った。彼女は、子ども時代にイヌクティトゥット語だけを話しながら育ったことや、学校教育のためにトロントへ強制移住させられたこと、ジャーナリズムや政治の世界でカナダ化された人生を送ってきたことについて語った。「私は、イヌイットはみなイグルーに住んでいるといった、南の人々が抱いている誤った考え方を正さなければなりません。そして、私たちは太鼓を叩いたり、喉歌を歌ったりするだけではないことを知ってもらわなくてはならないのです」

艦にはわずか5人ぐらいだろうか、黒人が乗っていたが、その1人でロバーツという水兵が、気候変動はイヌイットの暮らしぶりにどんな影響を与えているか、と質問した。コミッショナーは、秋の到来がはっきり遅くなっており、天候や氷の状態を予想するのに苦労している、と答えた。従来は季節が8つあったのが、6つだけになってしまったそうだ。彼女は故郷のスライドを見せ、大型のラジカセでテープをかけて、喉歌を聞かせてくれた。

歌が終わってから廊下を歩いていくと、ストロング軍曹がまたハンス島の領有権をめぐるデンマークとの争いに関する自分のプランを推奨していた。「単純な話だ。２人ばかり、トレーラーハウスといっしょに送り込んでおけばいい」と彼は機内誌の記者の１人に語った。「たいしたコストじゃないだろう。それで一件落着ってわけだ」

気候変動と国家安全保障

――カナダの恐れ

その年の10月、私は法学者のマイケル・バイアーズに会いにヴァンクーヴァーへ出かけた。バイアーズはデューク大学カナダ研究プログラムの元責任者で、カナダの安全保障と主権の専門家として定評がある。40歳にしては若々しく、毎日２日分の長さに切りそろえるらしいヒゲを生やした彼は、最近帰国したばかりだ。入国する際に愛国心のほとばしりを覚えて、アメリカの永住許可証を国境警備隊員に返納してきたという。

バイアーズはブリティッシュ・コロンビア大学で教職に就いたので、私は彼の教える大学院生向けセミナーに招かれた。それは建物の隅の１室で行われる10人のクラスで、背の高い窓からはモミの高木が見えた。私が15分遅れて入っていくと、ライダー・マキューンという名のひょろっとした学生が、パワーポイントを使って「気候変動と国家安全保障」と題するプレゼンテーションを行っていた。ジーンズをはき、メガネをかけ、たまたまアメリカ国旗と同じ赤、白、青のプーマのスニーカーを履いていた。

マキューンのスライドの1つにはこうあった。「人は、飢え死にするか略奪するかという選択を迫られたら、略奪を選ぶ」。彼は熱帯からの難民たちの話をしていたのではない。いや、少なくとも、彼らだけの話ではなかった。アメリカは水不足が深刻化しており、一方、カナダには世界の淡水の2割がある、とマキューンは言う。そして、その水を大量に国境の向こう側へ輸出する「夢物語のような計画」を説明した。そのうちの1つがNAWAPA（北米水電機構）という、1960年代にロサンジェルスの土木工事会社パーソンズが提案した計画で、カナダの川の流れを北向きから南向きに変えるというものだった。ブリティッシュ・コロンビアのフィヨルドの入り口を堰き止めて淡水で満たし、そこへタンカーがやってきてその水を満載し、カリフォルニアを目指して南へ向かう、という計画もあった。

「こちらには水があって、あちらはほしがっています」とマキューンは言った。そこにバイアーズが割って入った。「いいですか、相手は3億人」――カナダの人口の10倍――「しかも、世界最大の軍隊を持っていて、是が非でも水を手に入れようとしているのです。国際法の制約も影が薄くなるでしょう。だが幸い、水資源の保全は巨大な土木工事プロジェクトよりもはるかに安上がりです。アメリカは、そのようなプロジェクトの出費を正当化しようと思ったら、苦労するでしょう」

討論の話題は北西航路に変わった。アメリカは過去2度にわたり、許可を求めることなく船を通過させ、カナダの国家主義者たちを激怒させた。最初が1969年で、耐氷装備を施したスーパータンカー、マンハッタン号が、アラスカのノーススロープの石油を、北西航路の凍った海を通って運べるかどうか試した（結果は、まだ無理、だった）。これを受けてカナダ議会は1970年に北極海の交通に対するカナダの支配権を主張する法律を制定し、アメリカ側はヘンリー・キッシンジャーと合衆国国務省がその施行を防ごうと土壇場で粘ったが果たせず、報復として、カナダ産石油の輸入を削減する処置に出た。

2度目は1985年で、合衆国沿岸警備隊の砕氷船、北極海号が北西航路を通過し、さらなる物議を醸し、交渉の末、「訊かず、語らず」の暗黙の了解という方針に行き着いた。つまり、今後、北西航路を通過するときにはかならず、沿岸警備隊が（はっきり許可を求めることなく）カナダに通知する、カナダはアメリカにけっしてノーと言わないことに同意する、という取り決めだ。アメリカの潜水艦は大西洋と太平洋の行き来にすでにこの航路を使用している。真偽は確かめようもないが、イヌイットの猟師がそうした潜水艦をクジラと見間違えて発砲したものの、弾が撥ね返されるばかりだった、という噂を私は耳にしたことがあった。

「実際的な観点から言うと、私たちは2つの海岸線を持つ国から今や3つの海岸線を持つ国への移行という現実に直面しているのです」とバイアーズは言った。「そして、この新しい第3の海岸線は、カナダの完全な支配権下にはない、と言われているわけです――そこは無法きわまりない、開拓時代の西部の辺境と同じだ、と」。カナダが管理しなければ、麻薬や銃器の密輸、不法移民、環境への害が野放しになりうる、と彼は言った。

マキューンは、もっと深刻な脅威、すなわちアメリカに絡めとられるシナリオもある、と述べた。北西航路は不和の元ではあるが、カナダとアメリカは危機に直面すると互いに引き離されるのではなく、引き寄せられるという。彼は国境を越えた協力の例をずらずらと並べ立てた。1940年の国防に関する常設合同委員会、1949年のNATO、1958年のNORAD（北アメリカ航空宇宙防衛司令部）、2001年のスマート国境（ボーダー）宣言。ソヴィエト連邦からアメリカへの最短飛行経路が北極圏を通っている事実が重大な意味を持っていた1950年代なかばには、遠距離早期警報防空レーダー網を形成する58か所のレーダー基地が、おもにアメリカの資金で、おもにカナダ領に建設された。もし気候変動が2つの世界大戦ほど破壊的なのであれば、カナダはいやおうなくアメリカの腕の中に抱き取られるのだろうか？

　マキューンは時間を使い果たしかけていたので、大急ぎで残りのスライドの説明をし、「思考の枠組みを広げる」ための気候変動シナリオを示した。まず、海面が上昇してバングラデシュとムンバイと上海が水浸しになる。すると難民申請がカナダに殺到する。カナダに本拠を置くテロリストのグループが、ほどなくアメリカを攻撃する。アメリカが国境を閉ざす。カナダは報復として水の輸出を止める。だがそのあと、北極圏から移民がこっそり侵入したり、ロシアと中国の潜水艦が北西航路を行き来したりしはじめると、カナダはアメリカに助けを求める。そして、安全保障の見返りに、自国の資源に対する無制限のアクセスを提供する。マキューンはこう締めくくった。「カナダは名ばかりの独立国に成りさがります」

　バイアーズは、みながそれを十分理解するまで待ってから言った。「『マッドマックス』の世界にいて、状況がしだいに危険になり、適者生存ということになったら、われわれの将来はアメリカ次第と主張しても、あながち荒唐無稽ではありません」。議論に火をつけるために、彼はあえて挑発的なことを言っているのだ。それが図に当たり、教室は沸き立った。「アメリカと統合したら、ずるずると行ってしまいます」とマキューンが言った。部屋の奥に座っていた学生が同意し、こう述べた。「カナダの中央銀行体制の独立性も、財政の独立も、社会民主的なカナダのあり方も失われかねません。わが国の主権はわれわれにあるわけですよね。それがなくなれば、独立した政策が全面的に不可能になります」

「君たちのなかに、プエルトリコに行ったことのある人はいますか？」とバイアーズが尋ねた。「プエルトリコはアメリカの一部でしょうか？」自治領です、保護領です、と学生たち。「プエルトリコの人は、いわばアメリカ市民ですが、投票はできません」と学生の1人が言った。「最低賃金基準もありません」と別の学生が言う。「アメリカとのさらなる統合を支持するカナダ人は大勢います。そして、彼らはみな、わが国が次のカリフォルニアになると決めてかかっています——私たちが、アメリカの州になると。とはいえ、かつてある人に言われたのですが、われわれカナダ人は、プエルトリコにもっと注意を払う必要があるのです」とバイアーズは締めくくった。

私は数年前に聞いた、カナダのラジオのコンテストを思い出した。そのコンテストでは、聴取者は「as American as apple pie」（「アップルパイのようにいかにもアメリカ的な」という決まり文句）に匹敵する国家のスローガンを考えるように求められた。そして、優勝したのは「As Canadian as possible under the circumstances（事情が許すかぎりカナダ的な）」だった。バイアーズの教室での会話は、ランカスター作戦の空威張りとはかけ離れていたものの、じつはそれとは表裏一体だった。カナダは温暖化が進む世界で勝ち組に入ろうと画策していたが、負け組に入るのを避けるというのが、それとは別個で同じぐらい重大な目標だったのであり、同様の目標が世界各地で掲げられているのを、私はまもなく目にすることになる。

不毛なデヴォン島で起こった滑稽な衝突

デヴォン島への「兵力投入」は、ヘリコプター格納庫で慌ただしく荷物をまとめ、地図を読み、糧食を整理するところから始まった。まもなくモントリオールの舷側から縄梯子(なわばしご)が投げおろされ、私たちは黒い救命胴衣を身に着けてその梯子を伝いおり、2メートル近い波に揺られるゾディアック（訳注　フランスのゾディアック社製のエンジンつき高性能ゴムボート）に乗り込んだ。先頭はヴァンドゥーの軍曹で、140キロ近い巨体ながら驚くほど優雅な身のこなしのブラッドリーが最後だった。私たちはゾディアックの前部に背嚢(はいのう)と糧食のパックと武器を詰め込むと、海面を突進していった。やがて、ホッケーのリンクよりわずかに短い小型の軍艦モンクトンが靄の中から姿を現した。おそらく、モントリオールよりも上陸に適している。私たちはモンクトンの梯子をよじ登り、列を作って、携行してきた品を順繰りに手渡しで積み込んだ。モンクトン（乗員は予備兵40人）は家庭的な雰囲気だが、艦内はとても狭く、ヴァンドゥーたちは廊下に簡易ベッドを用意しなければならなかった。水兵のほとんどは、私たち同様、北極圏は初めてだった。

私はデヴォン島について、NASAの「地上の火星プロジェクト」（赤い惑星に似た、岩だらけで、寒冷・不毛の地で調査員たちが暮らしてみるというプロジェクト）の舞台であることぐらいしか知らなかったので、翌日、島に近づいたときにはその美しさに驚いた。50キロメートルの沖合からでさえ大きな堂々たる姿が見え、氷河が900メートル級の荒涼とした山々を覆っていた。霧は晴れ、太陽が高く昇り、氷山が次々に漂い過ぎていく。氷河の氷が浮かび、海は乳白色だった。哨戒機のオーロラが現れ、4つのプロペラから白い筋を引きながら私たちの上空を3度通り過ぎた。

私たちは東から島に近づき、舵を切ってフィヨルドに入ろうとしたときに、西から1隻の船が静かに迫ってきているのに驚いた。ロシア国旗を掲げ、オーストラリアがチャーターした、6600トンのアカデミックアイオフィー号だ。クルーズ船だった。見張り人の持っていた写真集で見てわかった。その写真集では、アイオフィー号の写真は、デンマークの軍艦と哨戒機の写真に挟まれていた。

アイオフィー号の氷海水先案内人が無線で連絡してきた。「こんにちは、軍艦708。こちらはアカデミックアイオフィー号です。小型旅客船、探検ツアー船です。大勢のカナダ人が乗っています、私も含めて」。彼の声は、かすかに震えていた。「そちらのほうが私たちより先にダンダス港に入りそうですから、航行を妨害しないように気をつけます」。モンクトンの将校たちは、相手に恐れを抱かせたことに満足してくすくす笑い、おどけた表情を見せた。「それが身のためだな」と1人が言った。「こっちが声をかける前に、決まりも守らず向こうから連絡してくるとは驚いた」と別の将校が言った。キラー・ビーとの対決が思い出された。もっとも今回は、カナダ人が相手とはいえ、このあと本物の対決相手となるのだったが。

私たちの軍艦はクルーズ船の脇を勢いよく通り過ぎ、右に急旋回してフィヨルドに入っていった。それから速度を落とした。艦にあった海図は50年前のもので、そこに記された港の水深は当てにならず、艦長は座礁を懸念したのだ。私たちはソナーで深さを測り、沈泥で濁った水をのぞき込んだ。海図には水深30フィート（約9メートル）とあったが、ソナーの計測値は200フィート（約60メートル）を超えていた。とはいえ、もっと浅い箇所があるかもしれないから、これ以上進まないほうがいい。私たちは陸地から1・5キロメートルほどのところで錨を下ろし、ゾディアックを用意するという手間のかかる作業に取りかかった。アカデミックアイオフィー号が私たちを追い越して、800メートルほど陸地に近い場所で投錨した。ヴァンドゥーたちがオレンジ色の救命服を身に着け、モンクトンの乗員が淡い青色のヘルメットをかぶっているあいだに、アイオフィー号はボートを海面に下ろした。「先を越されるぞ！」と誰かが叫んだ。10名余りの兵士が艦を離れるより早く、100名ほどの観光客が岸に着いていた。

狭い岩だらけの浜にカナダ軍が着いたころには、アイオフィー号の観光客たちは散歩を終えかけていた。彼らは白髪でひ弱な体つきで、おそろいの青と黄のゴアテックスのジャケットを着ていた。この広大で何もない北極圏を見るために、1人当たり8845ドルも払っている。首からはカメラや双眼鏡を下げていた。こちらを見て、とまどっているようだった。

ヴァンドゥーたちは50キロ近い荷物を担ぎ、突撃銃を手に、うめきながら、苦労して浜を上がっていく。水浸しのツンドラの上を前進するのだが、足を踏み出すごとにブーツが泥の中に沈み込む。アイオフィー号のガイドの1人で、もじゃもじゃのヒゲを生やし、茶色いフェルト製の中折れ帽をかぶったシアトル出身の男性が、私たちの行軍を遮り、「跡を残さないように」と注意した。デヴォン島の環境は脆弱だからだ。ストロング軍曹はこのアメリカ人のほうを向いて言った。「オレたちの多くは、北極圏での経験は豊富にある。ここに来たのも、実はここを守るためなのさ」

お宝だらけの北極圏の「帝国主義的分割」
——ワシントンの皮算用

南のアメリカでは、第2期ブッシュ政権の終わりで、北極圏政策も気候政策も、ともに宙に浮いていた。前者は、国家安全保障の優先事項が変化した（ソ連による北からの攻撃を、アメリカはもはや恐れていなかった）から、後者は、経済の優先事項が変わっていなかった（二酸化炭素排出量の削減は、化石燃料の使用削減を意味し、それはすなわち、1世紀にわたる急激な成長をもたらしたエンジンを切るのに等しかった）からだ。とはいえ、2007年の冬と春にワシントンを訪れた私は、それとは別の変化の兆しに気づいた。北極圏は今や再び、話題——経済の話題——になりつつあり、気候変動は、国家安全保障の問題となりはじめていたのだ。

気候と安全保障のつながりを検討する最初の報告書は、国防総省の委託で未来学者のピーター・シュワルツが書いた。シュワルツは、ロイヤル・ダッチ・シェル社のシナリオ・プランニングの元責任者で、在職中、ソ連の崩壊のような、世界を震撼（しんかん）させる出来事を予見した人物だ。「唐突な気候変動シナリオと、アメリカの国家安全保障に対するその意味合い」という22ページから成る彼の報告書は、2004年に公開された。その提言のうちには、アメリカが「食糧供給と水への確かなアクセスを確保する」こと、「大規模な移民や疾病、伝染病といった、気候変動がもたらす避けようのない事態に備える」こと、「気候工学」として知られる、地球の気候を望みどおりに改良する手段を研究することが含まれていた。

２００７年春の2か月間に、シュワルツは第2の報告書（どの機関のためかは明記されていない）を発表し、上院は16の主要諜報機関に命じて国家情報会議が独自の機密報告書を作成するのを手伝わせ、海軍分析センターの11人の傑出した退役将官たちは、「国家安全保障と気候変動の脅威」という、これまた画期的な研究を発表することになる。

まもなくワシントンでは、その手の研究は5月の雨のように頻繁でありきたりのものとなり、シンクタンク就職希望者に確実な働き口を提供した。そしてその内容は、事実上すべて同じだった。すなわち、気候変動によってアメリカは、キリバスやバングラデシュのようなかたちで存在を脅かされることはないが、果てしない後始末の任務を負わされる、というものだ。シュワルツは私にこう語った。国防総省の恐れを一語に煎じ詰めれば、「モガディシュ」となる。「大旱魃が飢饉につながり、それがソマリアの崩壊を招き、国連が介入せざるをえなくなり、その結果、アメリカが介入し、軍事的大失敗に至ったのです。国防総省は、その首都モガディシュと同じ事態がこの先ずっと、次々に発生すると見ています」

国防総省から8キロメートル離れた、アーリントンのダウンタウンにある目立たない高層オフィスビルに合衆国北極圏研究委員会が入っている。私が訪ねたとき、7人の委員と3人のスタッフが、アメリカの北極圏政策（などと呼ぶのはおこがましいかもしれないが）の中枢を成していた。その常任理事が、この委員会が制作に協力した全北極圏海底地形図を誇らしげに見せてくれた。北極点が中央にあり、石油が豊富な海底（地球上で依然として地図制作がもっとも遅れている部分）の輪郭がかつてないかたちで描き出されていた。

私はまず、北西航路について尋ねたが、カナダと違ってアメリカでは、この話題が感情に火をつけることはほとんどなかった。アメリカは、北西航路がカナダの領海を通っていることに異議はなかった。ただ、この航路は、マラッカやジブラルタル、バーブ・アルマンデブ、ダーダネルス、ボスポラスと同様、国際海峡であり、あらゆる国のコンテナ船やタンカーに開かれているべきだ、というのがアメリカの主張だった。欧州連合（EU）もアメリカと同じ解釈をしており、航行の自由からやはり大きな恩恵を受ける中国も、自らの考えを表明したばかりだった。中国の全長165メートル余りの砕氷船、雪竜号が北極海に現れ、船長はツクトヤクツクにあるカナダの入植地に、乗客を平然と上陸させたのだ。

「なぜわれわれのほうが、この件でカナダと交渉しなければならないのです？」原子力潜水艦の元艦長で、口ヒゲを生やした古参の委員、ジョージ・ニュートンが声を大にして言った。「大量の船を持つ日本がするべきではないですか？　あるいは、デンマークの大手海運会社のマースクが？デンマークも乗り出すべきではないですか？」現に利用されている海峡の「無害通航」権は国連海洋法条約、いわゆる「海洋憲法」に正式に記されている、と彼は説明した。この条約には、164か国（訳注　2015年7月時点では167か国）が調印していた（アメリカはこの法の大半を起草したが、国連条約に対しては保守派がつねに慎重なため、まだこの条約には参加していない）。

ニュートンは、北西航路をめぐる法的議論が氷のせいでややこしくなっていることを認めた。通常は凍りついているので、現に利用されている海峡とは呼びがたい。だが、将来も利用されないと言うことも難しい。国際海峡に関する文言がアメリカの立場に有利であるのに対して、氷に覆われた海域についての文言は不利だった。それでも、ワシントンの人間はみな、表現を緩和することは可能だし、誰もがこの件に関して良識ある大人らしくふるまえるだろうと自信を持っていた。経済面を考えれば、必然的に合意に至るはずだった。

海洋法条約の批准こそが、北極圏研究委員会の最大の目標だったし、今もそれに変わりはない。もっとも、これは北西航路とはほぼ無関係で、石油とガスとに全面的に関係している。この条約は、航行の規則を定め、各国が海岸から200カイリ以内の水産資源と鉱物資源の権利を有していることを謳(うた)っているが、大陸棚が水面下でどれだけ遠くまで伸びているかに基づいて、さらなる領有権を主張することも認めている。「これはわが国の領土の一部である。たまたま水面下にあるにすぎない」というのが、基本的な理屈だ。海洋法条約第76条というこの条項は、世界をまったく異なる場所に変えかねない。アメリカはいつの日か、領海が広がり、領有する島のそれぞれが巨大なドーナツのような領海に囲まれ、1050万平方キロメートルほど拡大する。中国、カナダ、ロシアも領海が広がるが、アメリカはそれを凌(しの)ぎ、世界最大の国家となる。

浅い北極海では、海底のほとんどどの場所も、どこかの国が領有権を主張できる。そしてアメリカには、アラスカという足がかりがあった。第76条の助けを借りて、アメリカが北極に眠る石油(ある推定ではおよそ6500億ドル相当)の分け前にあずかれることを、北極圏研究委員会は願っている。北極海に接している5か国(カナダ、デンマーク、ノルウェー、ロシア、アメリカ)は、この規則の下で北極圏を切り分けることになる。これが、最後の巨大な帝国主義的分割の約束事だった。

「わが国の石油需要は消えてなくなりはしません」とニュートンは言った。「手に入る石油は一滴残らず必要とします。たとえ自動車やトラックで以前ほど使わなくなったにせよ、プラスチックや肥料をはじめ、日常生活の基本を成す品々は必要です。直接わが国とつながっている石油が多いほど、つまり、パイプラインやアメリカの領海の短距離輸送で入ってくる石油が多いほど好都合です」。カナダの北極諸島は、次の「巨大産油地（オイル・エレファント）」になる、と彼は言った。だが、それだけではない。エルズミア島には推定で２１０億トンの石炭があり、いたるところでメタン（これも潜在的エネルギー源で、二酸化炭素の少なくとも21倍有害な温室効果ガス）が、北極圏で解けつつある永久凍土層を抜けて湧き出てくる。

委員たちは、北の油田のおかげでロシアが豊かになるのを眺めてきた（ロシアは、石油のリグ（掘削装置）とパイプラインを守るために専用軍を用意する計画を発表したばかりだった）。「あの国が掘削で泥沼から脱しつつあるところを見てごらんなさい」とニュートンは言った。「彼らは立ちあがり、力を誇示し、大物気分でいます。みんな、敬意を表するだろうとばかりに。これはすべて北極圏のおかげなのです」

極北の野営地にて

——彼らはいったい何を防衛しているのか

デヴォン島での野営地は、小石だらけの赤みがかった丘の麓（ふもと）にある、小高い平坦な狭い地面だった。目の前には北西航路、脇にはフィヨルドで、これがダンダス港、そして眼下、数百メートル先には、かつて騎馬警官隊が駐屯し、その後は放置されて風雪に耐えてきた一群の木造の小屋。湾には小さな氷山がいくつか浮かび、小屋のまわりには数か所、黄色い草が固まって生えている。視野の中でいちばん緑らしい緑は、ヴァンドゥーたちの三角テントの列で、いかにも軍隊らしく整然と並んでいる。先にヘリコプターで到着していた男女2人ずつのイヌイットのレンジャーは、近くのドーム型のテントにこもって、トランプをしていた。繰り返し爆笑が起こる。1人がおならばかりしているからだ。私はストロング軍曹とブラッドリー上級伍長とともに、自分の緑色のテントの中で窮屈な思いをしていた。というのも、彼ら2人は別に泊まる場所を与えられると言われていたのだが、それが誤りだったためだ。

やることがほとんどなかった。最初の晩、ヴァンドゥーたちの軍曹は、モンクトンや海峡対岸の2か所の監視所と連絡をとろうと、何時間も悪戦苦闘していた。それなのに、彼の部下たちがアンテナを数回張り直したあとでさえ、ほとんど雑音しか聞こえなかった。「監視所、どこかの監視所？」と軍曹は虚空に向かって強い訛(なま)りの英語で呼びかけた。「こちら、31ブラヴォー……もう1度、もう1度、言ってください。お願いします」。ケベック生まれのフランス系の軍曹とは違って、学校で正しいカナダ英語を学んだイヌイットの1人が交替したが、やはりだめだった。ヴァンドゥーたちのうち4人が暇を持て余したらしく、テントを抜け出して野営地の裏手の丘に登りはじめたが、上官に怒鳴られて戻ってきた。

私は氷山を数えた。船のように大きいものが2つ、レンジャーたちがその日、割れるのを目撃した、やはり大きな氷山の2つの片割れ。それらを含め、視界の中には15あった。氷山は動いてはいるものの、あまりにゆっくりなので、しばらくよそを向いていないと、位置の変化を感じられない。太陽は沈みそうに見えたが、とうとう沈みきらなかった。北緯74度の夜は（仮に、それを夜と呼べるのだとしたら）、普通より暗いグレーに包まれた3時間ほどの時間帯だった。

私たちは、ホッキョクグマを寄せつけないためにあてがわれていた通電柵が用をなさないことを教わった。クマから身を守るのに当てになるのは303口径の散弾銃2挺と、4人のイヌイットたちだった。というわけで、イヌイットのレンジャーの軍曹に全員が呼び集められ、彼のノートパソコンのまわりに身を寄せあって、クマの安全対策DVDを観た。クマの目を突いてもだめだということだった。散弾銃の最初の3発は「クマ脅し」（ホッキョクグマを驚かせて追い払うための、爆竹のような弾）で、最後の1発が鉛の弾であることを軍曹が説明した。カナダの法律の下では、イヌイットだけがホッキョクグマを射殺することを許されており、例外は認められなかった。だが、生きるか死ぬかの瀬戸際に立たされたら、私たちはみな、どのみち鉛の弾を使う覚悟でいなくてはならない。撃つときには、クマの首か、心臓を打ち抜く可能性のある、肩のすぐ下を狙うように、とのことだった。

翌朝、さらに多くの観光客が上陸してきた。92人が全員おそろいの黄色いゴアテックスのジャケットを着て、私たちのテントのほうにぞろぞろ歩いてきた。「まるでペンギンの行進だな」とストロング軍曹が言った。ベレー帽をかぶり、小さなバックパックを背負った老婦人がやってきて、軍曹を見据えた。

「あなた方は、誰？」と彼女は尋ねた。

「そういうあんたは？」と軍曹が訊き返した。

「私は船から来ました」と彼女は答えた。シカゴから来たアメリカ人だった。ポルトガル人だけれどカナダに近いニューヨーク州北部に住んでいるという彼女の友人も会話に加わった。統治権が話題に上った。「つまるところ、アメリカ人は強欲なんです」とその友人は言った。「こっちに石油があるとなれば、やってくるでしょう。戦争の目的は、結局それなんです」。彼女はハンス島の名を挙げた。すると、ストロング軍曹の顔が輝いた。

「ハンス島問題の単純な解決法は、誰かをあそこに送り込むことだ」と彼は言った。「1年じゅう、あそこに人を置いておきさえすればいいんだ」

女性は顔をしかめた。「でも、そうしたらデンマークも人を派遣するでしょう」と彼女は応じた。

2人は歩み去り、私たちはポケットに手を突っ込んだまま、野営地で立ち尽くした。「あの女は、いちいちうるさいな」と軍曹が言った。「完全にいかれているよ」とブラッドリーが言う。「石油をめぐる争いだなんて、馬鹿馬鹿しいったらない。カナダはたっぷり生産してたっぷり南に送っているんだから、あんたたちがわざわざここにやってきて、取りあげることはないんだ。あんたたちにたくさん売ってるんだから」

私たちは観光客がゾディアックのゴムボートを連ねて船に引き揚げていくのを見守った。彼らが船に乗り込んだとたん、レンジャーの1人がライフル銃を手に取り、90センチメートルもあるホッキョクウサギを1発で仕留めた——180メートルの距離から眉間を撃ち抜いて。だいぶ前に見つけていたのだが、観光客たちを怖がらせたくなかったのだ。彼はウサギの皮を剥(は)ぎ、肉をぶつ切りにし、ポリ袋の上に載せて、野営地の真ん中に置いておいた。肉は日差しを浴びて乾きはじめた。

「地球温暖化は好都合」
——大胆であけすけなロシア

そのとき私たちは知らなかったが、わずか1年後には、北西航路は氷結しなくなり、有史以降初めてずっと通行可能になったのだった。北極の氷も記録的な融解を見せ、薄く青白い、腎臓形に縮み、くびれたあたりでは差し渡しわずか1300キロメートル足らずに狭まる。そして、カナダの武力と気概の誇示も、ロシアが起こした国際的な事件のせいで霞んでしまう。

2007年8月、ロシア連邦下院副議長で、ウラジーミル・プーチンの政党、統一ロシアの大物の、極地探検家アルトゥール・チリンガロフが北極を覆う氷に穴を見つけた。そこから2隻の潜水艇が入り、真っ暗な水中を3時間かけて沈み、4200メートル下の海底にたどり着いた。チリンガロフの潜水艇は、ロボットアームを使ってチタン製の三色旗（白、青、赤のロシア国旗）を、正真正銘の北極点の平らな泥土に立ててから再び水面に浮上した。そこには40人以上のジャーナリストが待ち受けていた。「北極海は昔からずっとロシアのものだった」とチリンガロフは記者会見で宣言した。こうして、北極海争奪戦の幕が上がった。

その後1、2年は誰もが、ロシア国旗にはカナダの主権誇示演習と同様、何らかの一貫性を持った地政学的ロジックがある、根本的な意義があるというふりをすることになる。だが現実には、国連の海洋法の下で、北極海の分割はすでに相当進んでいた——ただし、海底地形図や地震探査、腕利きの弁護士がカギを握る、地味なかたちで。科学者たちが、それまで地図がなかった海底の地図を作っており、彼らと政治家と弁護士たちが議論して、どこが大陸棚でどこがそうでないか、どれがどこの国のものかを判断し、その結果、温暖化する北極海は、5つの豊かな国々（そもそもこれまで温室効果ガスを排出して、北極海をこれほど獲得のし甲斐のある場所に変えた5か国）に分割されるだろう。国旗も軍艦も必要なく。

ロシアは北へ急いで触手を伸ばすにあたって、国際法をないがしろにするどころか、2001年に世界の先頭を切って第76条に即した申請を行った。北極海の45パーセントの領有を主張する最初の提案は、データが不完全だという理由で国連に退けられたので、今、ロシアはさらにデータを集めている。チリンガロフが北極点で潜水する2か月前、科学者60人が45日の航海を行い、大量のデータを収集したが、このときにはマスメディアに対する宣伝はなかった。これを皮切りに何度も調査を行った地質学者たちはのちに、サンクトペテルブルクの裏通りにあるみすぼらしいオフィスで、地震データ収集の様子を写した写真を私に誇らしげに見せてくれることになる。ダイナマイトの入った、ゴルフカート大のメッシュの包みを男たちが押して、氷に空いた穴に落としている写真だ。

カナダは2003年に、デンマークは2004年に、それぞれ海洋法条約に加盟した。ハンス島をめぐる緊張は残っていたものの、両国は協力して、ロモノソフ海嶺（北極海を走る全長1800キロメートル近い海底山脈で、ロシアによる北極圏の領有を正当化しかねない）がカナダのエルズミア島とデンマークのグリーンランドの両方にもつながっていることを証明しようとしてきた。

アメリカも、科学者や国務省の代表をアラスカの北へ派遣し、チュクチ海とボーフォート海の一部の領有権の主張に備えた。私は彼らとともに砕氷船に乗って1か月過ごしたが、劇的なことは何一つ起こらなかった。

北極海に面した第5の国ノルウェーは、2006年に第76条の申請を行った。石油・エネルギー省が集めたデータを盾に、ノルウェーは24万6000平方キロメートルほどの海底の領有を主張し、石油が豊富なバレンツ海における国境問題をロシアと解決した暁には、さらに主張を行う権利を確保していた。両国は4年後、ひっそりとこの争いを解決した。

ロシアだけが、ほかの北極海沿岸諸国が気づきはじめたことを声高に口にすることになる。「地球温暖化は一部の国にとっては壊滅的かもしれないが、われわれにとってはそれほどでもない」と、天然資源省のスポークスマンは言いきった。「むしろ、好都合でさえある。農業や工業に使えるようになるロシア領が増えるだろうから」。プーチンは、もっとくだけた言葉を使ったこともある。「われわれは、毛皮のコートなど、防寒具の出費を節約できるだろう」

私はモスクワで、チリンガロフ自身の温かい言葉を耳にすることになる。「もちろん私は北極海での国際協力に賛成です！」と、ドゥーマ（ロシア下院）の執務室で彼は私に語った。彼は海洋法を支持しており、例のチタン製国旗の説明は率直だった。探検家は月であれ、エベレスト山であれ、正真正銘の北極点であれ、どこかへ行ったら、自国の国旗を立てるものだ、と。彼は私のために、国旗とロボットアームの写った写真にサインし、芝居がかった仕草で人差し指を突き立て、海底を指した。「ここをご覧なさい。ここ、ここ、そして、ここも」と彼は言った。「ほかの国の旗を立てる余地は十分あります」。私はようやく気づいた。もし各国が北極海の十分大きな分け前にあずかれれば、端切れをめぐって争う動機など、ほとんどないのだ。

やがて知ることになるのだが、これはアメリカの諜報機関も熟慮のうえで到達した見識だった。私は首都ワシントンのスターバックスで、気候変動に関する国家情報会議の機密報告について、「この件を熟知した情報機関の高官」というふうに紹介してほしいという人と密会した（これを「密会」と呼ぶのは笑止千万だろうが）。彼の見方は明快だった。乾燥していく南の地方からの難民については心配すべきだ。アフリカの資源戦争に介入せざるをえなくなる事態についても懸念すべきだ。自国で重要なインフラが海面上昇で損害を受けることも憂慮すべきだ。だが北極海では、他国がグローバルな共有地と考えている地域で、自国が世界に残された石油の4分の1の所有権を主張するわずか5国の1つでしかないときに、残る4か国についてあまり悩む必要などない、というのだった。

北西航路の理想と現実

上陸2日目、監視所で見ていると、モントリオールが海峡に現れた。その後ろには、赤ん坊のゾウのように、小さなモンクトンが続いている。2隻は静かに過ぎていった。私たちはそれをじっと見守った。ヴァンドゥーの軍曹は無線機をいじりながら、フランス語訛りの英語でバラードを歌った。「君は今晩、寂しいかい？……いつのまにやら私たちが離れ離れになってしまって、残念かい？」イヌイットたちが彼をじろじろ見た。「エルヴィスだよ」と彼は言った。「知らないのかい、エルヴィスを？」やがて彼は数人の兵士を引き連れて釣りに行ったが、獲物なしで戻ってきた。それから着ているものを脱ぎ捨てると、北極海に飛び込み、パートプラスのシャンプーで髪を洗い終えるまで上がってこなかった。

私たちは糧食を点検し、不要なものは段ボール箱にひとまとめに放り込んだ。そして私は、前日の中折れ帽のアメリカ人の話をして、ストロング軍曹を苛立たせた。島に上陸してきて、ずうずうしくもカナダ人相手にカナダの土地の扱い方を説教した、あのアメリカ人だ。軍曹は根っからのカナダ人なので、その皮肉を楽しめなかった。「いいんだ」と彼は言った。「あいつの言うとおりさ。このあたりの環境については、たしかに注意しなくちゃいけない」。彼の真剣さに、私は心を動かされた。石油タンカーは間違いなくやってくるが、氷の海で流出した石油を除去する確かな方法はない。石油は氷の下にたまってしまうし、オイルフェンスは設置するのが難しく、化学分散剤は低温では効き目を発揮できない。これまでうまくいったのは、たんに石油に火をつけて燃え尽きるのを見守るという方法だ。

無線機が使えるようになり、海峡の向こうから、ほかの監視所がどうなったかを聞くことができた。第2監視所の設置に向かった人々は、海が大荒れの中、上陸した（もっと穏やかな浜を使うようにというレンジャーたちの忠告を、海軍のボート乗組員が無視したのだ）ため、2艘のゾディアックは波で水浸しになった。兵士たちは、かぶっていたヘルメットを使って水をかい出す羽目になった。暖をとるためだけにモントリオールに引き返す者もいたが、残りは急な斜面の麓に間に合わせの野営地を用意した。翌朝、彼らの目的地、すなわち、使われなくなっていた科学研究所は、まだ6キロメートル先であることがわかった。そこへはヘリコプターで運んでもらわなければならなかった。

着いてみると、支援活動を行うはずの、空軍のツイン・オッターの1機が、仮設の滑走路にできたぬかるみにはまっていた。衛星電話は信号を受信できず、無線機もほとんど役に立たなかった。

第3監視所では、兵士たちは危うくホッキョクグマに食べられかけた。ヘリコプターで運んでもらうのを待つあいだ、彼らはクマを防ぐためのフェンスを片づけ、散弾銃から弾を抜き取った。これは、飛行前の標準的な手順だ。クマは狭い谷間をこっそり登っていた。パイロットはやむをえず急降下して威嚇し、追い払った。デヴォン島の単調さと比べれば、どちらも魅力的な話に思える。だが、監視こそが任務で、私たちはそれを果たした。駐留することが仕事であり、私たちはそれをやってのけたのだ。

また霧が忍び寄り、あたりの風景がぼやけ、グレーになった。霧が通り過ぎてから、ストロング軍曹と私はいっしょに、騎馬警官隊の前哨基地の探検に出かけた。表のドアは色あせた赤いペンキが塗られていた。中にはミシン1台、錆びた燃料用ドラム缶1本、木のテーブルが1つあり、その上には『2人の厄介者』『トリントン街での驚くべき犯罪』『25世紀のバック・ロジャーズ』といった本が載っていた。壁には1945年夏に誰かが書いた設備や備品の目録が貼ってあった。「犬舎　2」「旗竿　1」「石炭シャベル　1」「キッチンテーブル　1」「キッチン用椅子　4」「石炭ストーブ　1」「45ガロン入り水樽　1」「脂肪タンク　2」。ここで亡くなった2人の騎馬警官隊員の墓が、ほんの少し丘を登ったところにあった。「もし、出かけたときに暖かい小屋が待っていてくれるなら、やれる。ここでひと冬過ごせるよ」と軍曹は言った。

任務完了まであと3日あった。私たちは焚き火をした。だんだん夜更かしするようになった。時間は静かに過ぎていった。ある晩、私はテントの外に1人で立って、けっして沈むことのない太陽を眺めていた。ヴァンドゥーのうち最年少の2人（16歳と17歳）が、この晩最初の見張りに立っている。見ていると、1人がビデオカメラを取り出して、ツンドラの上を歩きまわりはじめたが、ほとんど何も撮影していない。相棒は北西航路のほうを向いて座っていた。ライフル銃を持ちあげて虚空に向け、やがて下ろし、それからまた持ちあげては下ろすのだった。

第2章

シェルが描く2つのシナリオ

──気候変動を確信した石油会社は何を目指すのか

SHELL GAMES

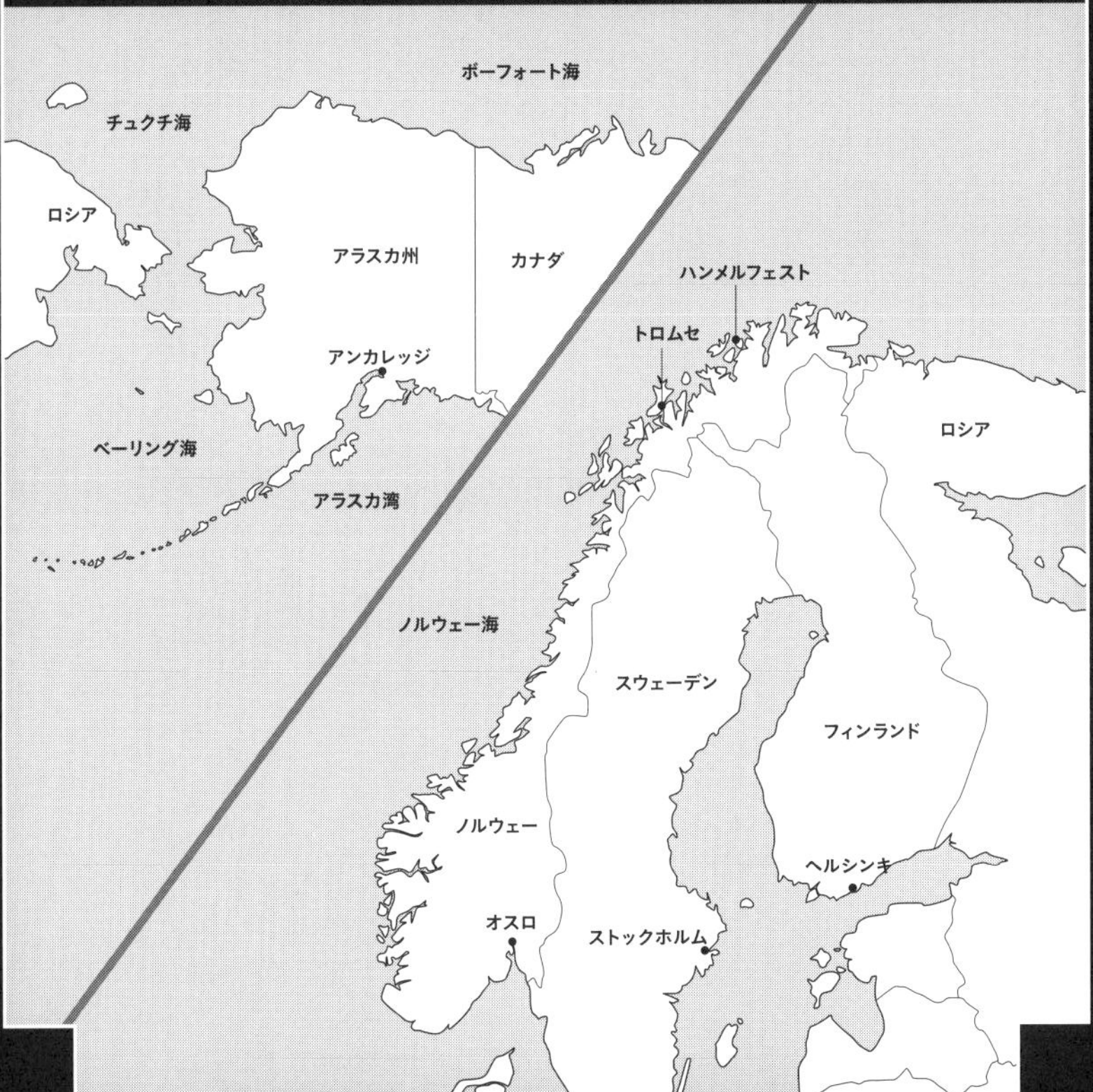

シェルが「シナリオ・プランニング」で見出した2つの未来

　今から30年以上前のことだ。ロイヤル・ダッチ・シェルが、ほかのスーパーメジャー（超大手石油会社）に先駆けて氷の解けはじめた北極海をうまく利用する以前に、同社の名高い未来学者チームの創立者ピエール・ワックが日本を訪れた。彼は香の匂いを漂わせる痩せたフランス人で、精神思想家ゲオルギイ・グルジェフを師と仰いでいた。頭の禿げあがったギリシア系アルメニア人のグルジェフは、たいていの人は「覚醒睡眠」の催眠状態で一生を過ごすと考えており、弟子たちにその状態を超越する方法を教えていた。ワック自身は好んでたとえ話を使って語り、シェルでは毎年数週間の休暇をとって、インドで別の師の下で瞑想するのがつねだった。

　このときの日本訪問では、東京の北東にある筑波研究学園都市で、シェルにおける自分の仕事の完璧なメタファーと思えるアートの展覧会に出会った。会場のビデオ画面の1つひとつに、さまざまな動物の目を通して見た世界のシミュレーションが映し出されていた。ミツバチには何百という小さな像が見え、カエルは奥行きのない二次元の現実世界を目にする。

　重要なのは馬だった。馬の目は頭部の両側についているので、正常な人間による知覚の対極にあるものが画面に映し出されていた。「人間は周辺部にあるものを、目の隅で、ぼやけて歪んだ形で捉える」。ワックの弟子のピーター・シュワルツは、シェルが「シナリオ・プランニング」と呼ぶ戦略ツールについて書いた自著『シナリオ・プランニングの技法』（垰本一雄・池田啓宏訳、東洋経済新報社、2000年）の中で、そう説明する。「中心部は焦点が合うので、はっきり見える。だが馬には、少なくともこの日本の展示によれば、周辺部が鮮明に見えている」。シナリオ・プランナーの目標は、馬のようになること、すなわち、現実を眺めはするものの、とりわけ周辺部に目配りすることだ。なぜなら、驚くべきことはそこで起こるのだから。

今やディズニーから国家情報会議までどこでも採用され、過去数十年にわたってシェルの主な意思決定の大半を導いてきたツールである「シナリオ」とは、ひと言で言えば「ストーリー」だ。どのシナリオも、ありえそうな未来についての1つのありえそうなストーリーで、ワックのような未来学者が研究し、語る。人間はストーリーによって世の中を知的・情緒的に理解するので、シナリオを想定すれば、意思決定者はいやおうなくそのシナリオに備えることになると考えられている。

シナリオは通常の予測とは違う。通常の予測には、未来を現在の延長線上にあるものと決めてかかる傾向があり、予測がもっとも重要なとき、すなわち「従来の戦略がすべて時代遅れになってしまうような、ビジネス環境における大変化」を企業が予想しなくてはならないときに役に立たない、とワックは言う。ワックのゴールは未来について複数のバージョンを策定することで、これは彼がもともとハーマン・カーンから学んだシナリオ・プランニングの技法に改良を加えたものだ。カーンはランド研究所とハドソン研究所で核戦争の可能性や影響に思いを巡らせ、自らを未来学者と呼んだおそらく最初の人物だ。

「ハーマン・カーンは未来を正しく捉えようと努めていました。現実に近い未来を」とシュワルツは私に語った。「ピエールは今日私たちが下す決定に影響を与えようとしていました」。ワックは、ある特定の結果が出ると決めつけるのではなく、未来のどんなバージョンが現実になったとしても成功できるようにシェルに準備をさせておいた。

自社をいくつかの点で世界最大の企業（70を超える国や地域で8万7000人の従業員を擁する企業）に育てることになる、分別あるイギリス人とオランダ人が集まった保守的な企業であるシェルにあって、シナリオ・プランナーはトップ・エグゼクティブたちに直言できる変わり者集団だった。彼らはお偉方が独自には思いもつかないような突拍子もない未来のシナリオを策定した。ワックは1997年に亡くなる前に、あるインタビュアーにこう語っている。「オオカミの群れといっしょに狩りをしているような感じといいましょうか。自分が群れの目になって、他のオオカミに合図を送っていたのです。つまり、自分は何か重大なものを目にしたのに、群がそれに気づいていなければ、それが何かを突き止めるべきです。自分は先頭に立っているだろうか、と問わなければいけません」

ワックが現役のころ、彼のシナリオ・プランニング・チームは、1970年代にアラブ石油輸出国機構（OAPEC）が2度にわたって引き起こしたオイルショック（石油価格は長年安定していたので、エグゼクティブたちには思いもよらない事態）を予見し、痛手を被る競合企業各社を尻目に、シェルは大成功を収めた。それまではずっと、国際オイルメジャー7社、いわゆる「セブンシスターズ」のうちで収益が最下位だったシェルは、10年後には一時的にエクソンさえ抜いて、首位に躍り出ることになる。

その後、チベット仏教を学び、「トランスパーソナル心理学者」ウィリス・ハーマンと研究をし、ミュージシャンのピーター・ガブリエルやロックバンドのグレイトフル・デッドに力を貸したというシュワルツ、そして周囲の人間の胸をときめかせるヒゲ面の熟練航空エンジニアでもあるピーター・シュワルツの在職期間には、シェルは、ソ連の崩壊などありえないと主張する「専門家」たち全員の鼻を明かした。

石油会社はまさにその性質上、未来志向だ（地震探査を行い、鉱区借用権を獲得し、試掘井を掘り、有望な油層を発見し、パートナーを見つけ、リグ（掘削装置）を設置し、生産を開始し、油層が空になるまで吸いあげるのには何十年もかかる）が、シェルでは未来志向がすっかり企業理念となっていた。シェルのシナリオにはほかに、イスラム教過激主義の台頭や環境意識の世界的な高まりを予期したり、シアトルで（世界貿易機関絡みの）暴動が起こる前に、すでにグローバル化に対する激しい反発を予想したりするものもあった。どのシナリオも、「急流」「ベル・エポック」「ロシアの緑化」「退化」「人民の力」「ビジネスクラス」「プリズム」といった、いいストーリーにはお似合いの、想像力を刺激する名前がついており、さまざまなアイデアに対する懐の深さを何よりの特徴とし、エグゼクティブたちを再三にわたってたじろがせてきた。したがって、石油会社をもっとも震撼させるように思える将来のシナリオにシェルが真っ向から立ち向かったのも意外ではない。BPと並んでシェルは、石油メジャーのうちでも真っ先に気候変動の実態を公に受け入れたのだった。

シュワルツは、シェルに移る前に勤務していたカリフォルニア州パロアルトのシンクタンクSRIインターナショナルで、1970年代後期に大規模な気候モデルの構築にひと役買った。SRIインターナショナルは、コンピューターマウスを発明したばかりでなく、広告主がアメリカの大衆の特定層をターゲットにするために使う調査手法、VALS（「価値観とライフスタイル」）も考案したことで知られる。シュワルツがシェルに入社した1982年には、気候変動と温室効果ガスの排出は、すでに同社のシナリオの一部となっており、「気候変動をはじめとした多くの理由から、長期的にはわが社が脱炭素化するだろうこと」は避けられないように見えた、と彼は私に語った。シェルが天然ガス事業へ積極的に手を染めはじめた理由の1つもそこにある。天然ガスは石油ほど炭素を含んでいないのだ。

一時はやはりシナリオ・プランナーを務め、まもなくCEO（最高経営責任者）になるイェルーン・ファン・デル・フェールは1998年、気候変動がシェルのグローバルビジネスに与える影響を、全社を挙げて調べる正式な研究を指揮した。その結果は、京都議定書の社内バージョンさながらで、シェル自体の温室効果ガス排出量を2002年までに1割削減する目標を掲げ、社内部でのキャップ・アンド・トレード（訳注　排出量の枠を設定し、過不足分を取引できる制度）を実施し、炭素の潜在価格（訳注　炭素の排出量削減に要するコスト）を考慮に入れ、想定される利益だけではなく排出される炭素の量にも基づいてプロジェクトを評価するというものだった。キャップ・アンド・トレード体制の下では、シェルの各部署は、それまでのそれぞれの排出量に応じた許可証が与えられ、それからその排出量を削減して、もっと必要とする部署に許可証を売却するよう奨励された。

だが、このプログラムはまもなく頓挫した。任意性だったから（簡単に二酸化炭素の排出量を減らせる部署だけが参加を申し込んだ）、そして、もっと許可証が必要なひと握りの部署は、さっさとシェルの本社に出向いて発行を要請し、本社も言われるままに応じたからだ。とはいえ、内部での排出量を計算する責任は残り、シェルは2002年までに1割の削減を楽々達成した。ナイジェリアにある同社の各精製所上空を長年にわたって光り輝かせてきた、不要メタンを燃やす炎の一部を消したのが大きな要因だった。シェルのように自社の事業だけに着目して二酸化炭素の排出量を計算したら、同社は今やマーシャル諸島や英領ヴァージン諸島程度でしかない。一方、シェルが地中から採取し、世界に向けて販売している産物からの排出量も含めれば、むしろドイツの排出量、すなわち人類が毎年排出する温室効果ガスの少なくとも3パーセントに匹敵する。

ファン・デル・フェールによる最初の気候変動研究の10年後、シェルは大きく歩を進めた。2008年、「青写真（ブループリンツ）」と「争奪戦（スクランブル）」という2つのシナリオを公表したのだ。2050年に至るまでの世界を描き出し、気候変動の危険性をはっきりと警告するものだった。この2つのシナリオは、世界的なエネルギー需要の大幅な増加も予見していた。

このとき、シェルは自社にとって望ましいシナリオがあることを初めて明言した。グリーンな度合いが大きく、排出量が少ない「ブループリンツ」のほうが、シェルにとっても地球にとっても明るい未来を示しているというのだ。ファン・デル・フェールは何度もインタビューを受け、次のように断言した。二酸化炭素その他の温室効果ガスの排出は、高くつくようにするべきだ。グローバルなキャップ・アンド・トレード制度導入の合意が緊急に求められている。効率基準を課さなくてはならない。そのすべてに、政府によるいっそうの規制が必要とされる。「市場が万事解決してくれると……人はいつも考えますが、それはもちろんナンセンスです」と彼は述べた。

だが、時がいたずらに流れ、各国政府はあいかわらず温室効果ガス排出を規制する気配を見せないので、シェルはワックの教えに従い、どちらの未来のシナリオが現実のものとなっても成功できるように、準備を進めることにした。こうして、先見の明のある企業が自力で気候変動を乗り切る道をどう選ぶかという、テストケースが始まることとなったのだ。

氷の下に石油を期待する人たちが集う「結論ありき」の会議

シェルが「ブループリンツ」と「スクランブル」を初めて発表した週に、同社の北極圏部門の最高戦略責任者ロバート・ヤン・ブラーウは、ノルウェーのトロムセで「北極フロンティア」という会議に出席していた。これは、講演や沿岸クルーズ、晩餐会（ばんさんかい）、ダンスショー、コンサートから成る6日間の催しで、コノコフィリップスやエクソンモービル、フランスのトタル石油会社といったスーパーメジャーや、ノルウェーのスタトイル、ロシアのガスプロム、イタリアの炭化水素公社などの大手国営企業も参加していた。

ノルウェー北方に位置するトロムセでこの年初めて太陽が昇る日の前日に当たる会議初日の晩、私が見守るなか、何百人ものエグゼクティブや高官が「太陽の球」というお祝いの焼き菓子を食べ、毛織りの上衣をまとった先住民族サーミ（ラップ人）の歌い手の歓迎を受けた。「オオカミになったような気がしませんか？」と彼は多国籍の聴衆に尋ねてから、マイクを両手で包むようにして持ち、遠吠えを始めた。

前年の夏、北極海の氷の範囲はさらに、テキサス州の2倍に当たる約130万平方キロメートル狭まった。記録的な減少だった。二酸化炭素の排出（大半が化石燃料由来）が主な原因だ。それにもかかわらず、会議場で取りあげられた疑問は、今、北極圏を開発すべきかではなく、どう開発するべきか、だった。

「これ［融解］は好機でもあることに気づくのが重要だと思われる」（ノルウェーの石油・エネルギー大臣）

「石炭も世界の既知の埋蔵量のうち25パーセントが北極圏にあります」（アラスカの北方研究所の研究員）

「『北極気候影響アセスメント』は、石油とガスの生産が地球の気候変動にどう影響するかではなく、気候変動が石油とガスの生産条件にどう影響するかを見るものです」（ノルウェーの社会科学者）

「絶滅危惧種保護法のもとでホッキョクグマをリストに載せたところで、氷の減少を食い止めるうえでは、何の役にも立ちません」（コノコフィリップスのエグゼクティブ）

「一般に、羽毛や毛皮で覆われた動物は、石油流出の影響を受けやすいものです」（北極評議会（訳注　1996年に設立された、北極圏に国土を有するカナダ、デンマーク、フィンランド、アイスランド、ノルウェー、ロシア、スウェーデン、アメリカ合衆国の8か国から成るハイレベルの政府間協議体）の新しい石油・ガスアセスメントの執筆者）

「名高い歴史家が言ったように、『1977年以来、プルドーベイほかのノーススロープの油田によって生み出された富は、これまでに捕獲されたすべての魚や毛皮獣、切り倒されたすべての樹木、さらにはすべての銅、クジラのヒゲ、天然ガス、錫（すず）、銀、プラチナ、そのほかアラスカから得られたありとあらゆるものを凌ぐ。アラスカの歴史のバランスシートは単純そのものだ。実質のドル価値では、プルドーベイ1つで、天地開闢以来アラスカで掘り出され、切り倒され、捕獲され、殺されたもののいっさいを上回る』。そう、石油は私たちにとってすべてなのです」（のちにオバマ大統領がアラスカ・ガスパイプライン・プロジェクトの責任者に登用することになる、当時のアラスカ州知事サラ・ペイリンの事務所の代表）

２日目の昼前、「環境問題――危機管理と技術的解決策」と題するセッションのとき、世界自然保護基金の北極圏プログラムの責任者が登壇した。「通訳の方々にはお詫びを申しあげる。これから猛烈な早口で話すので。さて、みなさんは50年に1度洪水に見舞われる線より低い氾濫原に家を買うでしょうか？　もしみなさんが規制者なら、１００年に1度深刻な事故が起こるのを許す基準を設定するでしょうか？」大きな声で、発音はオーストラリア風。首が勢いよく前後に振れるのにともなって、グレーの口ヒゲがひらひらした。

「ここにいらっしゃる方のほとんどが、ノー、と答えるのではないでしょうか」と彼は続けた。「それならばなぜ、この地球でもっとも創意に富んだ聡明な種であるわれわれは、今私が述べたもののどちらよりもはるかに危険な行動をとりつづけるのでしょう？」

それから彼は次々に事実を挙げていった。北極圏の温暖化のペース、グリーンランドの氷床の縮小、シベリアの増水した川のせいで速まる海面上昇。大気中の二酸化炭素濃度は毎年１・９ｐｐｍの割合で増えており、これは過去30年間の１・５ｐｐｍという値を上回る。自然界の二酸化炭素吸収源（海洋や植物）は、今では50年前より1割少ない二酸化炭素しか受け入れられず、緩衝装置としての効率が落ちている。「２０００年以来、化石燃料からの二酸化炭素排出の増加率は３倍になりました。1990年代と比べて3倍です！」と彼は言った。「IPCCが想定しているうちで、もっとも排出量の多いシナリオさえ上回っているのです」。彼はグラフを見せ、赤い線を超えていることを示した。

「では、まとめに入ります。2年間で海氷の面積が22パーセント減りました。それなのに、みなさんは何もなかったかのような顔をしています。この4年間で北極圏の氷の8割が失われました。それなのに、これがあたりまえであるかのようなふりをしています」。彼は聴衆を見渡した。見るからにいきり立っている。「というわけで、どんな結論が下せるでしょうか？」と彼は問いかけた。

「王さまは裸だ、ということです。北極圏で石油とガス関連の活動を拡大すれば、温室効果ガスのさらなる排出を招き、それによって温暖化がいっそう進み、地球のシステム全体が変化し、それが北極圏にも、全世界にもはなはだしい影響を与え、みなさんにも私にも害が及びます。紳士淑女のみなさん、私たちはパラドックスのただなかに生きているのです」。それから彼は、北極圏での海洋石油・ガス開発をすべて一時的に凍結するよう求めた。一瞬、聴衆は呆然とし、静まり返った。彼の怒りは場違いに思えた。それまでとても順調だった会議に水を差す、無礼で取り乱したふるまいというわけだ。それから聴衆は型どおり拍手した。

やがてシェルは、明らかなパラドックスと思えるものに、用意周到な回答をすることになる。すなわち、それは断じてパラドックスなどではない、というのだ。

「北極圏で石油とガスを生産することにまつわるパラドックスがありはしないかという疑問が示されました」と最高戦略責任者のブラーウは別の会議で述べた。「私は、あるとは思いません。話は非常に単純です。今日、この地球には69億人が暮らしています。2050年には、90億人になるでしょう。急増する需要、とくに中国とインドの需要を満たすためには、多種多様なエネルギーを同時に開発する必要があります。そう、再生可能エネルギーをますます増やさなければなりません。二酸化炭素の排出量を減らすことも求められます。しかし、化石燃料と原子力も欠かせません。これらすべてが必要なのです。在来型の石油とガスの資源が枯渇していくので、非在来型の資源や、非在来型の場所に目を向けなくてはなりません。そして、まさにここで北極圏の出番となるのです」

シェルのエグゼクティブたちはまた、北極圏に関する自社の野心が海氷の融解と結びついていることを示唆するような発言は入念に避けた。気候変動の影響が表れたから北極圏に関心を持ったわけではない、というのだ。

これは多くの点で理にかなっている。ブラーウが指摘したとおり、前回石油価格が今日並みに高騰した、1970年代のオイルショックのあと、シェルは北極圏でアラスカの西のチュクチ海と北のボーフォート海で探査を始めている（ただし、やがて価格が下落し、10余りの有望な油脈の開発を断念する羽目になったが）。シェルの北極海主力掘削船は、2005年に購入し、最終的に3億ドル以上の費用をかけて改装したクルック号（2万8000トン、直径約81メートル）で、先の石油価格高騰と同時期に建造され、艦齢30年を超える。

今や再び価格が高騰し、世界の供給源がさらに枯渇し、テクノロジーの進歩により北極圏での生産は採算もとれるようになったという背景もある。傾斜掘削という新しい技術のおかげで、高価で環境に有害なプラットフォームを油井ごとに建設する必要がもはやなくなった。プラットフォームが1つあれば、海底に何十か所も穴を空けるかわりに、あらゆる方向に網の目のように油井を掘ることができるのだ。

ほかにも重要な変化があった。1980年代と90年代には、全長約1300キロメートルのアラスカ縦断パイプラインは、プルドーベイの石油がたっぷり流れていて、それ以上の輸送は不可能だった。ところが今や流量が大幅に減ったので、アラスカの役人たちは新たな供給者を必死に探していた。このままでは、パイプを流れるわずかな石油が冷えきって、そのまま凍りかねないからだ。

とはいえ、氷の融解はけっして無関係ではない。シェルの役員たちは、公式の声明や私的な会話の中で、以下の事実を認めている。気候変動は現に起こっている。気候変動のせいで、北極圏の氷は解けている。氷結しない海のほうが輸送に都合がいい。氷結しない海のほうが、流出油の後始末がしやすい。氷結しない海のほうが、地震探査がしやすい。同社のウェブサイトに説明されているとおり、地震探査を使えば「探査者は、固形物を透かし見ることができます。超音波を使って母親の胎内の赤ん坊を見ることができるのと同じです」。そして、アラスカのような場所では、政府は氷がなくなる夏季にしか石油の掘削を許可しないのだが、夏は年々長くなりつつある。かつて、別の会議でシェルのあるバイスプレジデントは聴衆に次のように述べた。「常夏のアラスカを熱狂的に求める人がいるものですが、私もその1人でしょう」

北極フロンティア会議の期間中のある朝、私はコーヒーをもらおうと並んで待っているときにブラーウを捕まえると、彼も同じような考えを口にした。18隻から成るシェルの船団が最近ボーフォート海に出かけた。同社は2005年に再び現地の採掘リース権を獲得していたのだが、夏季の探査を始める前に、先住民団体と環境保護運動団体に法廷で活動を阻まれてしまった。「異様なまでに氷の少ない年でした」とブラーウは私に言った。「ですから、掘削に着手するのを許してもらえなくて残念です」。北極海はサウジアラビアとは違った。「中東で掘削をする機会を逃しても、6週間後にまた行くことができます。ところが、北極海では時間がかかる。とにかく時間がかかるのです。氷が消えるまで、まる1年待たなければなりません」

私は、北極圏が世界の次なる巨大石油産地となるというのは、大げさな噂にすぎないのかどうか尋ねた。それは違う、とブラーウは答えた。ほどなく17年ぶりに行われる、チュクチ海の「鉱区借用権（リースセール）の売り出し193」というオークションに注目するように、という。「北極海にはたいへんな期待が集まっています。ですから、このアンカレッジのリースセールでの価格に、それが反映されるのが見られるでしょう」

理想主義の「ブループリンツ」か、利己主義が横行する「スクランブル」か

シェルが想定した2050年に至るまでの2つのシナリオを紹介するパンフレットの中で、イエルーン・ファン・デル・フェールはこう書いている。「ブループリンツ」の描く楽観的な世界では、「各地で地元の活動が盛んになり、経済発展やエネルギー安全保障、環境汚染といった問題への取り組みが始まる。一定基準以上の排出量に対しては課金されるので、クリーンエネルギー・テクノロジーの開発に大きく弾みがつく」。エネルギー効率を上げる措置や、電気自動車、ソーラーパネルが

導入され（「しだいに分子ではなく電子の世界となる」）、これが肝心なのだが、大気中に排出される前に発電所で炭素を捕捉する、今はまだ初期段階にあるプロセス、「二酸化炭素回収貯留（ＣＣＳ）」が広く採用されるだろう。ＣＣＳのおかげで温室効果ガスは地中にとどめられ、化石燃料企業は事業を続けられる。シェルはどちらのシナリオの展開になってもいいように準備をする、とファン・デル・フェールは書いている。「だが、当社の見るところ、『ブループリンツ』の成り行きのほうが、断然希望が持てる」

「ブループリンツ」は、それと拮抗する「スクランブル」とともに、シェルが３つの事実と呼ぶものの妥当な結果として想定されている。その３つとは、以下のとおりだ。世界のエネルギー利用には大きな変化が起こる（「巨大な人口を抱える中国とインドを含め、発展途上国が経済成長のうちでもっともエネルギー集約的な段階に入る」）。それに追い着くだけの在来型エネルギーはない（「簡単にアクセスできる石油とガスの生産の伸びは、２０１５年までに、予想される需要増加の割合についていかれなくなる」）。気候変動その他の環境負荷は現実のもので、しかも悪化している（「人々は、エネルギーを使えば、自分がもっとも大切にしているもの、すなわち、健康、コミュニティ、環境、子どもたちの将来、そして地球そのものを育みうるだけでなく、それを脅かしうることに気づきはじめている」）。

「ブループリンツ」では、ボトムアップのかたちで変化が起こる。経済や生活の質に対する人々の不安が、各自の地元での行動を引き起こし、それが地方や国家の行動へ、最終的には国際的な行動へとつながり、「供給、需要、気候の負荷に対して並行して起こる反応の臨界量」に達する。すると、このシナリオによれば、炭素排出量取引が加速し、「また、二酸化炭素価格が早期に上昇する。持続的な経済成長が気候変動を助長するというジレンマについての認識が変化しはじめる」という。第3世界においてさえ、「人々は地元の変則的な気象現象と、水の供給や沿岸地域への脅威を含めた気候変動のより広範な意味合いとの関連に気づく。2012年に京都議定書が失効したあと、地方体制や都市間体制が組み合わさり、確固とした検証と認定を伴う、有意義な国際炭素取引の枠組みが現れ出てくる」。

「ブループリンツ」のシナリオどおりになれば、2050年までに、世界の豊かな国々の、石油やガスを使った火力発電所の大多数がCCSを備え、二酸化炭素の総排出量を最大で2割削減することになる。

熱狂的な演劇ファンで、現在はワックとシュワルツのあとを継いでシナリオ・チームを率いている、シェル・ハイドロジェン元CEOのジェレミー・ベンサムは、炭素価格を設定するのがCCS採用にとってきわめて重要である理由を、のちに私に説明してくれた。

「経験則で言うと、1ギガワットの石炭火力発電所の建設に10億ドルかかり、それにCCS設備を持たせるのに、さらに10億ドルかかります。二酸化炭素の価格設定がないかぎり、CCS設備の10億ドルからは、何の利益もあがりません」と彼は言った。頭に入れておくべき経験則はほかにもあった。「あるものが技術的に実現可能で商業的にも採算がとれることがわかれば、その後は2桁の成長率を示します」

だが、毎年25パーセントの割合で30年にわたって成長するとしても、取るに足りないという。「それでも、全世界のエネルギー・システムの1パーセントにすぎません」と彼は続けた。「世界のエネルギー・システムは、それほど巨大なのです」。つまり、シェルが期待をかけている「ブループリンツ」でさえ、高が知れているのだ。「妥当性の限界まで突き詰めた、最善の気候展望が、『ブループリンツ』でした。『ブループリンツ』は気温上昇幅を3・5℃と、下限で見積もる類の展望です。私たちはそれ以上のものを望んでいますし、その事実について率直に語ることもできると思いますが、『ブループリンツ』の展開になったときの世界でやっていくのはどんな感じなのかを考えてみる必要があります。海面が上昇します。気候が大荒れになり、暴風など、さまざまなことが起こります。私はかつて物理学者でしたから知っているのですが、どんな流体であれ、多くのエネルギーを捉えるほど、ふるまいが乱れるのです」

「ブループリンツ」と対を成す「スクランブル」の描く未来は、なおさら恐ろしい。そして、策定後の5年間を見ていると、より現実に近いのはこちらではないかと思えてきた。「スクランブル」の世界は、受け身の対応を最大の特徴とする。「行動が後手に回る」のだ。各国は石炭と石油を地中から取り出して燃やしつづけ、先を争って石炭や石油を手に入れようとし、ますます多くの二酸化炭素を排出し、ようやく進路を変更するのは、自然界の実情によりそうせざるをえなくなってからだ。「政策立案者たちは、供給が逼迫（ひっぱく）するまで、もっと効率的なエネルギーにはろくに注意を払わない」とファン・デル・フェールは書いている。「同様に、気候が激変するまで、温室効果ガスの排出量削減にも真剣に取り組まないだろう」

「スクランブル」の最初の年月には、「大荒れ」がいくつか起こるにもかかわらず、世界経済は成長を続ける。ベンサムのチームは、こう説明している。「『スクランブル』の主役である各国政府は、エネルギー政策の焦点を供給手段に合わせる。なぜなら、エネルギー需要の伸びを抑え、それによって経済成長を抑えれば、間違いなくひどい不評を買うので、政治家はそうした政策の実施には踏みきれないからだ」。このような束縛のない時代の動力源となるエネルギーの大半は、もっとも環境によくない化石燃料である石炭に由来する。石炭は、天然ガスの2倍、石油の3分の4倍近くもの炭素を放出するのだ。「1つには『エネルギー自立』を求める大衆の圧力のせいで、1つには石炭は地元の雇用創出源であるという理由から、世界の大型経済のいくつかでは、政府の政策でこの国産資源の利用が推奨される。2000年から2025年までの期間に、世界の石炭産業は規模が倍増し、2050年には2・5倍になっているだろう」

「スクランブル」に描かれた国々は、エネルギーを渇望するあまり、バイオ燃料にも頼るようになる。バイオ燃料は農作物の生産と競合する。とくに、世界のトウモロコシ栽培地帯ではそれが著しく、世界の食糧の価格を押しあげる。バイオ燃料輸入国は、貧しい国々がパーム油やサトウキビを生産するために熱帯雨林を破壊することを、図らずも奨励してしまい、その結果、かつては森だった場所の土壌に蓄えられていた二酸化炭素が大量に放出される。また投資家も、「非在来型石油プロジェクト（たとえばカナダのタールサンド）にますます多くの資本を」投入するが、そうしたプロジェクトは、二酸化炭素の排出量も水の使用量も多いので、各種環境保護団体が反対している。

「スクランブル」のシナリオでは、気候変動を防ごうとする運動家たちの声が大きくなるが、「一般大衆は度重なる警告に関心が減退する。気候変動に関する国際的な議論は、豊かな先進工業国と貧しい開発途上国とのあいだの立場の違いから、相手の意見に耳を貸さない、イデオロギー上の議論の応酬の泥沼にはまり込む。この麻痺状態のせいで、大気中への二酸化炭素の排出は容赦なく増加する」。

このシナリオの終わりのほうで、供給不足と気候変動が無視できなくなったとき、排出量は頭打ちになりはじめる。だが、二酸化炭素濃度は550ppm（運動家や多くの外交官、科学者が許容限界と判断した350ppmを200ppm上回る）を超える勢いで増えていく。シナリオ・プランナーたちは、こう書いている。「経済活動とイノベーションのしだいに多くの割合が、最終的には気候変動の影響に備える方向に振り向けられる」。つまり、世界は自らが陥った状況に適応せざるをえないというわけだ。

未来は「ブループリンツ」よりも「スクランブル」に近く見えてきているかどうか、2012年に私が尋ねたとき、ベンサムの答えは柄にもなく簡潔だった。「ええ、そう思えますね」

世界最北の液化天然ガス事業「スノーヴィット」

リースセールのためにシェルを追ってアラスカに出かける前に、私はトロムセの会議のあと、未来の北極圏の姿を垣間見るために、ノルウェーの海岸沿いを北上した。かつてはみすぼらしい漁業の町だったハンメルフェストには、シェルやそのライバルたちが固唾を呑んで見守る、「スノーヴィット」（ノルウェー語で「白雪姫」の意）という世界最北の液化天然ガス事業が本拠を構えていた。

私が到着したのは、生産開始予定日の前日で、100億ドルを投じて造られた施設が、町に隣接する、以前は草だらけだった島を占拠してから久しかった。ハンメルフェストの真新しい派手なショッピングセンターから眺めると、その施設はフィヨルドと雪をかぶった山並みを背景に、煙突や照明、管が複雑に組み合わさっているのが見てとれた。ガス田はさらに沖のバレンツ海の水面下240メートルにあり、総延長140キロメートル余りのパイプで島とつながっていた。生産は予定より遅れていた。数か月前、エンジニアたちがプラントの試運転をしているときに風向きが変わり、フレア（余分なガスを燃やす炎）から出た黒い煤（すす）が自動車や住宅を覆ってしまったのだ。プラントを稼働させていたノルウェーの国営石油会社で、まもなくアラスカのリースセールでシェルの競争相手となるスタトイルは、医師団を呼んで発癌性（はつがんせい）物質の検査を行い、住民担当の渉外係も連れてきて、補償金の小切手を配らせた。

暖流の北大西洋海流のおかげでほとんど氷とは無縁の、ここスカンディナヴィア北端では、ノルウェーという国の自己矛盾がひときわ目立っていた。普段は「石油ファンド」と呼ばれる、5000億ドルの準備金という世界第2位の政府系ファンドを持った、世界で2番目に裕福な国家であるノルウェーは、海洋石油のおかげで十分潤っているので、環境に気を配る余裕があった。そこで同国は2000年に、二酸化炭素排出対策で進展が見られないとして政権をお払い箱にした世界初の、そして今のところ唯一の国となった。

ノルウェーは京都議定書を真剣に受け止めており、そのあまり、スノーヴィットは最終的に、CCS試験施設になる。すなわち、「ブループリンツ」のようなシナリオが本当に実現しうるかどうかを試す場となるのだ。この施設は、天然ガスをすべて吸い出したあと、二酸化炭素を海底に再注入する予定だった。ただしそれまでは、スノーヴィットの生産問題のせいだけで、ノルウェーは京都議定書の目標を達成しそこなうことにもなりかねなかった。また、倫理的理由からタバコ会社と武器業者には投資を控えていたノルウェーの政府系ファンドは、シェル（自己矛盾にかけては、ことによるとノルウェーに匹敵するかもしれない）の株式を、ほかのどの企業の株式よりも多く保有していた。

プラントが再稼働するのをハンメルフェストが待つあいだ、私はスタトイルのスポークスマンと島を見てまわった。セキュリティチェックを受け、フィヨルドの下のトンネルを抜け、外国人労働者（トルコ人、ギリシア人、スロヴェニア人、ポーランド人、フィンランド人、ロシア人）の宿舎を過ぎる。また風が吹いており、世界最大級の液化天然ガスタンカー、アークティック・プリンセス号が接岸できず、入り江に停泊していた。

だが、私がもっとも興味を引かれたのは、ハンメルフェストの町でのファウスト的な取引だった。私は中心部のピザレストランで、プラントに反対する地元唯一の政治家に会った。急進的社会主義政党「赤」所属の、19歳の女性だった。私たちはおもに、ショッピングについて話した。「eBayが大好きです！」と彼女は言った。このインターネットオークション・サイトで、6500キロメートルの彼方からアメリカの衣料を注文するのだそうだ。スノーヴィット産のガスはスペインのビルバオに運ばれ、最終的には北東航路を通って日本と中国に行き着く。北東航路というのは、ロシアの北側で新たに通行可能になった航路で、「北極海航路」という名でも知られている。お金のほとんどはこの地に残る。スタトイルは人口9400人のハンメルフェストに財産税として毎年2200万ドル支払う。だから忠誠心を勝ち取れる、とその社会主義者の女性は認めた。彼女の母親さえもが、スノーヴィットびいきだそうだ。

ハンメルフェストの助役は、入り江に面したオフィスで町の新しいプロジェクトの数々を並べ立てた。小学校各校の改修、以前より大きな空港の建設、派手なスポーツ・アリーナの建設、「完全デジタル化」され、ガラスの外壁を持つカルチャーセンターの建設。住宅の価格は5年間で2倍に跳ねあがった。雪に覆われた通りのいたるところで散歩する人が見られる。つい忘れがちだが、最近までハンメルフェストは斜陽の町だった。人口は減りつづけていたし、ノルウェーでもっとも暴力に満ちていたのだった。「喧嘩といっても、フェアなもので、ナイフの類が出てくることはあまりありませんでした」と助役は請けあった。私はフレアから飛んでくる煤のことを訊いた。「みんな嫌っていましたが、しかたがないと諦めました」と彼は答えた。

午後2時だったが、北極圏の冬なので暗くなりはじめていた。外に出ると、ちょうどスノーヴィットが稼働するところが見られた。北極海が火事になったかのようだった。いちばん高い煙突からは炎が120～150メートルの高さまで噴きあがり、山々をはるかに見下ろし、町の上空高くを漂い、町をオレンジ色に染めていた。3キロメートル以上離れていた私にも燃える音が聞こえ、顔が火照った。

リースセール193

――北極海の海底オークションで見たシェルの変貌

「始めるにあたって、まずみなさんに感謝の言葉を申しあげずにはおられません」。チュクチ・リースセール193に集まった人々に向かって、ランドル・ルーティは言った。会場を埋める石油業者やロビイストたちは、無言で彼を見つめ返した。というより、彼の後ろの、床から天井まであるスクリーンに映し出された石油鉱区（オイルブロック）（訳注　石油の探索をするための一定の広さを持つ土地の区画）の地図を見詰めていたのかもしれない。

「ご関心を示してくださった業界にお礼を申しあげたい。ですが、懸念を示された方々にも謝意を表します。なにしろ今や、今日の世界のあり方、今日のわれわれの経済のあり方、今日のエネルギーの未来像のあり方が、如実に反映されている時期ですから。現在は、難しい決定を下したり、難しい疑問に答えたりしなくてはならない、困難な時代なのです。私はこんな質問を投げかけられました。なぜこのセールをするのか、と」

会場となったアンカレッジの中央公共図書館の外では、活動家の一団（北米先住民イヌピアトの男性2人と白人女性3人。そのうち1人はホッキョクグマの着ぐるみを着て、ホッキョクグマのマークの入ったソレルのウインターブーツを履いていた）が、手書きのプラカードを振りかざしていた。「石油はホッキョクグマには似合わない！」「私たちの庭にビッグオイルは入れるな！」「ドリルをストップ！」「ご馳走を油で台無しにするな！」厳寒の空気の中で、彼らの息が白くなる。中ではスクリーンの前で、テープ、クリップの入った箱、瓶入り飲料水を手元に取りそろえた3人のいかめしい女性スタッフが、入札書類の入ったファイルホルダーで覆われたテーブルを警護していた。

ワイオミング州フリーダム出身の牧場主のルーティ（ジョージ・W・ブッシュが鉱物資源管理局（MMS）の局長に任命した人物）は、体に合わないグレーのスーツを着て、MMSの紋章で飾られた演壇のところに立っていた。紋章には「鉱物収入——海洋鉱物——管理」という言葉が、金色のワシをぐるっと囲んでいる。MMSはこの時点ではまだ石油絡みの便宜提供のセックススキャンダルに揺らいではいなかったし、メキシコ湾で石油掘削施設ディープウォーター・ホライズンが起こした大惨事における監督不行き届きを咎められてもいなかったし、再編成（とは言わぬまでも少なくとも改称）されてもいなかった（MMSはのちに、「海洋エネルギー管理・規制・執行局」、略称BOEMRE、さらにはもっと単純な「海洋エネルギー管理局（BOEM）」に名称を変えることになる）。

11万7500平方キロメートルの北極海の海底が、約23平方キロメートル単位で提供されるリースセール193は、海氷が減りつつあるチュクチ海に住むホッキョクグマを地球温暖化による絶滅危惧種の第1号として公認すべきかどうかという、衆目を浴びている決定をめぐって、MMSの親官庁である内務省によって繰り返し延期されたものの、結局実施された。これは、北極海の歴史上もっとも実入りのいいリースセールとなり、シェルは競合各社を上回る総計21億ドルの高額な入札を行うこととなる。

ルーティは聴衆が答える前に、自らの疑問に答えようとした。「なぜか？　それは、今後数十年間、われわれのエネルギー需要は毎年およそ1・1パーセントずつ増加するからです。国内生産は、これについていくことができない見込みです。だとすれば、たいして考えるまでもありませんが、自らが生産している以上の需要があるなら、不足が生じます。チュクチ海はアメリカでは残り少ないエネルギー・フロンティアの1つだと広く考えられています。ですが私は、最後のフロンティアではなく、無限の可能性を持つフロンティアと考えるべきだと信じています」と彼は言った。

「チュクチ海が、その沿岸住民にどれだけ重要かは、われわれも承知しています」と彼は続けた。「そこで、先住民の村々を含め、現地の各コミュニティの意見をうかがいました。ホープ岬、レイ岬、ウェインライト、バロウ、そして、アークティックスロープのイニューピット……イヌピット……失礼、イヌピアトのコミュニティ」

聴衆の1人が笑った。

「イヌピアト」とルーティは繰り返した。「いつも間違えてしまいます。あちらに座って、練習したのですが……」

別の男性が入札を読みあげるために立ちあがった。全部で667件あり、これまた北極海のものとしては新記録だった。「私どもの見積もりでは、全部読みおえるまでに、4時間かかるかもしれません」と彼は言い、翌日の午後2時までに、合衆国財務省の口座に電子資金をかならず振り込んでおくよう入札者たちに注意した。

最初の勝者はスペインのコングロマリット、レプソル社で、競合せずに7万5050ドルで落札した。歓声も上がらず、興奮も見られなかった。入札はすべて事前に行われていたので、静かなオークションだった。男性が入札書類を広げ、私たちはただそこに座っているだけだ。男性はほとんど単調な声で読みあげる。「第7011鉱区(ブロック)。入札1件。レプソル、7万5050ドル。第7019ブロック。入札1件。レプソル、7万5050ドル。第6868ブロック。入札1件。シエル・ガルフ・オブ・メキシコ、30万3394ドル」。例のいかめしい女性スタッフたちが青いホルダーを左から右へとテーブル上で移動させる。会場は静まり返り、ときおり咳が聞こえるだけだった。「第6154ブロック。入札1件。コノコフィリップス、12万5110ドル」と男性が告げる。「第6155ブロック。入札2件。第1位、シェル・ガルフ・オブ・メキシコ、410万6999ドル。第2位、コノコフィリップス、25万1625ドル。第6515ブロック。入札1件。シェル、50万8900ドル」。こんな調子で進んでいく。シェルが勝ちつづけた。あるブロックは410万5958ドル、別のブロックは1430万435ドル、さらに別のブロックは3100万5358ドル。8730万7895ドルという金額が読みあげられると、会場がざわめいた。

2時間が過ぎた。途中休憩となり、私たちはロビーに出た。ホッキョクグマの着ぐるみが、今は窓際の石のベンチにくしゃっと置いてあり、その隣では業者が携帯電話で話している。やがて関係者はぞろぞろと会場に戻り、単調な声がまた響き渡った。件（くだん）の男性が、ていねいに金額を読みあげていく。「1億530万4581ドル」。合計額が10億ドル台に達すると、私は数字の感覚が完全に麻痺してしまった。シェル、1010万1550ドル。スタトイル、276万2622ドル。シェル、9万6603ドル。シェル、5410万4814ドル。シェル、605万7679ドル。シェル、30万7750ドル。シェル。シェル。シェル。シェル。10万1330ドル。8万2088ドル。2430万7601ドル。

「争奪戦」の世界へ
――未来学者たちの建前と本音

リースセールでのシェルの積極的な入札からは、すでに不吉な前兆が見てとれた。もっともグリーンな石油会社だったシェルは、北極圏に対して抱いている夢のせいで、環境保護団体「グリーンピース」に標的にされる石油会社へと変貌し、アメリカの連邦議会で気候変動対策法案の可決を積極的に推進するのをやめ、政府はほとんど何も成し遂げられないだろうと静かに見切りをつけ、未来は「スクランブル」のように見えはじめていることを受け入れたのだ。シェルは、1000メガワットの発電量を誇る世界最大のウィンドファーム、ロンドン・アレイの株式の33パーセントを保有していたが、リースセール193から数か月後、その株式を手放した。1年もしないうちに、風力、太陽光、水素の各エネルギーに対する新規の出資も取りやめた。

さらに、スティーヴン・ハーパー政権下のカナダで政府の財政的支援の確保に取りかかった。これは、アサバスカのタールサンド産地で、この種のものとしては最初の、総額13億5000万ドルのCCS施設、クエストを建設するためだった。この施設は、二酸化炭素を回収して地下1600メートル以上のところにある多孔性の岩盤に注入する。とはいえ、シェルは生産・精製過程で二酸化炭素を噴出するタールサンド自体にも多額の投資を行っていたので、物議を醸していた。きちんと機能するCCSなしでタールサンドを抽出したら、シェルは世界でもっとも二酸化炭素排出量の多い石油会社になるだろう、と活動家諸団体は2009年のある報告書で主張している。

ジェレミー・ベンサムの率いる未来学者たちは、水、エネルギー、食糧のあいだの「ストレス関係」を検討する、次の一連のシナリオ作りへと進んだ。このストレス関係は、気候変動に適応しつつある世界における重要なトピックだ。「水は、ほぼすべての形態のエネルギー生産で必要とされる」とベンサムは書いている。「エネルギーは水の処理・輸送に必要とされる。そして、水とエネルギーの両方が、食糧の生産に必要とされる。これはそれらの結びつきの、ほんの数例にすぎない」

気候変動は、これら3つのすべてと関連していた。そして、この3つはすべて（食糧生産のための森林伐採というかたちであろうと、飲料水生産のための、二酸化炭素排出量の多い脱塩というかたちであろうと）、気候変動と関連していた。「私はもともと精製にかかわっていました」とベンサムは私に語った。「いつも、水でした。水の加熱や、流出水。水はこれまでずっと、事業を行ううえでの重要問題でした。ですが今や、正真正銘の戦略上の中心的問題なのです」。ベンサムの補佐役で、元BBCジャーナリストが、次のように言葉を添えた。水に対する負荷は地元と密着した問題なので、二酸化炭素排出よりも政治的に不穏なのだという。「長年、水をめぐって戦争が行われてきました。その一方で、二酸化炭素をめぐる戦争は想像しづらいですよね」

シェルが再生可能エネルギーの分野から手を引いていることについて、2012年にベンサムに尋ねると、ロンドン・アレイをはじめとする再生可能エネルギーのプロジェクトからの撤退は、内部からは違って見える、と彼は請けあった。「私たちはスイートスポットに焦点を合わせます。どこがスイートスポットでしょう?　各自には得意分野もあれば、価値を付加できないとわかるものもある、というのが私たちの認識です」。風力発電には、シェル自体が造っていないタービンなどのインフラが必要となる。太陽光発電にはシリコンが必要だが、これまたシェルの専門分野ではない。「シェルには付加できるものがほとんどありませんでした」と彼は言った。だが、シェルはブラジルのバイオ燃料（食糧用と競合しない、第2世代の作物）や、カナダでのCCSプロジェクトは進めているそうだ。「そしてシェルは、半分以上が石油、という壁を越えて、半分以上がガスというところまできました。今やわが社はガス会社なのです」とベンサムはつけ加えた。「ガスは『ブループリンツ』にとてもお似合いの燃料です」

　とうの昔にシェルを退社し、一種のビジネスコンサルタントとしてシナリオ・プランニングの普及に乗り出したピーター・シュワルツは、もっとあけすけだった。シェルは「ブループリンツ」の展開のほうを好むと公言しているが、現状はそれとどう折り合いがつくのかと尋ねると、「折り合いなどつきません」と彼は答えた。それからこう取り繕った。「実のところ、ある意味では筋が通ります。なぜなら、これまで再生可能エネルギーは『ブループリンツ』よりもむしろ『スクランブル』に近いものだったからです。どういうことかというと、アメリカを見てください。私たちは税額控除を続けるのか、続けないのか？　今、風力発電の税額控除はまたしても受け放題になっています。そして、キャップ・アンド・トレードのシステムは、カリフォルニアでは動き出しているものの、ほかではまだです。何ですか、これは？　これは『ブループリンツ』の類の世界ではありません。北極圏では、私たちは間違いなく争奪戦（スクランブル）になっています。私たちには青写真（ブループリント）はないのです」

第3章

独立国家「グリーンランド」の誕生は近い

——解けるほどに湧き出す石油、露出するレアメタル

GREENLAND RISING

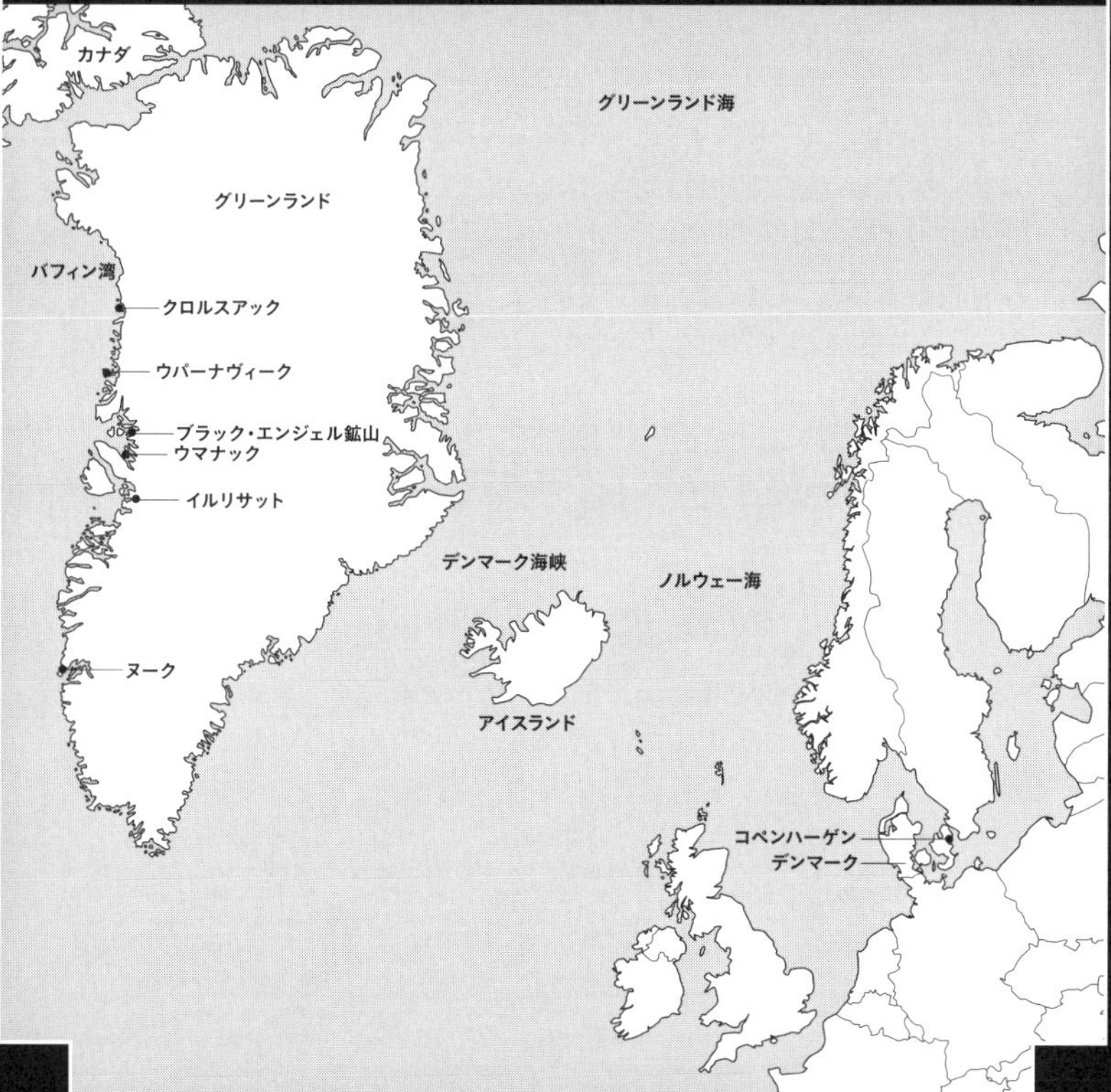

気候変動の「恩恵」に沸くグリーンランド

私がグリーンランドに到着したとき、デンマークからの分離独立を主張する住民が、島の西岸をなかばまで北上したところにあるウパーナヴィークの体育館に集まっていた。

ウパーナヴィークは、木がまったくない北緯73度のツンドラ地帯にある人口1100人の町で、グリーンランドの行政の中心であるヌークからは960キロメートル余り北に位置している。私がカナダのヴァンドゥー（王立第22連隊の隊員）たちといっしょに過ごした監視所のあるデヴォン島からだと、バフィン湾を挟んで真東に800キロメートルほど離れている。

だがデンマークが開拓したウパーナヴィークは、荒涼としたデヴォン島とは対照的だ。魚加工工場や、プラスチックの花が供えられたコンクリートの墓が並ぶ丘陵墓地があり、舗装した街路が1本走り、輸送用コンテナを改装した看板のない酒屋が1軒店を構えていた。木造の家屋はどれも美しい原色に塗ってあった。ティーンエイジャーがあちこちの通りにたむろして、携帯電話から大音量でヒップホップを流していた。朝には、同じ通りに排泄物を入れた黄色い袋が並び、清掃作業員の回収を待っていた。グリーンランドのほかの地域と同じく、ウパーナヴィークでは近代化の進み方がいびつだった。外見は意図的に北欧化されているが、気質は必ずしも北欧諸国と同じではない。

グリーンランドは3世紀にわたってデンマークの植民地だったが、現在は石油と鉱物資源のブームを迎えようとしており、これまでと違う存在になる可能性が出てきた。世界初の地球温暖化が生んだ国家になるかもしれないのだ。

私がこの地にやってきたのは、独立主義者の巡回説明会に同行し、気候変動の犠牲者であるはずの人々がそれで儲けはじめているのを、この目で確かめるためだった。グリーンランドは、先進国の国民の多く、つまり北半球の住民の多くが直面するジレンマの極端な例だ。地球温暖化が彼ら個人にとってたいした害にならず、むしろ得にさえなるかもしれないのであれば、歓迎して何が悪いのか？

巡回説明会は自治政府の主催で、グリーンランドの政治家――ジーンズ、フリース、テニスシューズというういでたちの男女――が6人ほど参加し、何十回ものタウンホール・ミーティング（訳注 政治家が各地を回って、その土地の住民と対話する集い）が予定されていた。２００８年11月の住民投票を前に、彼らはグリーンランドのほぼ全土を回ろうとしていた。この島の面積は２１７万平方キロメートルを超え、テキサス州の３倍、デンマーク本土の50倍あり、点在する57の村と18の町に５万７０００人が住んでいる。各地の町や村どうしを結ぶ道路はないに等しく、交通信号も２か所だけで、両方とも１万５０００人が住むヌークにある。私たちの移動手段はプロペラ機、ヘリコプター、モーターボート、そして徒歩だった。

会場の体育館では、まず政治家の１人がクジラの笑い話で場を和ませた。彼は１９９０年代、この町の警察官だった。話はこんな感じだった。ある住民から警察署長のもとに電話がかかってきた。その住民は漁師で、クジラを捕まえたが、どうしたらいいか途方に暮れていた。署長はその漁師に言った。「船に載せておいてください。明日われわれが対処しますから」

船に載せる！　明日対処する！　集まった60人ほどの住民は大笑いした。自治政府のリーダーで、パワーポイント・プレゼンテーションを一手に担う35歳のミニングアック（ミニック）・クライストも身をよじって笑っていた。私も笑うふりはしたが、何がおかしいのか皆目わからなかった。

自分の番になると、ミニックはヘッドセットをつけ、映し出されたスライドの前を行ったりきたりして話した。独立革命家というよりはテレビ宣教師のようだ。住民はバスケットボールのゴールの下に並べた赤い椅子に座っていた。窓の外に目をやると、魚加工工場そばの入り江に氷山が見えた。ミニックはこう説明した。数か月後の投票で選ぶのは、完全独立ではなく、その一歩手前ともいうべき「自治（グリーンランド語で「Namminersorneq」、デンマーク語で「Selvstyre」）拡大」をするか否かだ。年間6億5000万ドル近い補助金をグリーンランドに交付している（グリーンランド住民1人当たり1万ドル以上）デンマークは、すでに自治拡大を承認している。

今回の住民投票で賛成票が多数を占めれば、グリーンランド語が公用語になり、グリーンランド人は国際法の下で独立した民族として認められる。「われわれは警察、入国管理、教育、司法を引き継ぎます」とミニックは説明した。アメリカの合衆国地質調査所が、世界の既知の石油地帯500か所のうち、グリーンランド北岸沖合の海域の石油埋蔵量が第19位であることを発表したばかりだった。北大西洋に、いわば手つかずのメキシコ湾油田があるようなものだ。ここから南のディスコ湾の近くでは、シェブロンやエクソンモービルなどの企業に、グリーンランド初の石油鉱区借用権が売却されたところだった。シェルとパートナー企業は、その後まもなくウパーナヴィークから160キロメートル離れたバフィン湾の鉱区借用権を取得することになる。

陸地では氷河が後退して、亜鉛、金、ダイヤモンド、ウランの巨大な鉱床が現れつつあった。「鉱物資源と石油資源の管理権もグリーンランドが引き継ぎます」とミニックは言った。

彼らは採掘によって自らを解放するつもりだった。デンマークとの協定では、グリーンランドは最初の1500万ドルの取り分を除いた鉱物資源収入をデンマークと折半することになっている。収入が増えるにつれ、現在6億5000万ドル交付されているデンマークからの補助金は削減される。最終的には5年から10年、あるいは15年から20年で、温暖化が進んで生産量が増えれば補助金はゼロになり、グリーンランドは晴れて独立を宣言する。化学には活性化エネルギーというものがある。熱を加えると反応が生じる。グリーンランドには地球温暖化があった。熱を加えると独立革命が生じる。だがこれは気候変動のペースで進む分離独立であり、反応には時間がかかる。

ミニックの話が終わると、ウパーナヴィークの町長が立ちあがって質問した。痩せた男性で歯が数本なかった。「収入の一部はデンマークに支払われるんですって？」と驚いた様子で尋ねる。次に質問したのは黒いセーターを着た高齢の女性だ。「それだけのお金を稼いだら、グリーンランドにどれだけ残るのでしょう？」

もっとも、政治家があてにしているのは鉱業だけではなかった。貴重な漁業資源（タラ、ニシン、オヒョウ、コダラ）がグリーンランドの水域に移ってきていた。海水温度が上昇し、北上してきたのだ。自然災害の現場を見ようと観光客が押し寄せ、氷河が海に滑り落ちるのを眺めていた。クルーズ船の寄港は4年間で250パーセントも伸び、店では「気候変動と地球温暖化」という文字が書かれた、解ける氷の写真入りの葉書を売っていた。グリーンランド南部の農期の拡大（1990年代初期と比べるとすでに3週間も長い）により、ジャガイモとニンジンの栽培が可能となり、もっと草を育て、もっと多くの羊を飼育できるようになった。

世界大手のアルミニウム・メーカーのアルコアが建設し、島の豊富な川の水を使った水力発電で稼働させる、処理能力が年36万トンの世界最大のアルミニウム精錬所の計画が立てられた。2隻の船が、デンマーク海峡を横断する高速インターネットケーブルの敷設を終えたばかりだ。これによって、グリーンランドからアイスランドまで、さらには北アメリカまでつながった。

また、安価な電力と高緯度という長所を利用して、サーバーファーム（グーグルやシスコやアマゾン向けのコンピューター・プロセッサーを収めた施設）を設置する計画もあった。「普通こういう施設には大規模な空調が必要です」とミニックは説明した。

解ける氷そのものを利用する計画まであった。水の輸出だ。「グリーンランドの氷床は推定170万立方キロメートルで、世界最大の貯水槽です」と、氷・水資源事務局のウェブサイトは豪語していた。投資家は「200万年の歴史の詰まったボトル！」を売ることができる、と。

沈みゆく国あれば、上昇する国あり

グリーンランド住民の誰のせいでもないが、おそらくモルディヴ諸島は消滅するだろう。ツバル諸島も消滅するだろう。キリバスも、マーシャル諸島も、セーシェル諸島も、バハマ諸島も、カーテレット諸島も。バングラデシュは少なくとも国土の5分の1を失うだろう。フィリピンのマニラ、エジプトのアレクサンドリア、ナイジェリアのラゴス、パキスタンのカラチ、インドのコルカタ、インドネシアのジャカルタ、セネガルのダカール、ブラジルのリオデジャネイロ、アメリカのマイアミ、ヴェトナムのホーチミンの大半も水没するだろう。これらの土地を水浸しにするだけの水量が、世界最大の貯水槽であるグリーンランドの氷床（島の81パーセントを覆う内陸部の氷の塊）に貯えられている。1996年以来、氷床が解ける割合は毎年7パーセントずつ増している。いつの日か完全に解けてしまったら、世界の海面は6メートル以上上昇する。

アラスカでもニュートック、シシュマレフ、キヴァリーナなどの村が危機に瀕していた。海岸が浸蝕され、永久凍土が解け、地下水の塩分濃度が上がって住めなくなってきていた。ニュートックの長老たちは、小高い丘がある南側の島に用地を確保し、州政府と連邦政府に、住民315人を移住させるのに必要な1億3000万ドルを支出させようとロビー活動を行っていた。「シシュマレフ浸蝕と移住連合」は、数キロメートル離れた本土の土地を移転先として選び、これまた資金が出るのを待っていた。

キヴァリーナの住民は、コノコフィリップス、エクソンモービル、シェブロンなどのエネルギー企業8社を共謀罪で訴えていた。これらの企業は気候変動懐疑論を煽って石油をもっと生産できるようにしようと目論んだ、と告訴したのだ。アメリカの法廷弁護士たちは成り行き（最終的に、訴えはカリフォルニア州の一判事によって棄却されることになる）を注視していた。そのうちの1人が会議で興奮ぎみにこう言っていたのを耳にしたことがある。「これがまさに堰(せき)を切ることになりうる……おっと、これはおそらく不適切な言葉遣いでした」

小さな島嶼国も、気候変動絡みの訴訟を検討していた。2002年、ツバル諸島はオーストラリアとアメリカに対して訴訟を起こすと脅した。だが、彼らの関心の中心も、移転先を探すことだった。ツバル諸島とキリバスの住民は毎年それぞれ、移民受け入れ協定枠内の75人ずつがニュージーランドに移住している。カーテレット諸島の住民1700人のうち最初の5人が、新しく購入した、同じパプアニューギニアのブーゲンヴィル島の土地に2009年に移住した。オーストラリアでは、ツバル諸島生まれのドン・ケネディという名の科学者が、故国の人々のためにフィジーの島を1つ購入する募金を呼びかけていた。モルディヴでは、カリスマ的な人気を誇り「モルディヴのオバマ」とまで呼ばれた大統領のモハメド・ナシード（彼は気候変動対策の旗手として名を成したが、その後クーデターで追放された）が、万一のことを考えて、スリランカかオーストラリアに土地を買うつもりだと宣言した。その発言を受けて、インドネシアの大臣が自国の島を売る用意があると申し出た。

アルプス山脈では、マッターホルン周辺の氷河が解け、1861年以来の国境が移動した。国境は、雪の尾根に沿っていたが、雪がなくなってしまったのだ。この事態を受け、イタリアとスイスが膝を突きあわせて新しい国境を策定する協議を行った。カシミール地方ではシアチェン氷河の融解が加速して、インドとパキスタンの紛争が激化するのではないかと専門家が懸念していた。世界の政治地図が刻々と変わり、ほとんどの人が肝を冷やしていた。

非政府組織（NGO）クリスチャン・エイドの推定では、2050年までに地球温暖化によって10億人が居住地を追われるとのことだった。環境保護の国際的な民間非営利組織、フレンズ・オブ・ジ・アースは、このような気候変動難民は1億人にのぼる、と発表している。気候変動に関する政府間パネル（IPCC）の発表では1億5000万人、ニコラス・スターン卿の報告書『気候変動の経済学』では2億人だ。赤十字国際委員会は、すでに2500万〜5000万人の気候変動難民が発生している、と述べた。

氷河の融解が意味するものは、世界のじつに多くの地域にとってもあまりに悲惨であるため、たとえウパーナヴィークにおいてさえも、それがグリーンランドにとってどれほどありがたいかを考えるのは、礼を失しているように思われた。2003年以来、氷床は100万トン以上も縮小したので、下の岩盤が年4センチメートルずつ上昇するほどだった。まるで積み荷を少しずつ降ろして軽くなっていく船のようだ。グリーンランドでは、海面上昇の速度を海抜上昇の速度が上回っていた。

寛大な宗主国デンマークからなぜ分離したいのか？

ミニックは結果に率直に向きあうことを好んだ。私たちはウパーナヴィークに向かうために、カンゲルルスアーク空港にいた。この空港はグリーンランド西部のツンドラにある、アルプス山脈のスキーロッジのような趣の建物だ。ラウンジチェア、大きな窓、トレイが行き交うカフェテリア、ゴアテックスに身を包んだ裕福な観光客。

ここでミニックはそれまでの人生を語ってくれた。グリーンランドのバドミントンの王者になったあと、デンマークのオーフス大学で倫理哲学の修士号を取得した。修士論文「グリーンランドの選択——自治か独立か　哲学的考察」では分離理論を主題に、国家は別の国家から分離独立する道徳的権利を有しているか否かを考察した。論文に着手してまもなく、彼の言葉を借りれば「最初の哲学的危機」のときに、1つ悟るところがあった。アリストテレスが善き人生の理想とするものを、実生活のささやかなことにまで漏れなく適用しようとしたのちのことで、あらゆる行動が1つ残らず道徳的にはなりえない、というのがその悟りだ。

地球温暖化によって従来の暮らしが消し去られようとしていることについて、彼は率直だった。「猟師にとっては問題でしょう。犬ぞりが氷の割れ目に落ちますからね。いや、そもそも氷がなくなってしまいますから」。アザラシを仕留めるのも難しくなっていた。穴釣りも難しくなっていた。北部では何をするのも難しくなっていたので、大きな町に移住するしかなかった。

ミニックはデンマーク人に対しても同じように率直だった。デンマークは総じて寛大な植民地支配者だった。修士論文で、そしてのちには自治拡大についての講演で、彼はデンマーク人自身の道徳的主張を用いてデンマーク人を批判した。1か所だけ、ミニックの哲学が近代の分離理論の父、デューク大学のアレン・ブキャナンの主張と大きく食い違う部分があった。「ブキャナンによれば、不当な扱いを受けていなければ分離を正当化できないということです」とミニックは説明してくれた。「それでは、デンマークがグリーンランドをじつに手荒く扱わないかぎり、私たちは分離できないことになります。それには承服できません。ときには、結婚のように見なすことも必要なんです。大人2人が合意の上、自分の意志で別れるというふうに」

グリーンランドがデンマークの植民地になったのは1721年、ルター派の宣教師であるハンス・エゲデが現れ、人々の魂の救済を始めたときのことだった。最初にグリーンランドの地を踏んだエゲデたちは、地獄は先住民のイヌイットが前から信じていたように凍えるほど寒いのではなく、灼熱なのだと教えた。食べ物を分かちあい、いっしょに狩猟の旅に出て、妻を共有する集団生活は罪深いとも、岩や鳥に魂はないとも教えた。当時、グリーンランドには、パンもパンの概念もなかったので、エゲデは西洋の信仰のもう1つの柱である主の祈りを、グリーンランドの現実に即して翻訳し、イヌイットは、「私たちの日ごとのゼニガタアザラシをきょうもお与えください」と唱えた。

デンマーク王室は、1782年の時点ですでに、グリーンランドの住民の幸福は「可能な範囲で最大限考慮される」べきであり、「必要とあらば交易の利益に［優先する］」と、この植民地で宣言した。デンマーク人はグリーンランドでクジラ、魚、多少の石炭を手に入れたが、お返しに住宅、学校、病院を建てた。1953年、グリーンランドの住民は全員、完全なデンマークの市民権を付与された。ミニックのような学生に、ヨーロッパか北アメリカの好きな大学を選ばせ、無料で留学させた。

一方、カナダでは1940年代に、イヌイットはドッグ・タグ（訳注　アメリカ軍兵士が首からかける金属製の小さな認識票）のような番号つきの身分証を与えられた。彼らに苗字がなかったからだ。そしてカナダが統治権を揮（ふる）うために、イヌイットは不毛な島に移住させられた。アメリカでは、ミニックという少年を含め、イヌイットはロバート・ピアリー提督によってアメリカ自然史博物館で展示された。のちにピアリーは、おそらくは真実を偽って、北極点に最初に到達した、と主張した探検家だ。

ウパーナヴィークは、季節によっては海が凍って船の航行が完全に不可能となり、切るべき木も生えておらず、日常品を運び込む道路もなく、デンマークからは3200キロメートル離れている。だがこの町には、デジタル・スコアボードを備え、天井は高さ30メートル、太さ1・5メートルの長い木の梁の走る立派な体育館があった。地元の病院にはデンマーク人とスウェーデン人が常駐しており、ピシフィクというスーパーマーケットには補助金で割安になった商品が並び、携帯電話のシグナルは強い。街路は1本舗装されており、カナダやアラスカのイヌイットの町で私が目にしたような泥道ではない。近くの山の1つは、山頂が切り取られ、平らになっている。ウパーナヴィークの空港で、この町を世界と結ぶ場所だ。空港には体が不自由な人が使えるトイレもあった。

自国の使用電力の5分の1を風力発電でまかない、領土の98パーセントを手放すことに同意したばかりで、その後まもなくコペンハーゲン気候変動会議（この会議は「ホーペンハーゲン」（訳注　この会議に期待を込め、「Copenhagen」の「cope」を「hope（希望）」に替えたもの）というニックネームがついたものの、議論は合意に達せずに終わった）を開催することになるデンマークは、ウパーナヴィークから眺めるかぎりは、奇妙なほど理想主義的だった。あまりに無防備で甘すぎる。彼らの真の狙いは何なのか、と私は頭を悩ませた。ハンス島を領有しつづけるつもりだろうか？　国連海洋法に則って領有権を主張している北極海の海底を手放さないつもりだろうか？　だがミニックは頭を悩ますことはなく、冷笑する相手を間違えているかどうかなどと思い悩むこともあまりなかった。

体育館で行われた巡回説明会の翌日、政治家一行はカンゲルスアシクという捕鯨が盛んな小村に向かって出発した。そこの会場は赤いコミュニティセンターで、やはり住民投票について人々と話しあう。ミニックと私は、歯が抜けたウパーナヴィークの町長が操縦する全長7メートル近い漁船で政治家一行を追いかけた。町長は、オヒョウのトロール漁船を見つけて指差し、１９７０年代にはこの水域は12月後半から5月まで氷に覆われていたが、今や通年で漁ができる、と言う。エビのトロール漁船も獲物を追いかけて北上し、ウパーナヴィークに現れるようになった。ニシンもしかり。地元住民が初めてニシンを捕まえたときは大騒ぎになった。町長は、グリーンランド鉱物・石油局が運営する新しいコンテストにも触れた。地元の石を送付して、「そのサンプルが第1位になると、12万５０００デンマーク・クローネの賞金がもらえる！」――2万ドル以上のお金だ。

私たちは時速45キロメートルを超えるスピードで波を切り裂き、内陸部へと漁船を走らせた。氷床に近づくと気温は10度も下がった。フィヨルドから切り立つ標高９００メートル超の黒っぽい玄武岩の崖に沿って進む。落石事故を避けるために、近づきすぎないようにしながら。

ミニックは、アークテリクス製の黒いスキージャケットを着込み、水面に浮かぶ若いウミバト（ツノメドリの仲間）を指差した。巣立ったばかりで、ぽっちゃりしていて飛べないため、体重が落ちるまでもう数時間、もしくは数日間、そこにとどまらなければならなかった。猟師にとって狙いやすい獲物で、外国から石油や鉱物資源を狙われている、誕生したばかりの国のようだ。だが、ミニックはウミバトを見て面白がっていた。私たちがウミバトのそばを通るたびに、ミニックは見つけて指差し、飛べもしないのに羽をばたつかせているのを見て、気が触れたように笑い転げていた。

独立に向けた巡回説明会に同行して

――ちらつくアメリカの影

ウパーナヴィークでの私の宿は、舗装された街路からわずかに引っ込んだところにある黄色い2階家だった。この宿を見つけたいきさつはこうだ。ある住民にメールを送ったら、別の住民に電話をするようにと返事が返ってきた。言われたとおりその住民に電話をすると、もの静かなイヌイットの女性を飛行場まで迎えによこした。彼女は私の荷物をタクシーに載せ、この家まで送り、料金を紙に書き（450クローネ、当時のレートで約90ドル）、鍵を渡して去っていった。数時間後、再びドアが開いたと思ったら、その女性が現れ、若いオランダ人と年かさのデンマーク人を連れてきた。なんと、相部屋だという。2人ともデンマークの地質調査機関であるデンマーク・グリーンランド地質調査所（GEUS）所属の科学者だった。

2人は北緯76度の氷床に残してきた機器を取りに来たという。距離にして320キロメートルほど、ヘリコプターで2時間離れたところだ。機器というのは、ハードドライブ、ソーラーパネル、氷河の融解を継続的に検知する各種センサーがついた高さ3メートルほどの金属製の三脚だった。機器はすでに作動しなくなっていた。縮小している氷床のこの部分だけは動きがあまり速くなかった。GEUSは何万ドルも費やして機器を回収するつもりであり、席が余っていたので私もデンマークの太っ腹な機関の厚意に甘える機会を得た。グリーンランドでヘリコプターをチャーターするのは高くつくだけでなく、至難の業だ。石油会社や鉱業会社の予約で埋まってしまっているからだ。

ヘリコプターはローターが1基のベル212で、グリーンランド航空のほかの航空機と同じく、むら1つない赤だった。ある日、夜が明けてすぐに、私たちはヘリコプターに乗り込んだ。ヘリコプターは町の上、フィヨルドの上へと私たちを運びあげる。窓の外は霧堤（訳注　遠くの海上に堤防のように見える厚い霧の層）と無人の島々だ。次に、吹きさらしの湾に浮かぶ氷山が1つ見えたと思ったら、やがて数百、さらには数千の氷山が目に飛び込んできた。ノルウェー人のパイロットは、氷山のあいだを縫うように進んだ。水面すれすれだ。その後、高度を上げて氷床を北へたどった。氷河から氷塊が分離し、海へ流れ込んでいる場所では、海水は夜のうちに凍っていた。氷床そのものは、深い裂け目だらけで、無数の切れ込みがどこまでも並んでいるように見えた。青、灰色、白、茶色、岩肌の赤、朝日のオレンジと、色鮮やかな世界が広がる。だが、人っ子1人いなかった。いろいろな島に人が住んでいた村の名残りがあり、石造りの壁や廃墟となった建物が見えたが、猟師が町へ移住するにつれ、無人化に拍車がかかったのだった。

私といっしょの窓を眺めていたのはデンマーク人で、やはりただでヘリコプターに乗れると聞きつけた口だった。名をニコライといい、ウパーナヴィークの病院の臨床検査技師だ。彼とパイロットは、カヤッキング・ビジネスを共同経営し、ボート、防水バッグ、衛星電話、ホッキョクグマから身を守る30-06口径のライフルを貸し出していた。商売は順調だった。夏には15人の外国人がやってきた。そのうちイスラエル人2人は、ある島で1か月間キャンプしたという。

燃料補給のためクロルスアックの村に立ち寄った。唯一うかがえる生命の表れといえば、犬ぞりの犬が吠える声だった。私はニコライに病院のことを詳しく尋ねた。医師は全員外国人だそうだ。

「1回につき1か月駐在するんだ。産科医は1週間ぐらいかな。彼らにしてみれば、休暇みたいなものさ」。住民投票についてどう思うかも訊いてみた。「ここの人たちは甘やかされているよ。いろんなものに、本当はどれだけコストがかかるか、まったくわかっちゃいない」。グリーンランドはデンマークに残るべきだが、石油収入を手元に残す方法を探せばいい、とパイロットが提案した。あの石油を全部諦めるほどデンマークは大人だろうか、と私は疑問を口にした。「これでデンマーク人がどんな人種か、わかろうってもんだ」とGEUS職員の一方が言った。氷床に降りていたのは1時間半で、三脚を分解し、木枠に梱包しただけだ。それからウパーナヴィークに戻った。私が次の巡回説明会先に向かうのにちょうど間にあった。

次の目的地であるウマナックは、ウマナック島にある人口1300人の町で、アフリカの哺乳類の虐殺をグリーンランド語で歌ったメタルバンド「シーシソク」の出身地として有名だ。ウマナックの巡回説明会には、当時のグリーンランド自治政府首相のハンス・エノクセンも参加した。彼は強硬な独立支持者で、ミニックのメンターとは意外だった。昔は町で食料品店を営んでおり、漁労・狩猟担当大臣を経て2002年に首相に就任した。

会場の高校の講堂で眺めていると、エノクセンをはじめ4人の政治家が、唯一の独立反対論者の政治家を叱り飛ばした。その講堂は、四角形で明るく近代的で、天井はアーチ形になっていて、氷山を描いた複数の三部作、バナナとブドウを描いた絵などが壁を飾っていた。エノクセンは手厳しくて容赦がなく、話すたびに拳を宙にゆっくりと突きあげた。会場は満員で80人以上の住民が参加した。エノクセンは「私たちは300年も支配されてきた」と重々しい声で言った。「絶好の機会を得た今、ノーという選択肢などありえない」

翌日、首相が青いモーターボートを雇い、私たちは近くの諸集落に向かった。ウマナック港を出て、ヘリポートと目印になる標高１１５８メートルのハート形の山を過ぎ、花崗岩が層を成している断崖絶壁に挟まれた広い水路に入った。しばらくすると首相が私のほうを向いた。「コペンハーゲン駐在のアメリカ大使は、自治拡大を強く支持してくれている」と彼が言ったのを、ミニックが通訳してくれた。「前任者の誰よりも、はるかにね」。（漏洩した公電で、当の大使であるジェイムズ・Ｐ・ケインは、エノクセンとのちの首相のアレカ・ハモンドを「ニューヨークのいくつかの一流金融機関に」紹介したと自慢していた）

アメリカの支持は驚くにあたらない。１９４６年、アメリカ政府はグリーンランドの戦略上の潜在的重要性に強い関心を持ち、デンマークからグリーンランドを１億ドルで内密に購入しようとした。アメリカ軍はチューレ空軍基地を依然として保有している。冷戦時代にグリーンランドの極北に建設された基地で、最近では特例拘置引き渡しのためにＣＩＡのフライトで使われた。それ以前には、アメリカはそこで核弾頭を１発紛失したらしい。そして地元の漁師が放射能で汚染された魚やアザラシを食べているのに、何の手も打たなかった。今やグリーンランドに石油が豊富にあるとわかり、アメリカ企業は探鉱鉱区を購入していた。

デンマークと別れるのはアメリカと仲良くすることなのか、と私は考えていた。かならずしも大君主としてのアメリカではなく――事実、まもなく中国が、鉱物資源目当てにグリーンランドに秋波を送ることになる――資本主義の理想としてのアメリカということだが。自由市場、成長のための需要、飽くなき石油の探求がアメリカニズムだ。

私は次の質問を首相にぶつけてみた。デンマークからの資金に代えてほかの国の資金を得ることが、真の意味での独立なのか？　はっきりとした答えは返ってこなかった。「石油が見つかったら、どのみち外国人はやってくる。だが、われわれが投票で独立にイエスという答えを出せば、彼らはわれわれのために働くことになるわけだ」と首相は言った。そして拳で胸を3度叩き、その拳を天に向けて突きあげた。「首相でいるあいだに、変えてみせる」

石油、金、レアメタル

——解けた氷河に群がる企業

私は、その数か月前の2008年5月にコペンハーゲンのラディソン・ホテルで開催された第1回「グリーンランドの持続可能な鉱物資源・石油開発会議」に参加した。講演者には生粋のグリーンランド人も1人だけいたが、ほかの参加者とほとんど見分けがつかなかった。ほぼ全員が中年男性で、ほぼ全員が青か白のドレスシャツを着ていたからだ。そのグリーンランド人は、ロサンジェルスと東京で行ったグリーンランド氷・水資源事務局の市場調査の報告を発表した。報告はきわめて有望だった。ミネラルウォーターの購入者はグリーンランドについて何も知らないに等しいが、必要なことはすべて知っていたという。「彼らのグリーンランドの知識といえば『氷』と『寒さ』に尽きる」そうだ。

ほかの講演者はカナダ人、オーストラリア人、イギリス人、スウェーデン人で、インドのラージャスタン州、ギニア、モンゴル、フィリピンのベテランの鉱山運営者であり、鉱物資源ブームについて語った。グリーンランド西部では金が発見され、南部では金の採掘が進んでいる。カナダ企業のハドソン・リソーシズ社は2・5カラットのダイヤモンドを発見、カナダ企業のトゥルー・ノース・ジェムズ社はルビーを採掘、カナダ企業のクアドラ・マイニング社は露天掘りのモリブデン鉱山を提案、オーストラリア企業が所有していたものの、のちに中国企業が支援することになる、当地の名前を冠したグリーンランド・ミネラルズ・アンド・エネルギー社はウランと希土類鉱物を発見した。

GEUSの代表は、グリーンランドの石油採掘の見込みを詳しく説明した。鉱山業者は、島はロジスティクス上の障害こそ多いものの、「商業的には世界屈指」と述べた。グリーンランドに着きさえすれば、住民のイヌイットが好きなところを掘らせてくれるということを、彼らはほのめかした。資源採掘がデンマークからの独立の保証になるという見通しのせいで、グリーンランド人はおおいに乗り気になっていた。

自社鉱山の命運と気候変動をもっとも明確に結びつけた講演者は、イギリス企業アンガス・アンド・ロス社のCEO、ニック・ホールだ。彼は巨大なフィヨルドを見下ろす大理石模様の山、ブラック・エンジェルの写真を聴衆に見せた。ここの亜鉛鉱床は世界屈指の埋蔵量を誇る。1930年代に発見され、60年代に探鉱開始、1973年から90年までフィヨルドの中腹に坑道を掘って採掘が行われた。その後は廃鉱になっていた。ホールの会社が2003年に鉱区借用権を引き継いだ。ちょうどこのころ、亜鉛の価格が上昇しようとしていた。2006年、日帰りハイキングに来ていた地質学者2人が、後退しつつあるサウスレイクス氷河の端で、もとのブラック・エンジェル鉱山並みに純度が高い鉱床を発見した。融解前は、厚さ30メートル以上もある氷河の氷に隠れていたところだ。船舶の航行可能期間が延びたのに加え、この鉱床の発見は「地球温暖化のプラス面」であることをホールは認めた。

講演が終わると、ホールは金融業界の人間に囲まれた。プレスの利いたスーツを着た、イギリス企業の資金を預かっているオーストラリア人たちが、ホールに名刺を渡した。カナダ人の女性が近づいていって、看護師、医師、作業員宿舎のスタッフといったロジスティクスのサービスを自分の会社で提供したい、と申し出た。私も彼に近づき、グリーンランドに行ったらブラック・エンジェル鉱山を訪れていいか尋ねた。

誰に聞いても信頼できる善意に満ちた企業という評判のアンガス・アンド・ロス社は、地球温暖化の北方の「勝者」(イヌイットであれ、グリーンランド人であれ、アイスランド人であれ、カナダ人であれ)が直面する気まずい現実を体現している。それは、地元住民には北極圏を自分たちの力で変化させるだけの資本も専門知識も人口もない、という現実だ。変化と浸蝕の影響をもっとも多く受けるのは彼らで、利益を享受するのは裕福な外部の人間という懸念があった。

ウマナックからブラック・エンジェル鉱山に向かったときは、エノクセン首相といっしょに出かけたときと同じ港からスピードを上げながら出発し、同じ広い水路に入っていったが、今度の船長はデンマーク人で、イギリス人の下で働いていた。水路を出て波が荒い開氷域を渡ったあと、別の一連の崖に沿って進んだ。長いフィヨルドに入ると、私たちは漁師に向かって手を振り、船の速度を落として村の女性が岩の上でアザラシを解体するのを見物した。フィヨルドはどんどん幅が狭まり、水面が鏡のように穏やかになった。2時間後、ブラック・エンジェルが姿を見せた。ほぼ全面が白い崖の高さ600メートルほどのあたりに、ロールシャッハ・テストの染みのような黒い亜鉛がうっすらと露出していた。

夏の労働シーズン末期で、鉱山作業員の宿舎はほぼ無人だった。宿舎は人工の台地に並んで建てられたプレハブで、ぼろぼろになったコンクリートや、錆びかけた機械がまわりに放置されていた。以前採掘が行われていたころの名残りだ。港の隣にはケーブルカーがあった。融解が進むアルプス山脈にある、スキーで有名なスイスのディゼンティスから購入した中古品だ。いつの日か、このケーブルカーが1・6キロメートル余りの幅があるフィヨルドと鉱山を結ぶのだろう。宿舎には複数の寝室があり、ラウンジには座り心地のよさそうなソファ、大型スクリーンのテレビ、接続良好なWi-Fiが備わっていた。ラウンジで、オーストラリア人の鉱山の運営責任者ティム・ダファーンが会社の戦略を説明してくれた。

最初の鉱坑（おもに木の柱で支えられているだけで、同社がいずれコンクリートの柱に替えることになる）に残っていた亜鉛2トンを取り出したのちに、サウスレイクス氷河の鉱床に専念することにしているという。この氷河が後退しつづけるのは間違いなかったが、慎重を期して、GEUSとイギリスの専門家に調査を委託したそうだ。最初の鉱山が5年もつのであれば、サウスレイクス氷河の鉱山はその後10年は稼いでくれる。彼らが発見した第3の鉱床は2年、4番目の鉱床は3年稼いでくれる。そのあいだにも、氷河はますます縮小していく。「氷河が後退するところはどこでも探査します」とダファーンは言った。

ダファーンの前任者は、尾鉱（訳注　有用な鉱物を採取したあとに残る不要部分）をフィヨルドに捨てた。尾鉱は鉛を0・2パーセント、亜鉛を1パーセント含んでおり、無酸素になる深さまで沈む前に錆びた。毎年春になって氷が融解して流れ出すと尾鉱が拡散した。これをムラサキガイが体内に取り込み、そのムラサキガイを魚が食べ、その魚をアザラシが食べ、と食物連鎖の上へ進んでいった。17年採掘したあと、フィヨルドが元に戻るのにもう17年かかった。

雨の降る中、ダファーンと私は散歩に出て、鉱山作業員宿舎からさらに上に登った。やがてフィヨルド全体、霧堤、アルフレート・ヴェーゲナー氷河のセラック（訳注　氷河の割れ目にできる塔状の氷の塊）が一望できた。私は古い立坑に入ってみた。そのうち傾斜が増し、一面の氷になっていた。ダファーンが指差した別の立坑では、化学物質が入った袋が見つかったそうだ。１９８０年代にそこに投げ込まれ、ブルドーザーで埋められたらしい。自分たちは違うやり方をする、とダファーンは約束した。グリーンランドの資源開発の国際会議で誰もがしていたように、できるだけ多くの地元民を雇うことも約束した。散歩から戻り、なんと5品もコースで出てくる豪勢な昼食をとった。用意したのは宿舎の料理人で、ジョニーという名のフィリピン人だった。

こんな小さな村にまで
——侵蝕する石油利権

7つの町村で7回のタウンミーティングを終えたあと、ミニックの自治拡大巡回の旅は7日目に入り、政治家一行は家に帰る飛行機を待つあいだ、カールシュト空港の外にある政府のゲストハウスでくつろいでいた。飛行機が出るのは午後4時半で、その日は完全に自由だった。シリアル、ヨーグルト、焼きたてパンのビュッフェが用意されていた。テレビがついていた。私たちは携帯電話やノートパソコンを取り出し、新聞をめくった。そこへ首相が入ってきて、猟師用の船の準備ができたので、駆け足になるがニアロナットの村に案内すると告げた。ニアロナットは人口68人、ヌースアク半島を1時間ちょっと北上したところにある。また出かけるとは、マゾヒズムでしかない。参加したのはミニックと私だけだった。

屋根のない船は長さ4・5メートルほどだったろうか。足が濡れないように波のタイミングを見計らいつつ、滑走路下の砂利だらけの浜から乗り込んだ。ミニックはノートパソコンをポリ袋にしまった。彼と私は突き刺すような風を避けて身を低くしていたが、ジーンズ、薄い手袋、野球帽という格好の首相は、船の後部に立って海岸線がどんどん後ろに流れていくのを見ていた。

海面は穏やかで、どこまで行っても浜があった。その上は急勾配になって、すでに頂上が雪に覆われている標高1800メートル級の山々へと続いている。船はアザラシと家屋並みの大きさの氷山を次々に過ぎ、ついにニアロナットの自然港に弧を描くように入港した。絶景だった。村は、海側にある小塔のような岩と、白い峰を抱いた半島の山々のあいだの低い岬にあった。明るい色の木造家屋はあるが、車はなかった。あちこちに置かれた棚で、村人はそりを引く犬の餌となる雑魚や、自分たちが食用にするオヒョウとアザラシの細長い切り身を干していた。屋根のない船と氷山が港を共有していた。太陽が輝いていた。ようやく出会えた。これこそ私が思い描いていたグリーンランドだ。もしかしたら、これは首相の思い描いているグリーンランドでもあるのかもしれない。

説明会は学校の校舎で行われた。赤ん坊まで数に入れるとニアロナットの住民の4分の1が参加した。スクリーンの代用品として、大きなグリーンランドの地図を裏返しにして黒板を覆った。その地図の上には、風船、アノラック、王、タバコなど、日常よく使う名詞のデンマーク語の表現を子どもたちに教える絵図があった。首相が話をしているあいだ、私はこの地域に生息する8種類のクジラとその主な特徴（体重、最高速度、体長、息を止めていられる時間）が説明されているポスターを見ていた。

「Deep Sea Shark Fishing」と書かれたTシャツを着た男性が資金について質問すると、ミニックは、私がそれまで見たことのなかったスライドを映して説明した。鉱物資源収入が将来急増する見通しであることを示したスライドだった。あるスライドは、グリーンランドがすでに外国企業に売却した石油鉱区を示していた。その鉱区は半島のすぐ反対側にあった。

私たちは、首相の支持者の家で昼食をご馳走になった。その人は腕のいい猟師で、部屋の壁にはイッカクの牙やセイウチの頭蓋骨、死んだホッキョクグマの写真が所狭しと飾ってあった。彼は乾燥してジャーキー状になったクジラの肉を並べ、冷えたイッカクの皮を出してくれた。それを彼の娘たちと首相が食べやすい大きさにスライスした。部屋の隅には、この猟師のCDコレクションとパソコンがあり、娘のペットのスナネズミもいた。ティーンエイジャーの息子が入ってきて、出来合いのサンドイッチを電子レンジに入れた。首相はイッカクを貪るように食べた。「海の恵みを食べなかったら、われわれは今ここにこうして生きてはいない」と言って。船に戻るために港に行くと、村人が総出で見送りに来ていた。誰かがグリーンランドの小旗を配ってあって、私たちが見えなくなるまでみんなでその旗を振っていた。

数か月後、自治拡大に全員が賛成した村がいくつか出るのだが、ニアロナットもその1つとなる。グリーンランド全体では住民投票で自治拡大は75・5パーセントの賛成票を得ることになるものの、小さなニアロナットでは、異を唱える者は1人としていなかった。

「そのおかげで独立が買えるのであっても、いけないんでしょうか?」

ミニックは巡回説明会の初めのころ、学んだ哲学をほとんど忘れてしまっている、とひどく心配していた。「政治に首を突っ込みすぎた」と私に語った。だが私たちが交わした最後の会話では哲学者に戻り、分離独立の道徳性だけでなく、分離独立を成し遂げる手段についても思いを巡らせていた。私たちはイルリサットにいた。グリーンランドの一大観光地で、最後の乗り継ぎ便を待っているところだった。すぐそばには北半球で最速で崩壊している氷河、セルメック・クジャレックがある。この氷河は毎年ディスコ湾に35兆リットルもの氷を吐き出している。

私は夕方を、ホテル・アークティックの遊歩道で過ごした。このホテルは崖のそばに建つ際立った建物で、奇しくも北欧会議の「北極に共通の懸念」会議が開催されていた。地味な色のスーツを着たヨーロッパ各国の高官が、温暖化が進む北極圏のことを漠然と心配していた。氷山ばかりの夕暮れの港を見ていると、会議の参加者の1人が、来たるべき世界の終焉についてあれこれ事実を並べ立てて、魅力的な金髪女性を口説いているのが聞こえてきた。口調はいたって謹厳実直で、声はささやきに近かった。「脅かすつもりはないんだ」と、彼はつぶやいた。誰かをベッドへと誘うのに地球温暖化の話を持ち出すのを耳にしたのは初めてだった。「本当に脅かすつもりはないんだ」と彼は繰り返した。お相手の女性は、怖がっている様子は微塵（みじん）もなかった。

ホテルの上階のバーで、ミニックと私はハンバーガーを注文し、イルリサットの夜景を眺めた。「なんともおかしなものですね」とミニックが言った。「氷が解ければ解けるほど、グリーンランドは上げ潮になるなんて。ほかの国は沈んでいるのに、グリーンランドは上昇中です。それも文字どおりの意味で」。下の階では、高官が列を成して晩餐会場に入っていった。

「ブラック・エンジェル鉱山は、最初のときには環境にとても悪かったことは知っています」とミニックは続けた。「フィヨルドを台無しにしました。建国のためには、フィヨルドを3つ、4つ犠牲にしてもいいんでしょうか？　こんなことは考えるのさえ気が進まないけれど、ここにはフィヨルドはたくさんありますからね。どうなんでしょう。これは功利主義の哲学ってことになるんでしょうね」

ミニックは首を振って言った。「私たちは、石油を採掘すれば、気候変動が激しくなるのは十分承知しています。けれど、それはいけないことなんでしょうか？　そのおかげで独立が買えるのであっても、いけないんでしょうか？」

第4章

雪解けのアルプスをイスラエルが救う

——人工雪と淡水化というおいしいマーケット

FATHER OF INVENTION

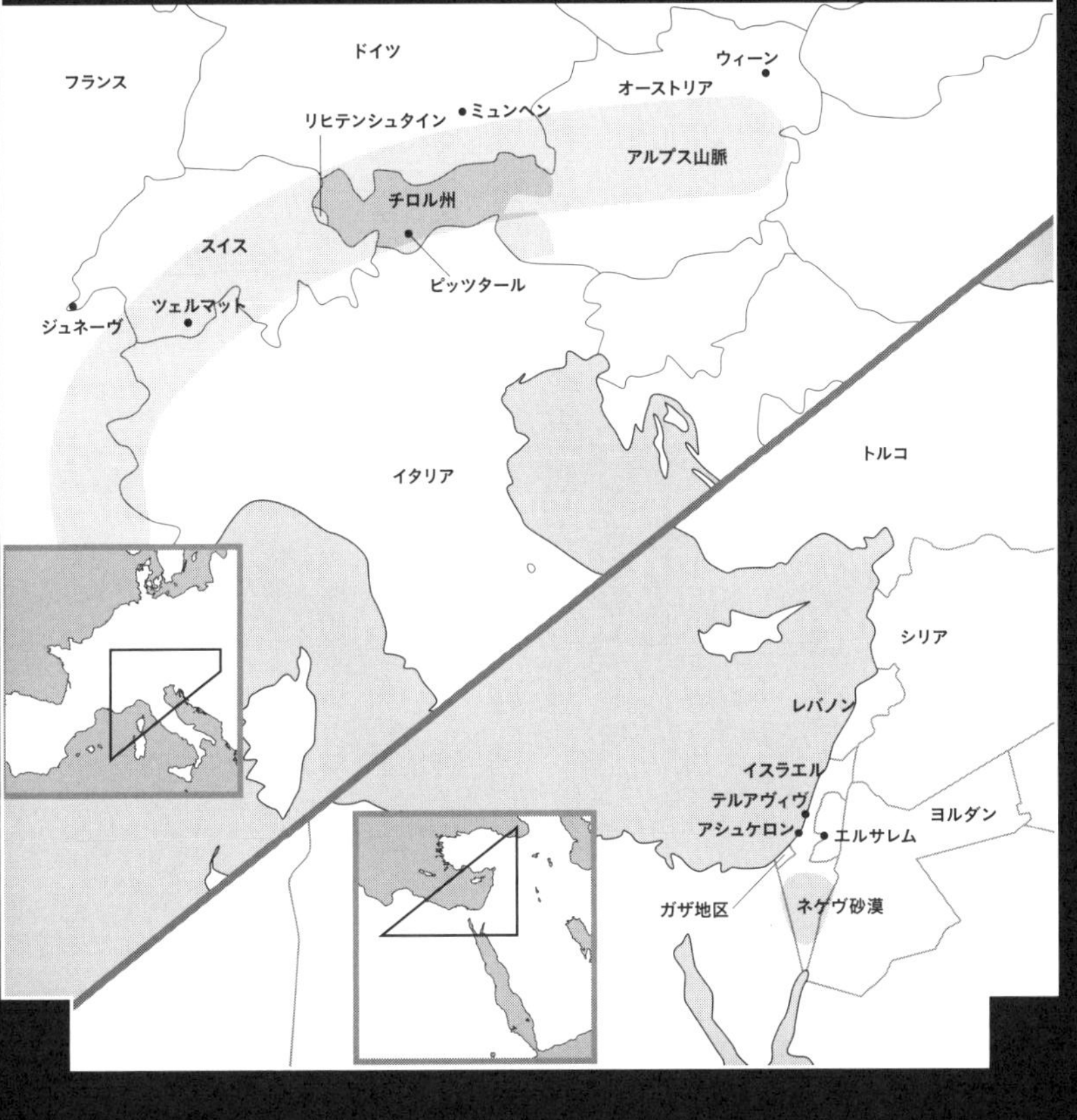

後退する氷河と「人工雪ビジネス」の現場へ

グリーンランドが自治拡大の住民投票でイエスという意思を示したあとの冬、私は氷雪の融解がまったく歓迎されない場所へと旅した。ピッツタール（ピッツ渓谷）だ。

ピッツタールはオーストリアのチロル州の州都インスブルックから西に50キロメートルほどのところにある。そこに行き着くために、私はフォードのフィエスタを借り、車体がガタガタと音を立てるほどのスピードでアウトバーンを突っ走り、それからアーツルで南に折れた。アーツルは、たくさんの小ホテルと、タマネギ形の丸屋根を戴（いただ）く塔のついた教会を1つ擁する村だ。私は2車線の道を登り、絵葉書のように美しい村をさらにいくつも抜け、野原や牛、牛飼いたちの小屋（観光経済以前の名残り）を過ぎた。そのあいだにも、樹木に覆われた渓谷の斜面は角度を増し、オランダ人観光客を乗せたバスが見られるようになった。30分ほどで、渓谷の上までたどり着いた。そこには駐車場と切符売り場があり、山腹にはトンネルが掘られていた。地下ケーブルカーだ。それに乗ると、8分で1100メートル弱上る。ケーブルカーを降りると、アルプス山脈で消滅しつつある氷河のうちでも、もっとも有名なものが眼前に広がっていた。

ピッツタール氷河が後退していることは、スキーリフトの位置からもわかる。この氷河の上に設置されたリフトは、過去25年間で3度も移動させなければならなかったのだ。また、このリゾートでは、雪が解けるのを遅らせようと夏が来るたびに断熱シートで氷河を覆うのだが、このことからも、氷河の後退がうかがわれる。ヨーロッパアルプス全体では、20世紀に氷の半分が消えた。そして、その5分の1は、1980年代以降に失われた。オーストリアには名前の付いた氷河が925あり、年平均で9~15メートル後退しており、これは10年前の2倍のペースだ。

だが、ピッツタール氷河が（アメリカの大手放送会社NBCのレポートや、「ナショナル ジオグラフィック」誌と「USAトゥデー」紙の記事によって）国際的に有名になったのは、融解のペースというよりはむしろ、最後の手段として氷河をシートで覆うことの滑稽さのおかげだった。毎年12万ドルの費用をかけ、約12万平方メートルの氷河を覆い、1シーズンあたり厚みにして1・5メートル分だけ氷河の融解を遅らせている。この手法は、ドイツのツークシュピッツェや、スイスのアンデルマットとヴェルビエにも広まった。だが、万全ではない。シートで覆おうが覆うまいが、ピッツタール氷河はすでにかなり縮小してしまったので、今ではリフト乗り場の200メートル以上も上で消えている。とても重要なショルダーシーズン（訳注 最盛期と閑散期のあいだの、料金が比較的安いシーズン）には（ピッツタールは、オーストリアの5大リゾートのうちでも、春と秋のスキー客がもっとも多い）、スキー用ゲレンデの最後の部分は、ごつごつした岩だらけだ。

毎年スキーシーズンには、約8000万の観光客がアルプスを訪れる。ピッツタールのほぼ全住民を含め、チロルのおよそ120万人の住民は、氷河スキーで生計を立てている。だが、チロルのみならずヨーロッパ全土、そして世界全体で、ウインタースポーツ経済が危険にさらされている。

2007年初め、ピッツタールにほど近いキッツビューエルで有名なハーネンカム・ワールドカップ競技が開催される前の週、スキースロープはどれも地肌がむき出しだったので、40万ドル以上かけて、ヘリコプターで4300立方メートル強の雪を運び込む羽目になった。

同じ年には、以下のようなこともあった。イギリスの投資家がスイスの低地にあるエルネンのスキー場を1スイスフランで購入した。カナダのホイッスラーでは、リゾート地の経営者がコンピューター化した気候温暖化シミュレーションを使って、次にどこにリフトを設置するかを決めはじめた（シミュレーションの結果――もっと標高の高い場所）。ボリビアの科学者たちは、同国唯一のスキー場である、標高5200メートル超のチャカルタヤの氷河が3年以内に完全に消滅する、と断言した（やがて彼らが正しかったことがわかる）。オーストラリア人が設計した屋内の回転「スキートラック」が、「気候変動問題に対する答え」として大々的に宣伝された。翌年の冬には、低地の多いオランダの、高低差210メートルのスノーワールド・ランドグラーフを含め、ドームに覆われたスキー場が、ヨーロッパの競技開催地に公式に加えられた。

人工雪製造は10億ドル規模のグローバル産業になった。今やオーストリアのスキー場の半分近くでは、雪製造装置（スノーキャノン）が人工雪をまき散らしている。これには、1平方メートル当たり約470リットルの水が必要になる。アルプス山脈全体では、人口170万人の都市ウィーンよりも多くの水を使う。これは、単位面積当たりにして、典型的な小麦畑の水使用量に匹敵する。だが、従来の人工雪製造では、ヨーロッパの池や湖からどれだけ水を持ってきても、アルプス山脈のスキー経済を維持することはできない。その維持には、氷点下の温度と70パーセント未満の湿度、最小限の風という、完璧な条件が必要とされるが、少なくともピッツタールでは、もっとも必要とされるときにこの条件がそろうことは、もはやめったにない。

私がこのリゾート地を訪れたとき、山々はたっぷり日差しを浴び、2月の天然雪に覆われ、まばゆいばかりに白かった。岩は雪に埋まっていたが、断熱シートもまだ部分的に見えた。シートのかかった隆起部のそれぞれが、斜面から脊椎骨のように突き出ている。標高2841メートルのところにあるケーブルカーの終点から、私は観光客に続いて今度は壁面が透明なケーブルカーに乗り、ぎざぎざした尾根に切り裂かれた、巨大な金魚鉢のような渓谷を眺めながら、3440メートルの高さまで上った。頂上で降りると、寒風が吹きつけてきた。私はすばやくスキーをつけた。氷で覆われた部分をいくつか抜け、柔らかい粉雪が一面に広がる場所を過ぎ、手入れがされたスロープを滑り降り、やがて壁面にスレートを貼った高さ15メートル余りの現代的なコンクリート建築に行き着いた。

これこそ、今回の目当てだった。この建物には、IDE全天候型人工雪製造機の世界初のモデルが1台収まっていた。価格200万ドルのこの機械は、1年のどんな気温のどんな日であろうと、24時間で約950立方メートルの雪を吐き出すことができる。ピッツタールにとっては、融解との闘いにおける最新兵器だった。アラスカとノルウェーとグリーンランドを旅してまわってきた私にとっては、気候変動に対する新しい種類の反応のシンボルだった。その後まもなく訪れるほかの多くの場所同様、ここでも地球温暖化の影響は、何一つ恩恵をもたらさず、問題以外の何物でもなかった。仮に何か利点があったとすれば、それは最善の応急処置法が売れることぐらいだ。

ラインホルトという名の、血色のいいリフト経営者に建物に招き入れられた私は、チューブやパイプのたくさんついた白い巨大な筒を眺めた。奥の壁にはグレーの計器盤がずらっと並んでいる。彼にも私にもラベルが読めなかった。ヘブライ語で書かれていたのだ。

なぜイスラエルで人工雪製造機が誕生したのか?

「地球温暖化の経済的影響が表れはじめました」とその機械のプレスリリースには書かれていた。「IDE全天候型人工雪製造機があれば、従来は制御不能だったものが制御可能になるのです!」嘘八百のように聞こえたが、オーストリア人たちの注意を引きつけたこの売り口上の出どころは確かだった。この装置は、最悪の状況を乗り越えてきた歴史を持つ国で製造されたものであり、気候変動に乗じ、塩水から塩を除去することですでに多額の利益をあげている企業(IDEテクノロジーズ)の製品なのだ。

私がオーストリアに出かけ、その後まもなくイスラエルにも足を運んだのは、人工雪製造機の短い歴史(と、淡水化との関係)は、バラ色の理想の成就を象徴していたからだ。イノベーションと市場の力は、気候変動に向けて解き放たれたとき、私たちを気候変動から救いうるというのがその理想だ。イスラエルとIDEはともに、人々に力を与えてくれると同時に危険でもある世界観を体現してもいた。解決策には副作用を甘んじて受け入れるだけの価値がある、というのがその世界観だ。そして彼らの生み出した機械は、テクノロジーを利用した気候変動に対する防衛手段はそれを用いる金銭的余裕のある人々のもとにたいてい最初にもたらされることの、さらなる証拠でもあった。実はそれらの人々が、二酸化炭素をもっとも多く排出しており、彼らは第3世界に目を向ける前に、まず自らの保身を図っているのだ。

なぜイスラエル人が雪についての知識を持ちうるのかという謎は、ピッツタールをあとにしてから1週間後、ＩＤＥの技術責任者で自称「ベストスキーヤー」のアヴラハム・オフィールに、テルアヴィヴから30分のところにある彼の自宅で説明を受けて解消した。オフィールは末期癌の白髪の男性で、静かな声で話した。私とともに長椅子に座っていた彼の2人の同僚、モシェ・テッセルとラフィー・ストフマンは、愛情と畏敬の念の混じりあった目で彼のことを見ていた。彼は今やイスラエルを象徴する企業であるＩＤＥの知識の源泉で、強制労働収容所に端を発するＩＤＥの2つの物語のうち、一方の主人公だ。彼は赤い革椅子に深く腰掛けると、その物語を語りはじめた。

「まあ、長い話ですが、なるべく切り詰めてみます。私はポーランド東部のビャウィストクという町で生まれました。父はテレビン油を作る工場を所有していました。テレビン油というのは、その地方の木の木部からとれるものです。さて、第二次世界大戦初期に、私たちの村はまずドイツ軍に2週間占領され、そのあとロシア軍がやってきました。父は資本家だったので捕虜にされ、シベリア北部のグーラグに送られました。そして、捕虜の家族である私たちは、シベリアの南に送られました。正確にはカザフスタン北部です」。そこでアヴラハムは無理やりスキーの仕方を覚えさせられた。「ただの頑丈な木の厚板を2枚持ってきて、革紐を巻きつけ、普通の長靴を履いた足をそこに差し込みます。こうして学校に通うのです」。通常は年長の男の子が子どもたちの先頭に立つ。オオカミが出るからだ。「ブラン」と呼ばれる猛吹雪のときには、通学路のそばに約45メートル間隔で立っている電信柱を目印にして学校に行き着く。長い冬のあいだは、夏に捕まえて塩漬けにしておいた魚を食べて生き延びた。

人工雪製造機の物語もシベリアで始まった。アヴラハムはこう語った。ロシアには「アレグザンダー・ザーチンというユダヤ人エンジニアがいました。このエンジニアはシオニスト（訳注　シオニズム、すなわちパレスティナにユダヤ人国家を建設することを目指す運動の信奉者）で、科学技術者だったので、ソ連人たちにグーラグの1つに送られました。父が入れられたのと同じグーラグです。シベリアは冬は恐ろしく寒いのですが、夏には雨がまったく降りません。そのグーラグは北極海の近くでした」

グーラグには、飲料水の供給源が必要だった。そこで夏のあいだ、「水門を開けて海水を潟湖に入れます。夏の終わりに水門を閉じると、やがて潟湖の表層が凍ります」。凍るときに塩と水が分離する。「本来、海水からできた氷の結晶は純水なのです」とアヴラハムは説明した。再び夏が巡ってくると、潟湖の表面が解けはじめ、残っていた塩水をすべて押し流すので、ザーチンらの囚人が潟湖の塩分を含んだ深い部分の水をポンプで吸い出す。そのときに塩分の濃度を測り、それが十分下がると「水門を閉め、日差しの下で氷が解けるのを待ちます。こうして、飲料水を確保したのです」。アヴラハムは誇らしげに私たちの顔を眺めた。「つまり」と言ったあと、まもなく私がイスラエルのどこへ行っても耳にする言葉を少し取り違えて口にした。「必要は発明の父なのです」

戦後アヴラハムはポーランドへの帰国を許され、そのあと、ホロコーストを生き延びたユダヤ人の子どもの一団とともに、アルプス山脈を越えてイタリアに密入国し、最終的に、独立を宣言したばかりのイスラエルにたどり着いた。やがて彼の上司となるアレグザンダー・ザーチンも、グーラグを脱出してイスラエルにやってきて、ほどなく発明家として名を成した。

1956年、水のことが頭にこびりついて離れないイスラエルの初代首相ダヴィド・ベン＝グリオンがザーチンに25万ドルを与え、海水淡水化のパイロットプラントの建設に取りかからせた。1960年、「ルック」誌は、「ザーチンプロセス」と呼ばれるプロセスは「原子爆弾以上の重要性を持ち」うる、と断言した。ザーチンの工夫は、シベリアでの凍結に代えて、真空室を使った点にある。気圧が4ヘクトパスカル未満になると、冷却された塩水は氷になり、脱塩される。

彼のプロジェクト(最終的には営利のIDEとして企業化される)は、資本主義と国家主義の両方の担い手となった。「祖国が水を必要としているのを見てとったとき、彼は特許権を取得しました。当時、イスラエルの大半は砂漠でしたが、聖書には木々の生い茂る国として描かれています。ダビデの息子のアブサロムが馬で逃げているとき、髪の毛が木の枝に引っかかってしまい、それで殺された、とありますよね」。アヴラハムは窓越しに、青々とした庭を差し示した。「私たちは、この国をかつてのような姿に戻す決心をしました。そして、東欧などから移り住んできた人々は、この国を、かつて住んでいた土地を思い出させるような場所に変えることを望みました」

外国の発明家たちがやってきたときに、心配になったザーチンは自分の機械のダイヤルを布で覆い、誰にも自分たちの秘密を盗ませまい、自分の利益を横取りさせまいとした。ところがいくらもしないうちに、真空脱塩はもっと効率的な逆浸透技術に取って代わられた。それからIDEがザーチンプロセスの本当の利用法を見つけ出すまで、40年かかった。ひらめきの瞬間(これはアヴラハムの手柄だ)は南アフリカ共和国で訪れた。同国では、地下3200メートル、気温55℃という、世界最深の金鉱を冷却するのにIDEの真空凍結装置が採用された。

それは2005年のことだった、とモシェが言い添えた。彼とアヴラハムは現場訪問のために南アフリカ共和国に行って、金鉱の最新の機械を試していた。アフリカの熱い日差しの中、アヴラハムの目の前で雪の山ができていった。彼は目を輝かせた。「モシェ、スキーを手に入れてきてくれ」と彼は命じた。モシェはヨハネスバーグに行き、スキーを見つけてきた。「ランチのときに、彼は見事な腕前を披露してくれました」とモシェは言った。「私は言いましたよ。『アヴラハム、感服したよ。その歳でそんなにうまく滑れるなんて』」。彼は72歳だった。「『でも、アルプスに導入する前に、専門家を見つけよう』。そして、インターネットで探しました」

モシェが見つけた専門家は、フィンランド人のオリンピックコーチで、彼はさっそく飛行機で南アフリカ共和国にやってきた。モシェによると、彼はその雪を見て、「スキーには打ってつけだ。アスペンのもののようにパウダースノーではないけれど、プロがスプリングスノーと呼ぶものだ」と言いきったという。それからＩＤＥはスキー場のエグゼクティブを10人余り呼び寄せた。「そして、雪山を2つ造り、彼らと2日間過ごし、飲食を共にしました。そのあと、すぐに注文が2件ありました」とモシェは言う。マッターホルンの麓で、今や融解が進んで移動しつつあるスイスとイタリアの国境の下にある、あの有名なツェルマットの村が、ＩＤＥの人工雪製造機の第1号を購入した。そして、2号機を購入したのがピッツタールだった。

新しい人工雪製造機を導入して迎えた最初のフルシーズンである２００９年から２０１０年にかけてのシーズンに、ピッツタールは北半球のスキー場で真っ先にオープンした。9月12日だった。２０１０年のヴァンクーヴァーオリンピックでの大失敗（地肌がむき出しだった競技会場のサイプレス山にヘリコプターで雪を運ばなければならなかった）のあと、２０１４年の冬季オリンピックの開催国となるロシアは、ピッツタールでＩＤＥにデモンストレーションをするように求めた。ロシアの役人たちは感心した。ロシアは地下や防水シートの下に雪をため込みはじめた。オリンピックが開幕するときには、３０００トンもの雪を用意しておく計画だった。

「私たちはエスキモーにも雪を売ることができました」とアヴラハムは言った。

「今度はベドウィンたちに砂を売りたいですね」とモシェが言った。

「彼らにはお金がありませんよ」とラフィーが笑った。

氷河の消失はビジネスチャンス
——活況を呈する淡水化業界

ＩＤＥをはじめとする淡水化業界にとっては、地球の氷の消失には、なおさら好都合な面があった。融解の次には旱魃がやってくる。ヒマラヤやロッキー、ルウェンゾリ、アンデスでと同様、アルプスでも、氷の消失は水の備蓄の消失を意味する。氷河は貯水槽なのだ。万年雪原も貯水槽だ。冬には氷河や雪原は降雪で増大し、水を標高の高い場所に閉じ込めておく。水がもっとも必要とされる夏には、その水が少しずつ解放される。

氷河が縮小しているせいで、熱帯のアンデス山脈では、７７００万人の水の供給が脅かされるとともに、ボリビアとエクアドルとペルーでは、電力供給の半分を担う水力発電も窮地に陥っている。アジアでは、ガンジス、インダス、ブラマプトラ、揚子江、黄河の5大河川の流域に住む20億人がヒマラヤ山脈の雪解け水に頼っている。中国、インド、パキスタンで何千・何万平方キロメートル

も の水田や麦畑を灌漑(かんがい)するヒマラヤ山脈の氷河は、毎年推定で40億~120億トンの氷を失っている。

スペインではあまりに急速に乾燥が進んでいるので、「アフリカ化」することを警告する人もいる。サハラ砂漠がジブラルタル海峡を飛び越えてくるというわけだ。同国のピレネー山脈は、山々を覆う氷河の9割近くをすでに失った。シンカやエブロといった農業に不可欠の川に水を供給している氷河は、1世紀前には33平方キロメートルほどにわたって山肌に広がっていた。それが今では、3・9平方キロメートルほどしかない。そして、アメリカにおいてさえ、何百万もの人が氷河と冬の降雪を頼みの綱としている。山からの水が流れる河川、とくにコロラド川によって緑が保たれてきた南カリフォルニアは、もしロッキー山脈とシエラネヴァダ山脈でこのまま融解が続けば、2020年代には水の4割を失う危険がある。

イスラエルの人々はある意味で、旱魃状態に陥るのがどういうことかを、ほかの誰よりもよく理解していた。そして、どう対応すればいいのかも知っていた。アヴラハムが説明してくれたように、彼らはヨーロッパからやってきたので、環境の変化(かつて経験したことのないほど高温で、乾燥していて、暮らしにくい状態)に直面し、それに真っ向から立ち向かった。シオニズムは啓蒙主義の理想に導かれていた。つまり彼らは理性と資本主義を信奉し、ヨーロッパにおけるユダヤ人の処遇さえ含めて、あらゆる問題には合理的な解決策があり、人間が十分合理的であればその解決策を見つけられると信じていたのだ。イスラエルを建国した人々は、自然に屈しなかった。今と変わらず当時も、水不足に対する啓蒙主義的な答えは、確実な解決法、すなわち工学的解決法、供給側重視の解決法を探すことだった。

「砂漠に花を咲かせる者のもとには、何百、何千、さらには何百万もの人が暮らす余地が生まれる」と、ベン＝グリオン首相はネゲヴ砂漠に自ら移り住んだ１９５４年に書いている。続いて首相は、ネゲヴでザーチンが試験工場を造る費用を出した。彼はまた、人工降雨のための雲の種まき（クラウドシーディング）事業にも資金を提供しはじめた。そうした事業の１つが、ヨウ化銀噴霧器をジェット戦闘機の翼にとりつけて行う、１９６０年代の「オペレーション・レインフォール」だった。

ベン＝グリオンは、比較的湿潤な北部にあるガリラヤ湖から、荒涼とした人口過疎の南部にあるネゲヴまで水を運ぶための、１３０キロメートル弱のパイプや運河、トンネル、貯水池から成る、ナショナル・ウォーター・キャリヤーを建設した。解決法のうちには失敗に終わるものもあれば、弊害を伴うものもあった。ウォーター・キャリヤーは、ヨルダン川の源流をめぐってシリアとの戦争の火種となるとともに、輸出を主眼とする大規模な農産業にほどなく水を供給することになる。小麦を１グラム輸出するのは、水を１リットル輸出するのに相当するので、イスラエルは最終的に毎年１０００億リットルの水を輸出しているのに等しい状態になった。だが当時、それが理にかなったことかどうかを問う人はほとんどいなかった。

今や私たちはみな、イスラエルの人々に倣いはじめていた。

２００９年、ペルーではアンデス山脈を白く塗り、致命的な太陽熱を跳ね返すという提案をした科学者が、世界銀行の賞を与えられた。インドのラダク地方では、引退したエンジニアが５万ドルかけて、石を敷き詰めた池に流れてくる雨水をため、冬に凍って、既存の氷河につながるようにし、ヒマラヤ山脈の日陰に人工氷河を造った。スペインでは、バルセロナがヨーロッパ本土の都市としては初めて、水の緊急輸入という措置をとった。2008年に、石油タンカーを転用して、約1900万リットルの水を輸入したのだ。

中国では中央政府が世界でも前代未聞の規模で河川の流れを変えようとしている。合計2900キロメートルの3本の水路を建設する、総工費620億ドルの南水北調プロジェクトで、これが完成した暁には、4万近い融解中の氷河を擁するチベット高原から、工業化の進む乾燥した北部へと、毎年17兆リットルが運ばれる。水路やパイプの敷設場所を確保するために、30万以上の住民が立ち退きを余儀なくされている。中国がチベットの水を待つあいだ、同国の気象調節局（年間6000万ドルの費用をかけ、3万2000人の農民を全国30か所の拠点に必要に応じて呼び出して詰めさせている）は、ロケット弾発射装置や37ミリ対空砲を空に向けて撃ち、ヨウ化銀の粒をばらまいて雨を降らそうとしていた。

そして、中国、インド、ペルー、スペイン、そのほか気温上昇と融解のせいで旱魃が起こった国ではどうやらどこでも、大規模な海水淡水化プラントの数が増えていた。2003年から2008年にかけて、全世界で2698か所のプラントが建てられ、さらに何百か所ものプラントが建設中だった。

私がイスラエルを訪れたときには、IDEが建設した世界の海水淡水化プラントは400近くを数えた。その1つが、当時もっとも大きく効率的で有名なプラントで、ネゲヴ砂漠の縁、ガザ地区と隣接した、イスラエルのアシュケロンにあった。1日当たり約3億2550万リットルを淡水化するこのプラントでIDEと提携していたのが、世界最大手の水道会社で、ドイツ銀行が大量の株式を保有している企業の1つであるヴェオリアだ。アシュケロンの次にIDEが勝ち取ったのが、中国最大のプラント（総工費1億1900万ドル）と、乾燥の進むオーストラリアの、日量約1億6280万リットル規模のプラント（総工費1億4500万ドル）、ハデラのテルアヴィヴの北にある、約4億1260万リットル規模の巨大プラント（総工費4億9500万ドル）の建設契約だ。

IDEは、カリフォルニア州カールスバッドとハンティントンビーチで物議を醸している、それぞれおよそ1億8930万リットル規模の2つのプラントを建設するコンソーシアムにも加わっている。建設の先頭に立つ企業、ポセイドン・リソーシズのあるエンジニアは、イタリアのミネラルウォーター、サンペレグリノとまったく同じミネラル成分と味の水を作り出せるだろう、と私に語った。「誰もが水道の栓をひねってサンペレグリノを飲み、サンペレグリノのシャワーを浴びるのです」

アシュケロンのプラントは、イスラエルの水需要のほぼ6パーセントを満たしていた。これは、2020年までに、水道水の4分の1を海から採るというイスラエルの計画における第一歩だった。政府から補助金が出ているので、1立方メートル当たりの料金はわずか6セントで、アメリカの水道料金並みであり、ヨーロッパの一部の料金よりもはるかに安い。政府によって買いあげられ、国有化され、ナショナル・ウォーター・キャリヤーに注ぎ込まれたその水は、それ以外の水とまったく区別がつかなかった。

だが、シェルのシナリオ・チームが水とエネルギーと食糧の関係についての探究で強調したように、そこには1つ問題があった。海水淡水化プラントは、アシュケロンのものでさえ、廐大な量の電力を使う。そして、原子力、石炭、天然ガス、水力の違いにかかわらず、発電所は冷却のために廐大な量の水を使う。さらに発電所は、石炭を燃料として使用している場合（あるいは、天然ガスを燃料としている場合にも、石炭の場合ほどではないにせよ）、廐大な量の二酸化炭素を排出する。二酸化炭素はさらに温暖化を進め、温暖化はさらに旱魃を招き——こうして淡水化は、自らのしっぽを呑み込むヘビの様相を見せはじめる。

仮に、コップ1杯の水が240ccだとすれば、アシュケロンで作られた水には、コップ1杯当たり1万2000ジュールのエネルギーが費やされている。アシュケロンのプラントは天然ガスで稼働しているので、たいていのプラントよりは汚染物質の排出量が少ないが、それでも、コップ1杯あたり、約0・5グラムの二酸化炭素を排出する。平均的なイスラエル人が使用する水をすべてアシュケロンで作るとすれば、1年当たり、0・6トンの二酸化炭素を排出する計算になる。これは、いつの日か温暖化を止めようとするのならば地球上の1人ひとりの人間が排出を許される量のおよそ半分に相当する（ちなみに、イスラエル人は現在、約10トン、アメリカ人は20トン排出しており、どちらもすでにこの限界を大幅に上回っている）。カリフォルニア州では、排出量はさらに多い。アメリカ最大のカールスバッドの海水淡水化プラントは、使用するエネルギーをすべて石炭から得るかもしれない。その場合の年間9万7000トンという二酸化炭素排出量は、10余りの島嶼国の合計排出量を上回る。

それほどの代償を払うにもかかわらず、淡水化が世界を救いうると主張する人は誰もいない。また、どんな人工雪製造機であれ、世界の全氷河を救うことはできない。淡水化や人工雪製造機が救いうるのは豊かな地域だけであり、世界の残りは悲惨な運命を免れえないのだ。

世界一危険な場所にある「海水淡水化プラント」を訪ねて

「ヒューッという音が聞こえたら、車の下に潜り込んでください」と、IDEのエンジニア、イライシャ・アラドは言った。彼とラフィーと私とで、アシュケロンに向かったときのことだ。ちょうどそのころ、ガザ地区のパレスティナ人たちが、ロケット砲グラートで170ミリのロケット弾を初めて発射しはじめたのだ。その射程（約14キロメートル）には、アシュケロンも入る。前日には、ある学校に命中し、できた穴からトラクター2台がかりでようやくロケット弾を取り除いた。

「こっちは水をあげているのに、向こうはロケット弾をよこします」とラフィーはこぼした。それは正しいのだが、それだけではなかった。前月イスラエル国防軍は、ガザ地区のイスラム原理主義過激派組織ハマスに対して「鋳造された鉛」作戦と呼ぶ攻撃作戦を実施し、井戸11か所、水道30キロメートル余り、屋上水槽6000個以上に損害を与えた。それからずっとガザ地区との境界を封鎖し、ポンプやパイプ、セメントが搬入されるのを阻み、修理を不可能にした。

この作戦から1年たっても、1万人が依然として水道を利用できない状態が続き、ガザ地区の主要な帯水層は塩分を含むことになる。パレスティナ人たちはイスラエルのパイプラインから水を引き出し、イスラエルはそれを「水泥棒」と呼んで取り締まるようになる。イスラエルでは、1人当たりの水の使用量は1日280リットルだが、ガザ地区では91リットルで、世界保健機関の定める100〜150リットルという必要量を下回っていた。それまでハマスがアシュケロンのプラントを攻撃していないのは、攻撃を望んでいないからだ、とイライシャは言う。プラントは誰もが必要とする水を生産していたからだ。一方でラフィーは、ハマスの戦闘員の腕が悪いから当たらないだけではないか、と言った。

私たちの乗ったSUVは低いうなりを上げながら、閑散とした高速道路を疾走してネゲヴに入り、サボテンのプランテーションや、砂漠に建てられて10年になるプレハブ住宅の奇妙な居留地を過ぎた。そこには、私の同行者たちの記憶にはほとんど残っていない政治的闘争のさなかにガザ地区から移ったユダヤ人入植者たちが住んでいた。

60歳になる、頭の禿げあがったイライシャは、何か訊かれるたびに額に深い皺(しわ)を1本寄せるのだが、その彼が死海について話してくれた。死海はヨルダン川によって水量を保つはずなのだが、ナショナル・ウォーター・キャリヤーのせいで、ヨルダン川の水はほかへ持っていかれてしまう。「今では死海は死にかけています」と彼は言った。「毎年1メートル、水位が下がっています。水を供給しないかぎり、20年後には干上がってしまうでしょう」。それなのに、誰一人節水しようとしないという。「農民が水に払う料金は私たちが払う料金の10分の1に抑えられています。私が1ドル払うときに、10セントしか払わないのですよ。それなら、もちろん節水する気になどなりません」

海水淡水化プラントに着く直前、角を曲がったときにガザ地区との境の上空に飛行船が浮かんでいるのが目に入った。ロケット弾攻撃を見張っているのだ。「町の人々に警報を発するのです」とイライシャが説明した。「時間を与えるために。たとえば、防空壕を見つける時間を」。音も立てず、何一つ見落とさない超現代的なその飛行船に、イスラエルが建てた壁の向こう側の人々は圧迫感を覚えていたに違いない。だが飛行船は、こちら側では安心感のもとだった。旱魃に対するこの国のアプローチ（厖大な淡水化に起因する厖大な二酸化炭素排出は世界にとっては不利益だが、それと引き換えに果てしなく得られる水は、イスラエルにとってはかけがえのない恩恵なのだ）も、これに似ていると私は思った。一国の、とりわけ敵に囲まれている国の領内では筋の通ったことが、国境の外でもつねに筋が通っているとはかぎらないのだ。

アシュケロンの海水淡水化プラントの敷地には、石炭を燃料とするイスラエル最大の1100メガワットの火力発電所もあった。その場所は、安価な電力を手に入れるためではなく、環境への影響を最小限にする可能性を追求するために選ばれた。火力発電所は熱水を排出する。海水淡水化プラントは塩分濃度が極端に高い水を排出する。両者が混ざると、ともに薄まる。「今も魚が害を受けていますが……まあ、以前ほどではありません」とモシェが前に言っていた。およそ6万8800平方メートルあるこの施設は不規則に広がっており、不気味なほど人気がなく、わずか40人の従業員が8時間交替で勤務し、自動化された未来社会のような環境でそれぞれがほぼ単独で働いている。

低い積雲の下で、私たちは黄色いヘルメットをかぶった。地中海は暗い緑色をしていたが、建物はみなオーシャンブルーに塗ってあった。私たちはイライシャのあとについて建物を巡り、沈殿池、前処理ポンプ、カーボンフィルター、合成フィルターを順に見てまわった。このプラントでは、ザーチンの手法のライバルである逆浸透を採用していた。最初、１９５０年代と60年代にユダヤ人の化学エンジニアが南カリフォルニアで開発し、70年代にネゲヴ・ベン＝グリオン大学で完成させた手法だ。主要な建物は、逆浸透膜が所狭しと4列に並んでいた。全部で4万枚もの逆浸透膜が直径20センチメートルの圧力管にびっしりと収まっている。どこを歩いていても、勢いよく流れる水の音が聞こえた。外には数百メートルおきにコンクリート製の防空壕が設置されていた。「ガザから４・５キロ以内にいるときには、着弾するまでに15秒あります」とイライシャが言った。「４・５キロから10キロの範囲では、30秒あります」。ここは４・５キロメートル以内だった。

私たちは制御室に寄った。そこには青い大型の液体容器があって、蛇口がついていた。イライシャがカップを１つ取り出した。水は混じりけのない、完璧に自然な味がした。みんなで1杯ずつ飲んだあと、私はお代わりした。

将来の水不足を「潜在市場」と呼んでいいのか？

テルアヴィヴに戻った私は、水関連のほかの起業家たちと次々に会った。それぞれ独自のテクノフィクス（ハイテクによる問題解決）を売り物としていた。イスラエルは、ある人の言葉を借りれば、「新規事業（スタートアップ）を始めたばかりの国家」だが、これは別の傾向の表れでもあった。輸出可能な水技術は、イスラエルやシンガポール、スペイン、オーストラリアといった、もっとも水が不足して、気候変動によって窮地に追い込まれている国から、もっとも勢いよく生まれ出てくるように見えるのだ。

イスラエルでは、従来の、人工降雨のための雲の種まき業者は依然として多いものの、ある研究者グループは、ネゲヴの約810万平方メートルの区域を黒い吸熱性の素材で覆い、人工的にヒートアイランドを生み出し、対流性降雨を誘発させることも提案した。私は高層ビルの立ち並ぶダウンタウンで、ホワイトウォーター社という企業のエグゼクティブたちに面会した。この企業の創立者は、以前、ドミノ・ピザがイスラエル市場に浸透するのを手伝ったことがあった。同社はベンヤミン・ネタニヤフ首相と緊密なつながりがあり、そのアプローチはいかにもイスラエルらしく、国家の水の供給を汚染とテロリストの攻撃から守るのを助けるというものだった。

私が最後に会ったのはイータン・バー博士という、痩せてはいるが強靭(きょうじん)そうで、ものに取りつかれたような、ネゲヴ・ベン＝グリオン大学の環境工学教授だった。彼は旱魃と闘う新しい方法の特許を取ったばかりで、その方法は一見するとあまりに革命的（かつ、利益志向）に思えたので、第2のアレグザンダー・ザーチンになりうるのではないかと私は感じた。この年もっとも降雨量の多い日となるその日、私たちはテルアヴィヴ・シェラトン・ホテルのロビーで会った。博士は、イツハク・ガーショノウィッツとリーヴァイ・ウィーナーという、2人のマーケティング担当者を連れていた。ほとんど開口一番、「ご承知のとおり、必要は発明の母ですから」とウィーナーは言った。

バー博士は深く腰掛け、自分の発明品の仕組みを熱っぽく説明した。「空気中の水分を捕まえて水に変えます。このプロセスは聖書の時代にさえ知られていました」。冬の初めにユダヤ人は「テフィラト・ゲシェム」という雨乞いの祈りを唱えた。だが、乾季の初めの過越祭(すぎこしのまつり)のときには、「テフィラト・タル」という露を乞う祈りを唱えた。露は神からの贈り物と考えられていたからだ。「イスラエル南部では、空気中の水分が凝縮した露に、灌漑をすべて頼っていた古代の畑が見られます」とバー博士は続けた。

「地球が二酸化炭素の影響を受けていることを信じる人もいれば、信じない人もいるでしょうが、つまるところ、気温はしだいに上昇しており、そこからは2つのことが言えます。水温が上がっているので、海からの蒸発が増えること。そして、気温が上がっているために地球の湿気が凝結できないことです」。かつては「1年365日、ほぼ毎日のように雨が降っていた」熱帯の国々では、雨季にはもはやそれほど雨が降らなくなってしまった。「まるで、スモッグの中を歩きまわっているようなものです。湿気はあるのですが、雨が降らないから。こうした事実は誰もが知っています」

バー博士は、自分の考案した箱が古代の神のようにこの問題を解決する、と言う。空気を吸い込んで水を吐き出すのだそうだ。博士は手順を概説してくれた。まず、乾燥剤の表面を通過するように空気を吸い込む。すると乾燥剤は水蒸気は吸収するが、汚染物質は吸収しない。次に乾燥剤を熱し、前よりずっと少ない空気の入った容器の中に水分を発散させる。最後に熱を取り除き、先ほどの過程で再利用する。水蒸気は冷めて凝結する。「それだけの話です」と博士は言った。「じつにシンプルです。単純そのものです。これは、空気から水を濾し取るフィルターです。それだけのことですよ」。あとは出資者さえ見つければいいそうだ。

「先ほどリーヴァイは、必要は発明の母と言いました」と彼は続けた。「けれど私は……」

「そうは思わないのですか?」とガーショノウィッツが尋ねた。

「そう、そうとは思わない」とバー博士が答えた。「市場のニーズこそが発明の母だと私は思います。もし市場があるとすれば、それは水の市場です。自然はわれわれの味方をしてくれています。われわれにとって、自然こそが最高のPRです。なぜかと言えば、水がないからです！　キプロスをご覧なさい。ギリシアでも同じです。コートジヴォアールでは、もう雨が降りません。それも、砂漠地方のことを言っているのではないですよ。以前はたっぷり水があった場所のことを言っているのです」。ガーショノウィッツとウィーナーが熱心にうなずく。

「2020年には」とバー博士は続けた。「世界の人口のおよそ3分の1が、淡水をしっかり確保して利用することができなくなります。世界の水の消費量は1日1人当たり50リットルから100リットルです。ですから不足人口を考えて、それを25億倍してみてください！　それだけ必要になるのです。潜在的市場は、と訊くのなら、それがその潜在的市場なのです！」

第2部

旱魃

THE DROUGHT

自分の命とそれを愛する気持ちにかけて誓う。
私はぜったい他者のためには生きたりしないし、
他者に私のために生きるよう願ったりもしない。

——ジョン・ゴールト

第5章

災害で利を得る保険ビジネスの実態

――保険会社AIGと契約する民間消防士

TOO BIG TO BURN

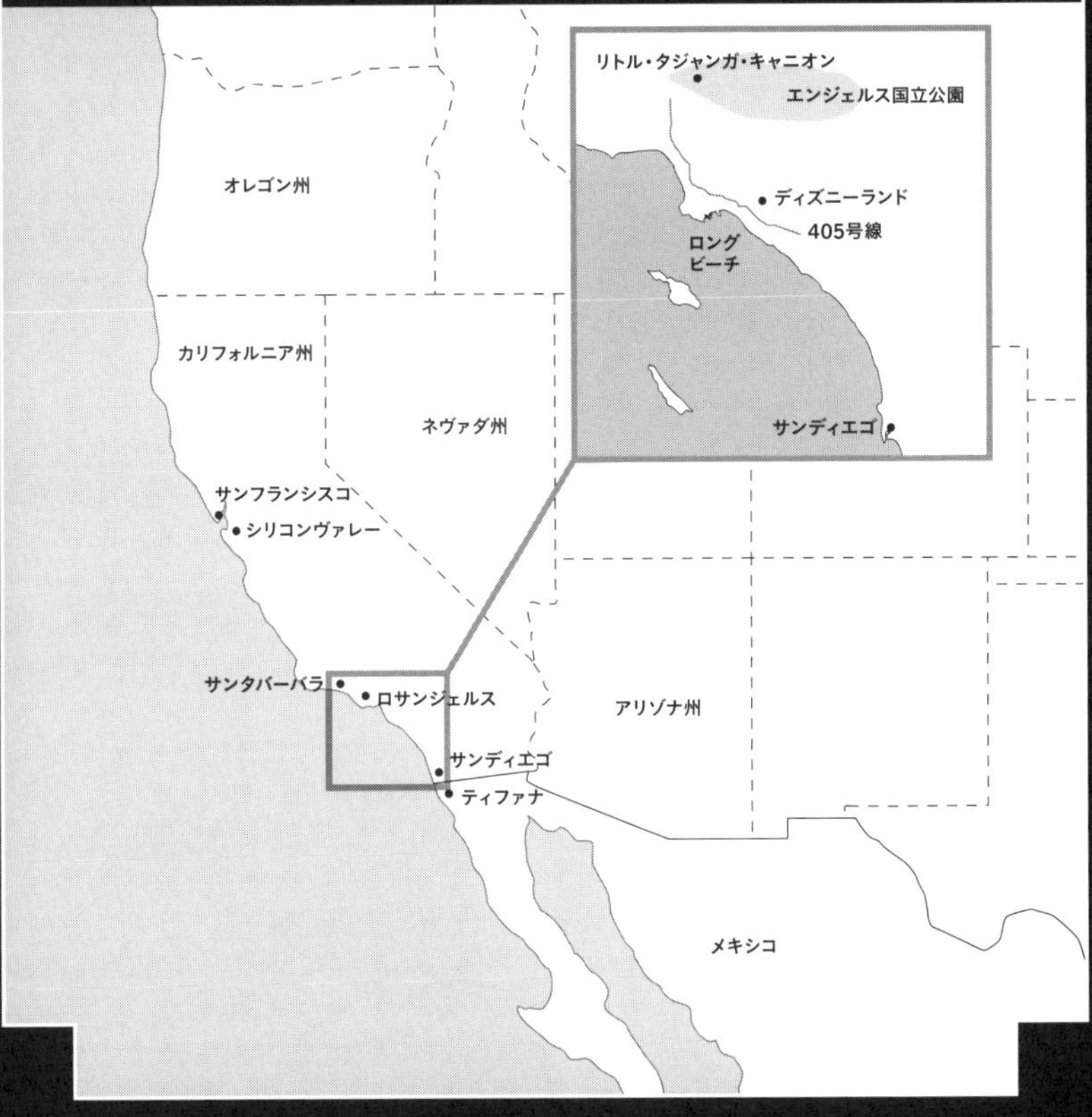

営利の民間消防隊、ロサンジェルス郊外を疾駆する

私たちが最初に無視した赤信号は、ハイアットホテル近くの、メインストリートとジャンボリーロードの交差点のもので、そうした最大の理由は、それが許されていたからだ。サム隊長がサイレンをオンにすると、18車線の車がぴたりと静止した。私たちはそっと交差点に入った。それから加速する。急ハンドルを切る。再び加速する。

私たちの乗っているのは赤いフォード・エクスペディションで、屋根には赤いライトがついており、車体には「ＦＩＲＥ」の文字が派手に描かれている。タイヤをきしらせながら４０５号線に入る。車が次々に路肩に寄って停止し、通してくれるが、州間高速道路5号線に入ったところで、ホンダ・シビックに乗ったどこかの不心得者が道を譲らない。「見てみろ、あいつを」とサム隊長はこぼすと、中央分離帯に入ってシビックを追い抜いた。

ディズニーランドの近くまで来ると、交通量がぐんと減ったが、サンタアナの風が勢いを増した。熱い、砂漠生まれの東風で、あたりに残されたわずかな湿気も吸いあげていく。じょうごのような峡谷をさっと吹き抜け、草や布切れ、ポリ袋、土埃（つちぼこり）を運んでいく。埃は高速道路に吹きつけ、海に向かう。そのせいで、今や中央の車線を時速１２０キロメートルを超えるスピードで疾駆する私たちの車が横揺れする。営利消防士の民間消防隊を率いるサム隊長がアクセルを踏み込む。彼は、タンパク質をたっぷり含んだプロテインバーを１本私にくれた。それからイヤホンを耳に押し込み、ブラックベリーを手にすると、連絡をとりはじめた。

隊への連絡。「今すぐ、ポンプ車31に隊員が乗り組むこと。そしてパトロールに出ること。ポンプ車42は隊員の乗り組みを終えて、待機。遅れるな。出動して集合。適当な途中集合地点に向かえ。さっさと起き出して、乗り組むんだ。今すぐだ」

KTTVフォックス11ニュースのスタジオへ生の電話。ラジオ局への電話。別のラジオ局のインタビュー（「もう火事にはシーズンさえなくなりました。1年じゅう発生しますから」）。さらに別のラジオ局への電話。「おはようございます。消防隊長のサム・ディジオヴァンナです。以前にもおたくの局のために何度かレポートをやったことがあります。今朝は今度の火事について、レポートしましょうか？　ディジオヴァンナ。D、I、G、I、O、V、A、N、N、A。読み方もごく単純です。ディ、ジ、オ、ヴァ、ン、ナですから……」。リトル・タジャンガ・キャニオンの火事はまだずっと先で、北へ向かう道すがら、ロサンジェルスのダウンタウンをまさに今過ぎているところだった。サム隊長は電話をかける前にサイレンをつけることがあった。そして、話しおえると、また切った。

彼は電話では、非常勤で働いているヴェルデューゴ消防学校の養成主任と名乗った。だが、自分が契約している保険会社の名前は1つも出さなかった。とくに、アメリカン・インターナショナル・グループ（AIG）の名は。彼はこの会社の森林火災保護ユニットを指揮している。

保険といえば、ハリケーンや火災の被害に対して保険料を支払わなければならないので、気候変動をもっとも恐れている業界だが、矛盾しているように聞こえるものの、同時に、旱魃に悩むアメリカ西部のような場所ではとりわけ市場が拡大しているので、気候変動のもっとも大きな恩恵を受けている業界でもある。金融部門におけるAIGのイノベーションがグローバル経済を落ち込ませるのに加担していたちょうどそのころ、保険業者は気候の研究に資金を提供しており、ＡＩＧが連邦政府から８５０億ドル以上の支援を受けて救済されていたちょうどそのころ、サム隊長と私は火災に向かって車を飛ばしていた。

私たちは州間高速道路5号線を降りて国道2号線に入る。今はもう、遠くパサデナのどこか東のほうに白い煙が見える。サム隊長がラジオをつけ、ニュースが流れる。火は２１０号線まで燃え広がっています、とアナウンサーが告げた。ウォール街は株価がかなり持ち直して４００ポイント上昇とのことだ。サム隊長が周波数を変え、お気に入りのスムーズ・ジャズ94・7に合わせると、エクスペディションの車内にはドゥービー・ブラザーズの「ミニット・バイ・ミニット」のインストゥルメンタル・バージョンが響き渡った。

オレンジ色の円錐標識（コーン）を斜めに並べ、パトロールカー1台が警戒に当たっている、最初の警察の非常線に出くわしたのは、２１０号線に入ってからだった。誰もが高速道路から降りるように誘導され、交通渋滞になっていたが、私たちは左側の追い抜き車線で速度を上げた。またサイレンがオンになった。49年の人生のうち29年を消防士として過ごしてきたサム隊長は、髪は黒く胸板が厚く、非正規の青い制服を着ているものの、赤い消防車に乗った姿は正規の消防士さながらで、その彼が、警官にもっともらしく手を振った。警官も手を振って応えた。一般車の列がぼやけて後ろに流れ、私たちはコーンの列を過ぎ、ほかの車が見えなくなった。突然、あたりは戦場を思わせる光景に変わり、煙の匂いが漂ってきた。サム隊長は顔色一つ変えなかったが、ブラックベリーは下に置いた。

色がもっとも黒い煙は化学作用の結果で、人造で有毒な燃料に由来し、木や茂みが燃えたものではない。移動住宅（モービルホーム）やゴミ埋立地、尾根に駐車した配送用小型トラックが燃えているのだ。ヘリコプターが何機も上空でけたたましい音を立てながら、水をかけている。水は白い雲のように見えるが、効果はなさそうだ。風のせいで、湯気や煙が横に流される。近隣各市から派遣されたそれぞれ５台から成る消火チームが、時速１３０キロメートルで高速道路を走り抜けていく。ロサンジェルス消防署のトレーラートラックが赤いブルドーザーを引っ張って、私たちの横を過ぎていった。交通標識が霞（かすみ）の中に現れては消えていく。丘陵地帯全体が黒くなりかけている。草木が燃えてしまった場所では、岩が歯止めを失い、小規模な地滑りが発生して、脇道に土砂が散乱していた。

ＡＩＧのチームはシルマーの市営公園で待っていた。リトル・タジャンガ・キャニオンを焼き尽くしている２０００万平方メートル以上の火災と闘うための途中集合地点だ。チームのポンプ車21と23は、オレンジ色のホースとクロムメッキのパネルを備えた赤のフォードＦ－５５０で、サム隊長が指揮する同じようなポンプ車12台のうちの２台にすぎなかった。隊員は身だしなみのいい20代と30代の男性で、退屈していた。このあたりは危険にさらされてはいたが、彼らの任務の対象となるほど裕福ではなかった。ＡＩＧのプライベート・クライアント・グループは、最低でも１００万ドルする住宅しか保証して守らない。だから、そういう住宅が危険になるほど状況が悪化するのを彼らは待っていたのだ。

火事だらけの世界で生まれた「災難をめぐるゼロサム経済」

リトル・タジャンガ・キャニオンの火事は異常事態ではない、と私はサム隊長から言われていた。10月のことだったが、これはパターンに当てはまるのだそうだ。

出動に同行する前日、私の乗った飛行機がオレンジ郡に着いたあと、案内してくれた彼のお気に入りのハイアットホテルで、消防に対する気候変動の影響を説明してくれた。空港からは、彼は自分のトラックを飛ばしてホテルに乗りつけ、緊急車両専用車線に駐車し、フロントデスクにつかつかと歩み寄ると、公務員宿泊費の上限でスイートルームをとってくれた。「部屋の分を、私のゴールドポイントに加算しておいてくれるかな」と彼は言った。「2人とも泊まるから」。彼はチェックイン・カウンターの下で、口裏を合わせるようにとばかりに、軽く私を蹴飛ばした。それから私たちはラウンジに座り、無料で提供されるワサビ豆をつまんだ。「これが大好きなんだ」と彼は言った。

雨の多いところはさらに雨が多くなる。乾燥した場所はさらに乾燥する。火事が多い土地は、さらに頻繁に火事が起こる。当時のカリフォルニア州の旱魃が気候変動とはっきり結びついているかどうかは、科学者にも断定できなかったが、西部の大半と同様、同州はコンピューターモデルが予想していた、やたらに火事の多い黄塵地帯になりつつあった。

今回の火事は、カリフォルニア州では88年ぶりというほど高温の春と、記録に残っているかぎりでは史上9番目に暑い夏と、114年ぶりというほど少ない雨と、政府が旱魃を宣言した4回目の月と、公式には認められていないが2（ひょっとすると3）年続きの旱魃のあとに起こった。当時の知事アーノルド・シュワルツェネッガーはセントラルヴァレーの農民たちの集会にしきりに姿を現し、農民たちと声をそろえて「水がいる！　水がいる！　水がいる！」と繰りかえした。その後まもなく、消火栓の水が涸(か)れてしまったがために、住宅が火災で焼けるようになる。

サム隊長は椅子から身を乗り出すようにして言った。「１９７７年にこの仕事を始めたときには、はっきりとシーズンがあった」。丘陵地帯がすっかり乾燥し、サンタアナの風が戻ったあとの、夏の終わりと、とくに秋だ。

だが、それは過去のこととなった。２００８年4月、異常な高温と低湿度のせいで、シエラマドレで２４０万平方メートル余りを焼く低木地帯の火事があったという。２００７年には南カリフォルニアで記録破りの21件の山火事や森林火災が同時に発生し、34万６０００世帯が退避を余儀なくされるという前代未聞の事態につながった。州史上２番目に大きいこのザカ火災は、９７２平方キロメートルを焼き尽くし、消火の費用は1億１８００万ドルにのぼった。これまた新記録だった。２００９年5月には、サンタバーバラのジェスシタ火災で35平方キロメートル以上が炎に包まれ、住宅80棟が焼け、少なくとも1万５０００人が避難する羽目になる。南カリフォルニアでは、今回のリトル・タジャンガ火災の前の2年は、火災に関してそれまでの20年間で最悪で、それぞれ５２６１平方キロメートルと４０４７平方キロメートルが焼けた。

「例の地球温暖化のせいで、あちこちで前より頻繁に火事が起こっている」とサム隊長は言った。

世界各地で、新しい千年紀(ミレニアム)の最初の10年は、火事の10年となった。アラスカ、スペイン、シベリア、コルシカ、ボリビア、インドネシア、ブリティッシュ・コロンビアでの火災。ニューメキシコ州、オレゴン州、コロラド州、テキサス州、アリゾナ州での火災。サウスダコタ州のブラックヒルズ、ノースカロライナ州の湿地での火災。ギリシアでは何千年ぶりというひどい旱魃のときに、過去半世紀で最悪の火災が起こった。オーストラリアでは有史以来最悪の旱魃のあいだに有史以来最悪の火災が起こった。ロシアでは火災が猛威を振るったので、大統領（プーチンではなくメドヴェージェフ）が、気候変動は現実のものだと口に出して述べた。ジョージア州とフロリダ州とユタ州で、有史以来最大の火災が起こった。

新しいミレニアムに入ってから、アメリカ全土で毎年平均2万8300平方キロメートル余りが焼けており、これは1990年代の平均値の倍に当たる。1986年から2006年にかけて、大規模な山火事や森林火災の件数は5倍、焼失面積は7倍に増えた。

森林火災に対する気候変動の影響は、水不足や、夏の盛りの高温だけにかぎられてはいない。春の早い時期に雪が解けると、農作物の栽培期間が延び、最終的にはより多くの「燃料」ができあがる。平均気温の上昇の結果、夏が事実上長くなり、燃えやすいものが乾燥する期間も延びる。冬が温かいと、寄生性の幼虫（マツクイムシ、ヤツバキクイムシ、キクイムシ、テンマクケムシなど）がよく育ち、成育範囲を広げ、広範にわたって森林を破壊するので、燃えやすい乾燥した木材が増えるわけだ。旱魃が長引けば、木々は害虫を寄せつけずにおくための化学物質が作れなくなる。アメリカ西部では、1970年代なかば以来、春と夏の気温は0・87℃しか上がっていないが、今や火災のシーズンは78日も延びていた。

ロサンジェルスが急成長し、風が吹きつけ、火災を起こしやすいサンタモニカとサンガブリエルの両山脈の麓まで住宅地が広がったことも影響している。カリフォルニア州森林火災予防局、通称「カル・ファイアー」によれば、州内の1200万棟の住宅のうち4割が非常に危険あるいは極度に危険な地域に建っているという。農務省林野部は南カリフォルニアだけでも、その手の住宅が2003年から2007年までのあいだに18万9000棟建設されたことを把握している。1960年代には、平均的な年には森林火災で100棟の建物が焼けた。新しいミレニアムの最初の10年間には、その数が1500棟に増えた。90年代には300棟が焼けた。「普通、燃えるものといったら、木や藪(やぶ)や茂みを思い浮かべるが、今や木々だけではない。住宅が燃料になってしまっている」とサム隊長は言った。

すでに何千という民間の請負業者が、政府機関の代わりに、人の住まない場所で起こる森林火災と闘っている。カル・ファイアー航空プログラムのパイロットと地上要員280人のうち130人は、実際にはダインコープ・インターナショナルに雇われていた。林野部の消火活動予算15億ドル(林野部の全予算のおよそ3分の1)のうち、半分以上が民間部門に流れる。その多くが、どういう理由からか営利消防業界の中心地となったオレゴン州に本拠を置く企業だ。民営化された近代的な消防キャンプは、人員はオレゴン州のグレーバック・フォレストリー社あるいはGFPエンタープライジズ社、航空支援はオレゴン州のプレシジョン・エヴィエーション社、飲食物のケータリングはワシントン州のOK'Sキャスケード社の提供を受けていたりする。消防キャンプには移動式のシャワーや洗濯室、オフィス、エアコン、インターネット接続、床つきテントが備わっている。消防活動に連邦政府が支払う金額は、10年前の2倍以上になっていた。

気候変動から利益を得る第一の方法（北極圏で見られる方法）が、拡張、つまり未開発の土地や資源への進出だったとしたら、これは新たな局面と言える。ここでのチャンスも、たしかに一種の成長ではあったが、それは欠乏や他者の危機から生まれる成長であり、災難をめぐるゼロサム経済だった。勝者が存在するためには、かならず敗者も存在せざるをえないのだ。

サム隊長の所属するオレゴン州フッドリヴァーのファイアーブレーク・スプレー・システムズ社による主要なイノベーションは、政府ではなく保険業界と契約して業務を請け負うことだった（ただし、ＡＩＧの場合にはまもなく政府と保険業界が一時的に合体することになるが）。スーパーマーケットで野菜や果物を新鮮に保つスプレーを発明した起業家ジム・アーモットと、アメリカンフットボールのニューオーリンズ・セインツ元タックルのスタン・ブロックが創立したファイアーブレーク社は、液化したフォスチェック（モンサント社が開発した化学難燃剤で、林野部が使っているものと同じ）で住宅を被覆する独占的システムを持っていた。スプレーして使うこの薬品は無色・無害で、ゲルや泡沫（ほうまつ）などのライバル製品よりもずっと長い、最長8か月にわたって、住宅を守ってくれる、とサム隊長が教えてくれた。

２００５年、ファイアーブレーク社はＡＩＧの保険部門と契約した。このとき、同部門のプライベート・クライアント・グループの消防隊は、トラック2台から12台に増え、担当範囲も、９００４９、９００７７、９０２１０など、カリフォルニア州のエリートが住む14の郵便番号地域から、２００近い郵便番号地域と、コロラド州ヴェイル、アスペン、ブレッケンリッジの一部にまで広がった。サム隊長は、カリフォルニア州モンロヴィアの消防署長を5年務めたあと、２００６年にファイアーブレーク社に入った。第2のキャリアとしてエグゼクティブ・コーチングを考えていたのだが、「フォーチュン」誌でＡＩＧの新しい森林火災ユニットについて読んで気が変わった。「未来を先取りしていたので、最初の段階から参加したかったんだ」と彼は言った。

ファイアーブレーク社は成長していた。サム隊長と友人のジョージは、新たに契約した保険会社のファーマーズ・インシュアランス社のために、トラック2台から成るパイロットプログラムを始めたばかりだったが、突然、競争相手が現れた。チャブ・グループの保険が、モンタナ州の森林火災防衛システムを通して、西部13州の保険契約者を守りはじめた。このシステムはライバル会社のサーモ・ゲル難燃剤を住宅に吹きつけた。ファイアーマンズ・ファンド保険はサンディエゴのファイアープロテク社と契約し、クライアントの住宅の周囲の草木を切り払わせ、火事から守るスペースを確保するとともに、顧客の最富裕層に避難サービスを提供した。サンディエゴのファイアープロＵＳＡ社は特許を取ったファイアーアイス・ゲルを住宅に吹きつけた。ウィルドマーのパシフィック・ファイアーガード社は、「消防士のネイヴィーシールズ」を配備して、ジェルテック社の難燃剤を住宅に吹きつけさせた。カーメルヴァレーのファイアー・サプレッション社は、インターネットの広告案内サイトのクレイグズリストで泡沫スプレーサービスと、延焼を防ぐための「ヤギの群れを使った除草」サービスを提供していた。同社は顧客にオンラインの調査に参加するよう求めた。質問6「森林火災の脅威にさらされたときに、あなたの家を救うために特別に作業をしてくれる民間消防隊を雇うことができ、その料金が3万5000ドル（ローン利用可）プラス年会費1600ドルであれば、契約する可能性がどれだけありそうですか？」

ファイアーブレーク社のトラックには、火の手の進路を予想し、「画面の点に触れる」だけでクライアントの住所が表示されるレッドゾーン社のマッピングソフトウェアを含め、最高級のコミュニケーションシステムが装備されている、とサム隊長は自慢した。過度の負担を強いられている公の消防隊とは違い、ファイアーブレーク社にはもっと優れたサービスを提供する余裕があった。「正直に言うと、市の機関の多くよりも、うちのほうがおそらくずっとレベルが高い」とサム隊長は言った。

もし、民間の消防がリバタリアニズム（訳注　他者の自由を侵さない範囲において個人の自由を最大限に求めるべきであるという、自由至上主義の政治思想）信奉者の夢（政府の手が回らない分野に民間業界が介入する）のように聞こえたとしたら、まさにそのとおりだ。

カリフォルニアで火災が多発するなか、前々からシェル、BP、エクソンモービルの支援や、気候変動を否定する大富豪のコーク兄弟の資金提供を受けてきた自由市場主義のシンクタンク、リーズン財団のアダム・B・サマーズは、「ロサンジェルス・タイムズ」紙に、「民間部門のリソースを活用して防火を改善する」という論説を寄稿した。カリフォルニアは税が高く、規制が厳しい州で、この窮屈なビジネス環境が働き口を遠ざけている、と彼は書いた。より多くの火災と闘うために増税すれば、事態を悪化させるだけだという。

「州政府や市町村の行政体は、軍のリソースと民間部門のリソースを活用したほうが、優れた防火サービスを提供できる」と彼は断言した。「民間部門は医療補助サービスやセキュリティ・サービスなど、そして、そう、消防活動サービスの分野でさえ、質の高いサービスを政府よりも低いコストで提供してきた、長く優れた歴史を持っている」。サマーズはファイアーブレーク社とＡＩＧを名指しでほめ称えている。「ほかの無数の外注サービスと同様、民間の防火業者は、しばしばはるかに低いコストで同等以上のサービスを提供してきた」

「われわれの経済は厳しい状況にある」とサム隊長はハイアットホテルで言った。「地方の行政体は、民営化を進めることが重要だ。市の機関だけで全部やれるはずがないから」。私たちはワサビ豆を食べおえていた。サム隊長はウェイトレスを呼んだ。「あの、手間をかけて申し訳ないんだけれど、水をもらえないだろうか？」

ＡＩＧと契約している家しか守らない

サム隊長と私は途中集合地点を出発し、ファーマーズ・インシュアランス社のパイロットプログラムを確認するために、坂を上って火災現場に向かった。本物の炎に新しいチームが直面するのはこれが2日目で、サム隊長は依然としてマーケットシェアを確保しようとしていた。彼はポンプ車43にサンディエゴからこちらへ来るように指示したところだった。サンディエゴはがら空きになり、ファーマーズ・インシュアランス社の人たちは気を揉んでいることだろう。私たちは車を停めて報告した。「今、現場です」。サム隊長はそう言って、相手を安心させた。私たちの目前には、高速道路をくぐる道の壁が続いている。

私たちはリトル・タジャンガの警察の非常線まで車を走らせた。住民たちが歩道に群がっていた。

みな、写真アルバムを枕カバーに入れたり、薄型テレビを段ボール箱に入れたりして抱え、手には携帯電話を持っている。私たちはライトをぴかぴか光らせながら、警官たちに会釈して非常線を越えた。その先では、空になった家1軒1軒の前に、まだゴミの容器が出ている。ゴミ収集日だったのだろう。それが風で倒れて、中身が通りにこぼれている。ガスマスクをつけた人が数人、避難命令に逆らって残っていた。子どもが1人、自転車に乗って道の真ん中でぐるぐる回っている。フランネルのシャツを着た高齢の男性が、自宅前の歩道に、庭用の散水ホースで水をまいていた。

ファーマーズ・インシュアランス社のポンプ車25が脇道にぽつんと駐車していた。グレーの髪にグレーの口ヒゲを生やした愛想のいいジョージが運転席に座っている。モンロヴィア消防署を退職するまで、長年サム隊長といっしょに火災と闘ってきた消防士だ。彼はエンジンをかけ、2台そろって坂を上り、質素な平屋に到着した。ファーマーズ・インシュアランス社は、AIGほど金持ちばかりを相手にするわけではないのだ。この家は、ただちに危険にさらされることはない。ジョージの若い相棒が、黄色いヘルメットに黄色い防護服姿で飛び降り、巻いてあったオレンジ色のホースを引っ張り出し、引きずりながらレンガの段を上がった。それからノズルを引き絞り、この家の、すでに弱っている草にフォスチェックを浴びせた。サム隊長は、私に写真を撮るように促した。私は言われたとおりにシャッターを切った。

それから私たちは待った。ファイアーブレーク社のようなサービスに対して一部の人々が抱いている倫理的疑問（災難から利益をあげていること、裕福な人々だけを守ること）は、別の問題の前には影が薄くなることがわかってきた。ファイアーブレーク社は、やたらに手を焼いており、誰1人守れないかもしれなかったのだ。難燃剤を噴霧するべき家のリスト（同社の「優先リスト」）は、北のオレゴン州の通信指令部から届く。この支部が、火災がどちらに向かっているかと、どの契約者の家がその方面にあるかを判断することになっていた。ところが、火災はほとんど移動していなかった。ロサンジェルス消防署がきちんと抑え込んでいたからだ。そして、パイロットプログラムはあまりに新しく、通信指令部の人々はあまりに不慣れだったので、ファーマーズ・インシュアランス社の契約者の住所を突き止めるのに苦労しているようだった。

私たちは噴霧したばかりの家の外で指示を待った。それから、幅の広いガヴィナ・アヴェニューを進み、パコイマ川を越えたところで待った。次は、坂を上って、このあたりでいちばん新しくて大きな家々のあいだで待った。40分が過ぎた。ヤシの木が立ち並び、屋根はタイルとしっくいで、広い範囲を見渡せるが、炎に近かった。シコルスキー社製ヘリコプターのスカイクレーン1機と空中消火活動機が1機、丘陵地帯に難燃剤をどっとまいた。火事とただ自由に闘える、何十人もの公の消防士たちが、急いで過ぎていった。私たちには誰一人、目もくれない。ようやくジョージが別の住所を知らされた。

サム隊長と私はジョージのポンプ車25のあとにつき、煙に包まれたたくさんの「売家」の表示を過ぎ、家屋番号に目を凝らしながら1街区進み、次の街区も進んだ。ポンプ車の尾灯が明滅するのを見ながら、加速したりブレーキをかけたりする。サム隊長は苛立ってきた。「ジョージ、あの家か？」と無線で尋ねた。「あの角の家。あれがそうか？　とにかく、見つけてくれ。あれが、うちのか？　うちのを見つけて、スプレーしよう」

現場に到着してから2時間後、ジョージが2人目のファーマーズ・インシュアランス契約者の家に難燃剤を噴霧する様子を私は見守った。化粧しっくい塗りの2階家で、マウンテン・グレンという分譲地にあった。15分後には、私たちはまた駐車して、新たな指示を待っていた。

「署長、ポンプ車43です」と無線機から声が響いた。サンディエゴから北へ急行してきたのだ。「通信指令部に指示された住所に到着しました。でも、ここには噴霧の必要のある場所がほとんどありません。どこに向かうべきか、新しい指示をお願いします」

サム隊長の顔がこわばった。「わかった。だが、相手を間違えたようだな。行き先は指令部が伝える。こっちには優先リストはないんだ、トッド。指令部の電話番号はわかっているか？」

「了解。指令部に、署長と連絡をとるように言われたもので。でも、向こうに連絡してみます」

私たちはパコイマ川を見下ろす場所に駐車し、ロサンジェルス消防署の消防士たちが火事を消しにかかるのを眺めた。ホースを持った者もいれば、シャベルを手にした者もいる。顔も消防服も煤で汚れている。遠くでは、防火帯造りを行う消防士6人が1列縦隊になって、黒焦げの谷を進んでいく。ロサンジェルスの「デイリーニュース」紙の女性が、トラックの運転席に座っているサム隊長にインタビューしはじめたので、私はトラックから降りて、ジョージのところに行くと、ロサンジェルス消防署の消防士の1人が、ちょうどポンプ車の窓に近づいてきた。

「すると、あんたたちは特定の地域だけやるのか？」とその消防士は尋ねた。「特定の住所に行って。それで、もし、もし……」

「もしそこが危なければ、さっさと難燃剤をスプレーするのさ」とジョージが答えた。「先手を打とうというわけだ。だが、風がこうも気まぐれじゃ、わかるだろう……」

「ああ」と消防士が応じた。彼には察しがついたのだ。

「昔と同じさ」とジョージの相棒が言った。「保険会社がこんなに参入してきて」

正しくはあっても、わかりづらい。17世紀のロンドンのことを言っているのだ。当時、消防活動は民間の保険会社が行っていた。消防士には通じたようだ。彼が歩み去ると、ジョージは窓を閉めた。「見たかい?」と彼は言った。「あいつは気分がよくなったことだろうよ」

私はサム隊長のトラックに戻り、トラックは角を曲がって煙の外に出た。滑らかなジャズが再び流れてきた。それからサム隊長はボリュームを下げると、また連絡をとった。「もしもし、私はここ、ロサンジェルスの消防署長です。このあいだ、ハイアットに行ったんだけれど、あそこで出すワサビ豆を送ってもらえるかな? ……どの豆? 緑のだ。……ハイアットホテル……OK。……で、いくら? ……そうだ。それを1箱頼む。大きな箱を。……。わかった。3ポンド送ってもらおう」

シリコンヴァレーでは「天候」すら保険業の対象に?

気候変動は保険会社に重大な危機をもたらしたが、それだけではない。途方もない規模の無料宣伝にもなったのだ。リスクが高まったとき、それが問題になるのは、それを回避する手を打たなかったり、価格に組み込んでいなかったりしたときだけだ。うまく対応すれば、ビジネスチャンスにもなる。シュローダー・グローバル気候変動ファンドのサイモン・ウェバーが教えてくれたが、50

か国で3万7000人の従業員を抱え、毎年50億ドルもの利益をあげる世界最大の再保険会社、ミュンヘン再保険は、彼の最大の投資先だそうだ。

ウェバーのライバルで、F&Cグローバル・クライミット・オポチュニティーズファンドのマネジャー、テリー・コウルズは、ある年、ハリケーンが猛威を振るったおかげで保険会社が料金を値上げできた、と説明した。「人は、そんなハリケーン・シーズンは保険会社にとって大きなマイナス材料になると考えます。株が大量に売られて株価が急落します。けれど、本当に深刻なシーズンが来ないかぎり、保険料を値上げして、実は利益が増え、儲かるのです」

1992年、カテゴリー5のハリケーン「アンドリュー」（訳注　カテゴリー5は、ハリケーンの強さを表す5段階のうち、もっとも強い分類）がフロリダ州とルイジアナ州を襲ったとき、保険会社は230億ドル以上の保険金を支払った。これは、その年に徴収した保険料1ドルにつき1ドル27セント払ったのと同じだ。各社は、EQECATやリスク・マネジメント・ソリューションズ（RMS）のような、自然災害モデリング会社（保険業界の計量的分析のプロ）の助力を仰いだ。これらの会社は過去1世紀間の気象データを使って将来の損失を予測し、保険会社はそれに従って保険料を値上げした。

2005年、新しい気候の時代に入って最初のカテゴリー5の暴風雨、ハリケーン「カトリーナ」に襲われたあと、保険会社は400億ドル以上の保険金を支払ったが、市場の拡大と、より精度の高いモデルのおかげで、これは徴収した保険料1ドルにつき71・5セントの支払いにすぎなかった。その年、ハリケーン「カトリーナ」の被害があったにもかかわらず、保険業界は490億ドルの利益をあげた。それ以来毎年、額の変動はあるものの、保険業界は利益を出しつづけてきた。

RMSが2006年に（4人の科学者を「専門家からの情報聴取」と称する会合のためにバミューダのリゾート地に招くことで）ハリケーン・モデルを更新したあと、保険会社のオールステートは、同分野の専門家の審査を受けていないその会合の結果を使って、フロリダ州の保険料金を43パーセント値上げすることを正当化しようとしたが、同州の規制当局に阻止された。同じく保険会社のステートファームも47パーセントの料金値上げを阻止された。そこで両社は、値上げをするかわりに何万件もの保険契約を打ち切った。オールステートは、高潮に脅かされるニューヨーク州の地区でも、ハリケーン「サンディ」の到来のはるか以前に同じ手を使い、ニューヨーク市の5つの行政区だけでも3万件の保険契約を解約した。

一方カリフォルニア州では、保険各社は料金値上げに成功した。リトル・タジャンガ火災の数週間後、州の保険長官は、1億1500万ドルに相当する、ステートファーム社とファーマーズ・インシュアランス社による値上げ（前者は6・9パーセント、後者は4・1パーセント）を承認することになる。オールステート社も、2009年1月に、6・9パーセントの値上げを認められた。

かつては変化の少なかった保険業界も成長の機が十分熟したようだったので、シリコンヴァレーまでもが参入してきた。2006年、カリフォルニア大学バークレー校のある卒業生が、クライミット・コーポレーションの前身を創立した。同社はビッグデータの威力（気候モデリング、超局地的天気予報）を活用し、中西部の農家に農作物保険を売り、やがては全世界で天候保険を販売するようになる。同社は2011年までに50テラバイト相当の生データを入手し、6000万ドル以上の資金を集めた。後援者には、グーグル・ベンチャーズ、アレン&カンパニー、スカイプ創立者のニクラス・ゼンストロームとヤヌス・フリース、グリーンテクノロジーの実力者ヴィノド・コスラ（同社は「気候変動によってもたらされ、極端になる一方の天候に農民たちが対処するのを助ける」だろう、とコスラは言っている）らが挙げられる。

同社のCEOによると、アメリカのGDPのうち3兆8000億ドルと、企業の7割が毎年天候の影響を受けているという。彼は、以前勤めていたグーグルに通勤するときに、クライミット・コーポレーションを創立することを思いついた。彼の通勤路には、海辺のレンタルサイクル店があった。晴れの日には開店して賑わっていたが、雨の日にはシャッターが下りていて、赤字のようだった。クライミット・コーポレーションは顧客の保険を引き受ける新たな方法を見つけたが、同社自体の保険は、従来の再保険会社が引き受けていた。政府を除けば、気候科学にもっとも多くの資金を出しているのが、再保険業界だ。「もしわが社が損失を出せば、再保険会社がその損失を100パーセント補填してくれます」と、CEOはスタンフォードの聴衆に語った。「つまり、ベンチャーキャピタリストは天候に賭けたくないのです。ほかの人々の資本が天候に賭けられるよう仕向けられるチームに賭けたいのです」

革新性に富む人にとって、成長の機会はいたるところに見られた。AIGにはファイアーブレーク社があったが、裕福な保険契約者が危険な沿岸部に群がっている場所では、AIGのプライベート・クライアント・グループがハリケーン・プロテクション・ユニットのサービスを提供していた。GPSと衛星電話を備えたこのユニットは、暴風雨が過ぎたあと現場に出向き、壊れたドアや窓に板を打ちつけ、屋根の穴をふさぎ、天窓を防水布で覆い、高価な美術品を運び出す。企業の世界では、ミュンヘン再保険の京都マルチリスク保険が、投資家をカーボンクレジット（訳注　取引可能な二酸化炭素排出権）の債務不履行から守り、天候デリバティブは、太陽光発電プロジェクトが曇りの日に、風力発電プロジェクトが無風の日に備える助けとなった。

ミュンヘン再保険は、リトル・タジャンガ火災の翌日、プリンストンで「気候損害賠償ワークショップ」を主宰することになる（保険契約の文言を選び、気候損害賠償を制限するのが賢明だろうと、同保険は判断したのだった）。ポズナニとコペンハーゲンでの気候変動会議では、ミュンヘン再保険は第3世界のための適応プランを強く推奨した。各国政府の資金提供で年100億ドルの保険プールを設け、当然ながら、ミュンヘン再保険がそれを運用するというプランだ。一方、イギリスのウイリスグループとバミューダのルネッサンス再保険という、別の再保険会社2社は、ハリケーンの研究に資金を注ぎ込み、ルネッサンス再保険はハリケーン緩和（煙霧質（エアロゾル）あるいは炭素粒子を雲に散布し、暴風雨を弱めること）にも出資していた。

キヴァリーナのイヌイットがエネルギー会社各社を訴えたあとの2008年7月、リバティ・ミューチュアルは、企業のエグゼクティブを「二酸化炭素を不適切に排出したという申立てに由来する」訴訟から守るための世界初の保険契約を売り出した。

カネの匂いのする火事を求めて

昼食の直前になって新しい火災が発生した。サム隊長がガヴィナ・アヴェニューから見つけた。私たちから見て西のどこかで、黒い煙が立ち上っている。新たな危機であり、新たなチャンスでもあった。ひょっとすると、サム隊長の部下たちにとっては、これが本当の腕の見せ所になるかもしれない。とはいえ、私たちは公のシステムには組み込まれていなかったので、通信指令部が火災の発生場所（オートマウンテン）やその位置（約20キロメートル離れたポーターランチの上）を知らせてくれたときには、決定的に重要な時間が過ぎてしまっていた。しかも、月額料金8ドル95セントの公衆警報システムのインシデント・ページ・ネットワークから、その場所を突き止めたあとでさえ、通信指令部は火災の規模や進路については、ほとんど何の情報も伝えられなかった。幸い、サイレンを鳴らしながら丘を猛スピードで下っていく公の消防士たちは、火災の場所を知っているようだった。

「ほら、あそこの火事が見えるか？　消防隊がみんなコース変更して向かっている場所が」とサム隊長はポンプ車43の乗員に尋ねた。「君たちは、あっちに向かって出発してくれ」。それから、AIGのポンプ車2台に、あとを追うように指示した。ポーターランチは「金持ちが住むコミュニティだ」とサム隊長は言った。「AIGのクライアントがいっぱいいる」

先行するポンプ車に合流する前に、私たちはタコスを食べに、エルサルバドル人の経営する、ランチートという店に寄った。リトル・タジャンガの警察の非常線より下のショッピングセンターにあり、ドラッグストアチェーンのライトエイドの隣だった。私たちが入っていくと、誰もが拍手した。「満足してもらえているのかな?」とサム隊長は尋ねた。彼とジョージはフィッシュ・タコスを2つずつ注文し、テレビに向かって腰を下ろした。ときおり番組が中断され、地元テレビ局のKCAL9が燃えている丘陵地帯を上空から映した、煙と炎の生の映像が入った。テロップで最新情報が流れる。ポーターランチに退避命令発令。何百人もの消防士がセスノン・ブルヴァード近くの区域に集合中。私たちは画面に見とれた。それまでで最高の情報だった。

ロサンジェルス市長のアントニオ・ヴィラライゴサが、まもなく記者会見を行おうとしていた。「きっとまた、消防服を着ているだろうよ」とサム隊長が言った。そのとおりだった。市長はサム隊長が制服の上にまとっているものとそっくりの、黄色い消防服を着て、マイクの前に立って話しはじめた。「まず、申しあげたい。ロサンジェルスの消防士全員、消防士諸君、全員が……」「……それにファイアーブレーク社も……」とサム隊長が小声でつけ足した。「……素晴らしい働きぶりを見せてくれています」

私たちは45分間店にとどまり、情報を吸収した。出ていくときに、このタコス料理店のオーナーに呼び止められた。「瓶入りのミネラルウォーターか何か、いりませんか?」と彼が尋ねた。いや、大丈夫、とジョージが答えた。

駐車場に足を踏み入れる暇もないうちに、1人の女性が駆け足で追いかけてきて、助けを求めた。私たちはみな大急ぎで、ライトエイドの店に入っていった。レジの前に並んでいた若い女性が倒れたのだという。彼女は床に横たわり、人々がまわりを取り囲んでいる。ジョージが膝をついて、スペイン語で話しかけた。喘息の発作だとジョージが言い、彼女を動かそうとしているところに、ロサンジェルス消防署の消防士が3人、ドアから駆け込んできた。誰かが電話で呼んだのだ。黄色い消防服を着た3人は、やはり黄色い消防服を着た3人を眺めた。一瞬、気まずい沈黙があった。「あんたたちに任せるよ」とジョージが言い、私たちは火災を探しに出発した。

自由至上主義者が見た夢、現場が見る悪夢

消防活動を気候変動との闘いのメタファーとおおざっぱに考えられるなら、公の消防活動は「緩和」(世界全体のために温室効果ガスの排出量を削減すること)に近く、民間の消防活動は「適応」(個々の都市や国が自らの領域を守ろうと試みること)に似ている。消防活動の場合には、以前にもこの「適応」方式が試されたという事実は、思い出すだけの価値がある。

イギリス初の消防士と世界初の火災保険を誕生させたのは、清教徒の牧師の息子で、イフ＝ジーザス＝ハドゥントゥ＝ダイドゥ＝フォー＝ジー＝ザウ＝ウドゥストゥ＝ビー＝ダムドゥ・バーボンという名の男だった(訳注　ファーストネームを直訳すれば、「もしイエスが汝のために死んでいなかったなら、汝は呪われるだろう」)。彼はのちに、ニコラスという名前を使うようになる。

ニコラスが20代後半だった1666年、ロンドンの大火が起こった。火元はプディング・レーンのパン屋のかまど(誰かがベーコンを焦がした)。パン屋の家は木でできており、近所の家もみな木でできており、ロンドンには消防士がいなかったので、火はたちまち燃え広がった。人々は馬車に貴

重品を積んで、四方八方に逃げ出した。目撃者の1人は、次のように書いている。「喧噪、物の砕ける音、猛烈な炎の轟。女や子どもの上げる悲鳴、急ぐ人々、崩れ落ちる塔楼、家屋、教会。まるで、恐ろしい嵐に見舞われたかのようだった」。牢獄が2つ、教会が87棟、ロンドンの市民8万のうち7万人の住む住宅1万3000棟以上が焼失した。

今では経済学者は、ニコラス・バーボンのことを自由市場主義哲学者の世界的草分けの1人として記憶している。彼の著述はこの大火から生まれた。厖大な土地が更地として安価で利用可能になったので、彼の示した反応の1つは、宅地開発業者――歴史家のリオ・ホリスによれば「彼の世代の主要な投機的建設業者」――になることだった。バーボンによる1685年の小論文『建設業者のための弁明（*An Apology for the Builder*）』は、イギリスの新しい建築税に抗議し、自分の事業を守るために書かれたものだ。この論文は、人々が都市に集中したときに起こることを称賛した。「人は本来、野心的なので、いっしょに暮らせば競争心が生まれ、それが衣服や装身具、家具などで互いに競うかたちで表れる。それにひきかえ、1人で暮らしていれば、最大の出費は食糧となるだろう」。バーボンは政府の干渉を罵り、建設業を「商業の最大の促進者」と呼んだ。彼なら、金融危機前の南カリフォルニアを、おおいに気に入ったことだろう。

アダム・スミスが見えざる手について書くよりも1世紀近く前の1690年、バーボンは続いて、彼のもっとも有名な作品である『交易論』（久保芳和訳、東京大学出版会、『初期イギリス経済学古典選集2』所収、1980年、ほか）を発表した。

「各国固有の、もっとも重要なものは、その国の資源であり、それは永久不滅で、けっして使い果たされることがない。地の獣、空の鳥、海の魚は自然と数を増す。毎年新たに春と秋が巡ってきて、新たに植物や果実を生み出す。そして地中の鉱物は無尽蔵だ。したがって、もし自然の蓄えが無限ならば、その自然の蓄えから造られた人工の蓄えも、無限であるに違いない」

供給には根本的な限度がなく、成長は何ら悪い結果を伴わないとバーボンは信じていた。人間は自然の掟に縛られることなく、自然界のもっとも素晴らしい部分を無期限に搾取しつづけられるというのだ。彼はこう書いている。「ここからわかる」とおり、「国を富ませる方策として、吝嗇（りんしょく）や倹約や奢侈（しゃし）禁止法を」薦める者たちは「誤り」を犯している。経済を破綻させるのは、過度の規制である。経済を繁栄させるのは需要側――消費し、消費し、消費し、成長し、成長し、成長する――であり、人は多くを求めれば求めるほど、多くを受け取る。

それから300年以上が過ぎた2005年に、モーリス・〝ハンク〟・グリーンバーグは、37年間占めてきたAIGのCEOの座を追われた。側近は名ばかりのシンクタンクを創設し、彼をその長に祭りあげた。これは、著名な学者（マサチューセッツ工科大学スローン・スクールの学長や、ペンシルヴェニア大学ウォートン・スクールとシカゴ大学の教授陣）を雇ったりして、グリーンバーグを持ちあげるようなことを言わせ、彼の自由市場主義的天才ぶりを強調する論文を書かせ、彼を基調演説者とする会議を主催させるための、より大きな名誉回復キャンペーンの一環だった。そして、そのシンクタンクの名が、バーボン研究所だった。

今日、バーボンが先駆けとなっていた類のリバタリアニズムは、気候変動の否定と強く結びついている。問題を解決しようとすれば必然的に政府の干渉が増える可能性があるなら、その問題の存在を否定したほうがましだと考える人がいるだろう。だが、気候変動を否定するのがしだいに難しくなるにつれ、戦術変更しつつあるように思えるグループも出てきた。科学的知見を否定するのではなく、二酸化炭素排出量の削減を義務づければ解決するということを否定するのだ。自由市場主義者バーボンの思想の系譜に連なる人々にとっては、気候変動に対する哲学的に一貫した立場として、ファイアーブレーク社のような市場による解決策を擁護することが挙げられる。つまり、バーボンがロンドンの大火に対して見せたもう1つの対応を擁護することだ。

バーボンは建設会社を打ち立てたことに加えて、ファイアー・オフィスという消防会社も創立した。当時、ある人は次のように書いている。その会社の従業員は、「バッジのついた仕着せをまとった召使で、水夫などのたくましい男たちだ」。彼らは「どんな急な火事が起こったときにも」いつも準備万端で、「非常に勤勉かつ巧みに消火に当たり、自らを大きな危険にさらすことも厭わない」。ファイアー・オフィスは、7年、11年、21年、31年の保険契約を提供した。料金は、「たくましい」水夫たちによるサービスも含め、レンガ造りの家の場合は家賃1ポンドにつき2シリング6ペンス、木造住宅の場合にはその2倍だった。バーボンは4000人以上のクライアントと契約できた。

だが、まもなくフレンドリー・ソサエティ、ジェネラル・インシュアランス社、ハンドインハンド社などの競争相手が現れた。各社の消防隊はそれぞれ、赤い裏地のついた青いコート、銀ボタンのついた青いシャツ、黄色いズボンに銀のバックルのついた靴といった具合に独自の制服を着用し、独自の印の入った金属板を契約者の住宅に取りつけ、どの家を守ればいいか、誰もがわかるようにした。ロンドンの一地区が焼けるたびに、消防隊どうしが水や途中集合地点をめぐって激しく争ったので、競争相手の消防士を殴ると5シリング、相手に水をかけると2シリング6ペンスというふうに、当局は罰金を科さざるをえなかった。それでも混乱は起こるし、効率も悪かった。19世紀初期には収拾がつかなくなり、民間の消防士は公の消防士に取って代わられた。こうして、消防士は火事とだけ闘えば済むようになった。

間近で眺めていると、サム隊長と彼の部下たちも、公の消防士ほど効率がよくないように見えた。森林火災保護ユニットは、解決策としてはあまりに複雑なために、根本的な問題が見失われてしまっていた。AIGを破綻させかけた特殊な条件つきの金融商品や、二酸化炭素排出の影響に対する多種多様な反応、根本的な解決など望むべくもない多くの応急処置と同じだ。

公の消防士は火事と闘う。燃えている場所を見つけ、そこに行き、消そうと努める。ところがサム隊長と部下たちは、もっと複雑なことをやっていた。彼らは、利益に響かない範囲で導入できる最高のコミュニケーションシステムを使い、リアルタイムで、別の州の通信指令部からクライアントの住所を得る。その住所は、通信指令部が、さらに別の州にいるAIGとファーマーズ・インシュアランス社の代理人から手に入れなければならない。サム隊長たちは、火災がどちらに向かっているかを突き止めなければならなかった。どのクライアントの住所が、その進路にあるかも突き止めなければならなかった。そして、そこまで行く必要がある。そのためには、たとえ警察の非常線をこっそり越えざるをえなくても。ようやく目的の住所に着き、現にその家が危険にさらされていたら(私にも徐々にわかってきていたが、そういうことはめったになかった)、トラックから飛び出て、巻いてあったホースを引っ張り出し、フォスチェックを噴きかけ、ホースを巻き戻し、トラックに飛び乗り、リストに載っている次の危険な場所に急行する。もちろん、火災の進路が変われば話は別で、リストも変更しなければならない。その場合には、１からやり直しだ。

リバタリアニズム信奉者の夢は、ロジスティクスの点では悪夢にほかならなかった。


サム隊長が救った住宅（私自身がそれを実証できる住宅）は、チャッツワースのアンドラ・アヴェニューにあった。最初サム隊長は「パンドラ・アヴェニュー」と呼んでいたが、通信指令部がやがてリストを訂正した。絵に描いたような平屋の牧場家屋で、ゆったりと広がっていて、裏手には厩舎がいくつもあり、正面には差し渡し６メートルものアメリカ国旗が掲げられ、チャッツワースに数ある馬牧場の一画を占めていた。私たちはそこに行き着くために、全住民避難の流れに逆らって進んだ。トパンガ・キャニオン・ブルヴァードの真ん中を、子どもたちが馬やラバを引いて歩いていた。カウボーイハットをかぶった男性が、身長の半分ほどのポニーを連れていく。馬を載せたトレーラーを牽引するＳＵＶで交差点はどこも混雑していた。

私たちはチャッツワース・ストリートを通って迂回した。途中、何台ものトレーラーに乗り込む馬たちや、別のトレーラーに積み込まれるスポーツカー、青いジャガーのトランクにかばんを放り込む男性、迷子の犬の張り紙が見えた。公の消防士の姿はどこにもなかった。空は黄色に変わりかけている。炎はあと数分のところまで迫っていた。

目指す住宅の持ち主は、地所の入り口に立っていた。その女性は、エンジンをかけたままの白いピックアップトラックに荷物を積んでいる。３人の幼い娘たちが家から駆け出してきた。みなマスクをしている。

「ＡＩＧの者です。おたくが契約している保険会社です」と、サム隊長がその女性に言った。

「ああ、よかった！　頼むわよ！」

サム隊長はポンプ車23を私道に誘導した。「バックで入るんだ！　バックで！　気をつけろ！　君たち、下がってて！」ポンプ車は少しずつ、少しずつ中へ入ると、消防士たちがホースを引っ張り出した。熱風に国旗が激しくはためく。私たちは厩舎へ駆け寄った。消防士たちは白いゲストハウスの裏の低木に噴霧を始めた。これがこの地所の防衛の最前線だ。次はゲストハウス自体の壁。ゲストハウス脇にある木製格子造りの東屋（あずまや）。馬を入れる囲い。茶色い馬具収納室。戸外用の木製の青い椅子。母屋の裏のデッキ。母屋のテラス。テラスの椅子のクッション。落ち葉だらけのプールの隣にある、レンガ敷きの裏庭に面した、屋根と壁と窓。プールサイドの木製家具。東屋の屋根。ヤシの木の幹。車が４台入る車庫の屋根。

サム隊長はずっと部下たちと駆けまわり、角に来ると、ホースを肩にかけてうまく曲がれるようにし、大声で指示を出し、指で指し示す。部下のやり方が悪いと、ノズルを奪い取り、液が壁を滴るまで自ら噴霧した。慌ただしい作業は20分で終わり、私たちは芝生の上に集まり、荒い息をついた。

そこへ、近所の人が１人現れた。彼女はサム隊長を公の消防士と勘違いしたようだったので、私たちはみな、それに調子を合わせた。「２つ先のトレス・パルマスの地所のところから、直接火事の現場に行き着けます。両開きの門があって、奥までずっと入れますから」

「わかった、わかった」とサム隊長は言った。あたりに煙が色濃く漂ってきた。

「うちの地所には小道がずっと続いていますから、奥まで入れます」と彼女は言って、通りの先の、炎のほうを指差し、期待に満ちた顔で反応を待った。

「わかりました」とサム隊長は答えたが、彼女のほうはろくに見てもいない。「もうすぐ、応援が来ますから」

第6章

水はカネのあるほうへ流れる

──投機対象になった「次世紀の石油」

UPHILL TO MONEY

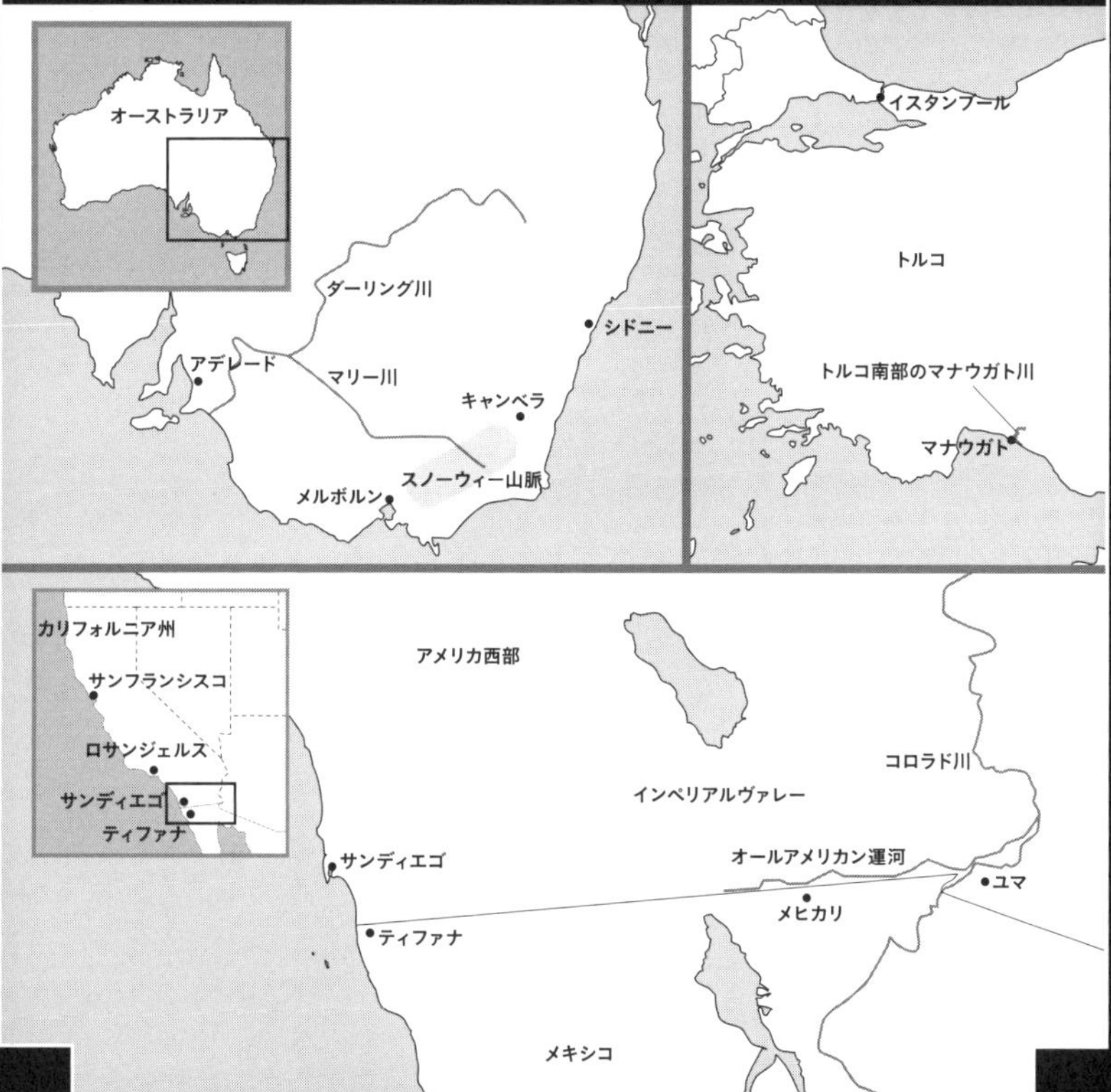

「水交易（ハイドロコマース）」専門のヘッジファンド

水に的を絞った世界初のヘッジファンドのオフィスは、リトル・タジャンガから太平洋岸を下った、サンディエゴの大都市圏にあり、そこから見下ろす駐車場のそばには、開発者が「ゴールデン・トライアングル」と呼ぶ区画された土地が広がり、ショッピングセンターが2つ、スターバックスが4つあった。「ゴールデン・トライアングル」という名は、そこが交差する高速道路で3方を囲まれ、2等辺3角形になっていることに由来する。

この地に水を供給しているのは、サンディエゴの公益事業部が近くで運営するアルヴァラド水処理場。そこへ水を供給するのが、もっと大きいサンディエゴ郡水道局。そこへ水を供給するのが、さらに大きい、ロサンジェルスを中心とするメトロポリタン水道区。そこの水の大半（カリフォルニア州が旱魃のときには、その割合が増す）を供給するのが、全長３９０キロメートルほどのコロラド川送水路。その水を供給するのが、アリゾナ州との境をまたぐ貯水場のハヴァス湖。そこに水を供給するのが、全長約２２４０キロメートルのコロラド川。その、しだいに減っている水を供給するのが、西部7州にまたがる64万平方キロメートル近い流域にある、何千という小川や万年雪原、湖、泉だ。

南カリフォルニアの大半と同様、人口２７０万人のサンディエゴという大都市も、外から水を運んでこなければ、とても人が住めない。それは、かつて海沿いの砂漠だったときと同じだ。私がこの地域を再び訪れたのは、サム隊長の出動した火災が鎮火したずっとあとの、２０１０年の暑い夏の盛りだった。その朝、私は訪問先の秘書から水をもらった。冷蔵庫から取り出した小さなペットボトルで、ポーランドスプリングだったろうか。

私が会いにきたのはジョン・ディッカーソンという男性だ。彼は16人から成るサミット・グローバル・マネジメントの創立者にしてCEOで、元CIA分析官で、このあと私が何週間もかけて調べるコロラドとオーストラリアのマリー＝ダーリングという水量の減っている2つの非常に重要な河川系の水を、何十億リットルも買いつけていた。この2つの河川系は近年、前代未聞の旱魃を経験しており、科学者は気候変動との関連を指摘している。一方、ディッカーソンのような財務管理者は、その逆、つまり資金の洪水を経験していた。サミット社は1999年に最初の水関連ファンドを開始したが、「長いあいだ、私の言うことに耳を傾けてくれる人は1人もいませんでした。誰にもわが社のファンドを買ってもらえなかった、ということです。その後、アル・ゴアと彼の本や映画が話題になり、地球温暖化や旱魃が注目を浴びました。こうして、水は人気の的となったのです」と彼は語った。

気候変動関連投資家にとって、水は明白な投資対象だった。二酸化炭素の排出は目に見えない。気温は抽象概念でしかない。だが、氷が解け、貯水池が空(から)になり、波が押し寄せ、豪雨が降り注ぐというのは、具体的ではっきり捉えられる。いわば、気候変動の「顔」だ。水のおかげで気候変動は実感を伴う。『不都合な真実』が出版されたあと、2007年に北極海で記録的な融解が起こっているあいだに、世界で少なくとも15の水関連のオープンエンド型投資信託が設定され、この手の信託の数は以前の倍以上に増えた。2年後には、運用されている資金は10倍の計130億ドルにまで膨れあがった。クレディ・スイスやUBS、ゴールドマン・サックスは熱心な水分析者を雇い、ゴールドマン・サックスは水を「次の世紀の石油」と呼び、イスラエル、オーストラリア、アメリカ西部での「複数年に及ぶ深刻な旱魃」に言及した。「取り越し苦労のそしりを受ける危険を承知で述べれば、マルサス主義経済学との類似性が見て取れる」と、同社の2008年の報告書にあった。

シティグループのチーフエコノミスト、ウィレム・ブイターは、もう一歩進めて、こう述べている。

「近い将来、ほか（淡水化や浄化）の供給源でのきれいな淡水の生産や、水の貯蔵、輸送を含む水部門への投資が大幅に増えることを私は見込んでいる。パイプライン網が構築され、今日の石油とガスのパイプラインの供給量を凌ぐことが予想される。現在、石油や天然ガス、液化天然ガスのためにあるものが霞んでしまうほどの、水タンカー（外板が1枚のシングルハル！）の船団や貯蔵施設が誕生するだろう。淡水にもさまざまな等級や種類ができる。今日、軽質低硫黄原油や重質高硫黄原油があるのと同じだ。私の見るところでは、資産の1分類としての水は、最終的には現物商品に基づく資産分類のうちでもっとも重要となり、それと比べれば、石油や銅、農産物、貴金属もはるかに見劣りすることだろう」

これは、イータン・バーの「もし市場があるとすれば、それは水の市場です。……なぜかと言えば、水がないからです！」という簡潔な売り込みの言葉と同じだった。ただし今回は、本当に資金の後ろ盾があったのだ。

60代後半のディッカーソンは、自分のオフィスで、窓と古いパソコンの隣の革椅子に座り、私は彼の机を挟んでその向かいに座っていた。壁にはディッカーソン本人が撮った、アラスカの氷河とユタの砂漠の写真が飾られ、本棚には『不都合な真実』が3冊、アメリカ西部における水と政治権力について1986年に書かれた重要な作品『砂漠のキャデラック——アメリカの水資源開発』(片岡夏実訳、築地書館、1999年)が2冊収まっていた。後者の著者マーク・ライスナーは環境保護運動のシンボル的存在で、2000年に亡くなる前は、サミット社の役員だった。

「水には禅のような要素がそろっています」とディッカーソンは私に言った。「必需品のうちでももっとも必要です。どれだけお金を払っても、代用品は得られません。そして、水は作り出すこともできません。本当に、そのことについて、これまで考えたことがありますか? 水素と酸素の化合物。栽培することはできません。この地球上では永遠に量が不変の物質なのです」。しかも、水の需要が多い場所は、供給が豊富な場所でないことが多い。

「生物圏の中の水量は、あいかわらず従来とまったく同じです」と彼は続けた。「ところが、地球温暖化の究極の影響は、淡水のパーセンテージが減り、塩水のパーセンテージが増え、淡水の分布の不均衡が以前よりはるかに深刻になるというものです」。中国では記録的な洪水が起こり、オーストラリアでは空前の旱魃が続いていた。「私たちはこのような、極端な気候に向かっているようです」。人口増加によって拍車がかかり、二酸化炭素の排出によって加速した、水の「供給／需要の不均衡」は、募る一方だった。投機には絶好の状況なのだが、ほとんどの投資家は簡単には参入できなかった。「たとえば、あなたがイリノイ州ピオリアで暮らしている一般人だとすれば、小麦や豚肉、燕麦（えんばく）、オレンジジュースの先物取引をすることはできます」が、「不思議なもので、水の先物取引はできないのです」とディッカーソンは説明した。

サミット社初の水関連ファンド（最初の10年間で基準価額が200パーセント上昇し、運用資金は6億ドルに達していた）は、ディッカーソンが「水交易（ハイドロコマース）」と名づけた4000億ドル規模の複雑な分野から株式を選ぶことで、水関連の投資につきまとう障害を回避してきた。

ハイドロコマースとは、家庭、製造業、農業で使用する水を貯蔵、処理、供給するビジネスのことだ。ピクテ、テラピン、クレディ・スイスのファンドを含む、ディッカーソンの新しいライバルも、おもに同じことをした。フランスのヴェオリア（「環境は産業の課題」というスローガンを掲げていた）や、水の処理と淡水化の分野でヴェオリアの主要競争相手である、こちらもフランスのスエズなど、多国籍の建設・運営企業の株式を購入した。彼らは、溝を掘る会社、パイプラインを敷設する会社、フィルターやポンプ、メーター、膜、バルブ、電子制御装置の製造業者の株式を買った。また、大小さまざまな都市の、民営化された公益企業の株式も買った。水の金融化に対する広範な恐れにもかかわらず（あるいは、ことによると恐れのせいで）、アメリカの大衆の12パーセント、全世界の1割にしかこれらの公益企業はサービスを提供しておらず、規制当局に許される範囲でしか料金を値上げできなかったのだが。

ハイドロコマースの世界で投資可能な分野は狭かったし（サミット社によれば、上場企業は約400社）、最近、新たな投資者がすさまじい勢いで参入していたので、株式価格は暴騰していた。

「私は価値に投資しています」とディッカーソンは言った。彼は市場の変動を見計らうのではなく、企業自体の価値に比べて価格が高いか安いかに厳密に基づいて株式を買っていた。そのため、市場が過熱していた2007年と2008年には、彼は結果的に買うより売ることのほうが多かったし、そのため現金の蓄えができたこともあって、サミット社は金融危機をほぼ無傷で切り抜けられたのだ。

忍び寄る世界的旱魃とライバル投資家からの突然のプレッシャーに対するディッカーソンの第2の反応は、なおさら興味をそそるもので、ほかのファンドがまたしても彼に倣ったのだからより重大だった。彼はハイドロコマース（たんに水に関連している事柄）だけでは不十分と判断したのだ。彼は現物の水（本人の言葉を借りれば「ウェットな水」）をほしがった。生水。水そのものだ。2008年6月、彼はオーストラリアとアメリカ西部の水利権を集めるために、サミット・ウォーター・デヴェロップメント・グループという第2のヘッジファンドを開設した。この新しいファンドは、すでに何億ドルもの資金を引き寄せていた。

「私は水利権がどんどん値上がりするのを目の当たりにしてきました」とディッカーソンは私に言った。「タッ、タッ、タッ、タッという具合に」と言いながら、彼は宙に掲げた手を、小刻みに上へ上へと上げていった。「本当に将来性があるのは、資産そのものです。公益会社を介してではなく、ポンプ会社を介してでもなく、現物の水という資産を直接手に入れることなのです」

淡水を袋に詰めて運ぶ？——運搬という高すぎるハードル

「水はカネのある上流へ流れる」とマーク・ライスナーは『砂漠のキャデラック』に書いている。この金言は当時の風潮を捉えているが、地球が温暖化すればするほど、コロラド川のような川が涸れるときに水に起こっていることの説明としては不正確になる。水は重い。１リットルが１キログラムある。重力や陸軍工兵隊にたっぷり助けを借りずに大量に移動させるのは、依然としてあまりに高くつくので、民間企業には無理だ。もしグローバルな水市場の将来について、シティグループのウィレム・ブイターの見方が正しかったとしたら、その未来の一部は、到来に案外時間がかかっていることになる。

サミット・ウォーター・デヴェロップメント・グループは、国外から水を輸入するかわりに、負荷のかかっている河川系で権利を買収していたが、このファンドが用いていたようなゼロサム戦略が相対的に抜け目ないものであることは、大量の水を輸送しようという近年の企てが、みな失敗に終わった事実によって浮き彫りになる。

地中海では、１９９８年、トルコ南部のマナウガト川の河口付近に1億5０００万ドルをかけた水処理・輸出施設が完成し、そこから６５０キロメートルほど南に行ったイスラエルのアシュケロンには取水パイプラインが建設された（アシュケロンといえば、今や、私がＩＤＥの人と尋ねた巨大な海水淡水化プラントを擁する場所だ）。両国が２００４年に結んだ「水と武器」の取引（ある種のハイテク兵器がトルコに送られ、毎年マナウガトの水４９０億リットル余りがイスラエルに送られる）は、高いコスト政策の相違のせいでたちまち頓挫した。

アラスカのシトカでは、この町のブルー・レイクという湖から最大110億リットルまで、1リットル当たり約0・264セントで買い取る契約を結ぶ会社が続出した。2007年に、各タンカーを2300万リットル弱の水で満たすためのパイプラインが建設され、最新のリース契約者でテキサス州に本拠を置くS2Cグローバルシステムズが、インド南部に世界初の「ワールド・ウォーター・ハブ」を建設すると宣言した。だが、シトカの契約は期限を延長しつづけざるをえなくなった。とくにインドではそうなのだが、水不足の人は資金不足であることが多く、S2Cは適切な買い手を見つけられないようだ。シトカの港からは、まだ1滴の水も運び出されていない。

少なくともグリーンランドが独立するまで、1人当たりの水量が世界でもっとも豊かなアイスランドでは、ジュール・ヴェルヌの『地底探検』(久米元一訳、岩崎書店、2004年、ほか)に出てくる火山スナイフェルスヨークトルを流れ落ちてくる水に、S2Cの10分の1の金額を払うリース契約を、3つのベンチャーが続けざまに結んだ。1つは、オットー・スポークという名のカナダの元歯科医が運営する不正なヘッジファンド、1つは、ムーンレイカーと呼ばれるイギリスのヘッジファンドによる、もっと公明正大なベンチャーだった。だが、どれ1つとして瓶数本以上輸出したものはなく、まして、利益などまったく出ていない。私は2011年に、スポークがスナイフェルスヨークトルの山腹に造りかけた水プラントを訪ねた。金属の薄板で囲われ、床は地面がむき出しの、9000平方メートルの建物で、2本のパイプラインが、毎秒90リットルの氷河の水を無益に海に吐き出していた。「世界のどこでも、淡水化をするほうが安くつきます」と、輸送費を計算した、あるアイスランド人が説明してくれた。

水産業で最大の夢を抱いているのは、「袋に詰めて運ぶ」人、つまり、巨大なポリエステルの袋に淡水を満たし、それを引っ張って海を渡る人だろう。いちばんよく知られているのが、このアイデアに取りつかれた、スプラッグ・バッグ（www.waterbag.com）の発明者テリー・スプラッグだ。

1970年代初期にランド研究所は、長年水不足に悩まされている南カリフォルニアに氷山を曳航してくる方法を研究していた。当時ロッキー山脈各地のスキー場で働いていたスキー愛好家のスプラッグは、研究者たちに連絡をとった。まもなくスプラッグは、サウジアラビアのモハメド・アル・ファイサル王子の代理人となった。王子は国際氷山輸送会社の創立者で、1977年には淡水生産、気象調節、その他の応用のための氷山活用に関する第1回国際会議・ワークショップを主催した（論文や講演には、「氷山分離」という簡潔な題のものがあった）。翌年スプラッグは、カリフォルニア州議会に、氷山曳航を承認させた。だが彼自身、徐々に無駄に思えてきた。氷山は、あまりに速く解けてしまうからだ。「そこで自分に言いました。『どこかの川の河口に行って、袋を満たそう』と」と彼は私に語った。「私は問題を解決しようとしているだけです。世界には十分な水があるのですが、ただ、肝心の場所にないのです」

1990年、彼は水を入れる袋の第1号を作り、シアトル近くのピュージェット湾で試してみた。彼はオリンピック半島の多雨林の縁（「アメリカ全土でも水を採取するのには最高の場所」）で袋を満たし、曳航しはじめたが、やがて大きな亀裂が生じ、270万リットル余りの水は、湾に流出してしまった。それでも挫けず、MITの教授に手伝ってもらって、水を入れる2つの大きな袋をつなげられるほど大きいジッパーを設計し、特許を取った。そして、コロラド州のＣＨ２Ｍヒルというエンジニアリング企業（ラスヴェガス近くのトンネル事業やオーストラリアの海水淡水化プラントなど、旱魃との闘いで利益があがりそうな場所にはかならず出てくる企業）を雇い、運搬袋に水を詰めたり、袋から水を出したりするシステムを設計した。彼は、原子力潜水艦のような形で、ほぼそれぐらいの大きさの袋を作って50ほどジッパーで1列につなげ、世界各地の貯蔵所に1つずつ配ってまわるという構想を立てはじめた。１９９６年、ピュージェット湾を渡ってシアトルに行く曳航に成功したが、桟橋に停泊させておいたプロトタイプにタグボートが突っ込んでしまった。彼は保険をかけていなかった。

スプラッグはマナウガト川に興味を持ち、イスラエルで代理人を雇った（彼はのちにマリー＝ダーリング河川系が干上がったときにオーストラリアでも同じことをする）。彼は、水を運搬する袋を使って中東を救うという雄大な小説『水、戦争、平和（*Water, War, and Peace*）』を書いた（主人公は、ジェラルド・アール・デイヴィスという名で、見るからにスプラッグと重なる人物だ）。だが、マナウガト川はあいかわらずほとんど海に流れ、その小説は刊行されなかった。スプラッグは新たなプロトタイプのために、20年にわたって資金を集めようとしてきた。

石油タンカーのエクソン・ヴァルディーズ号の原油流出事故以後、需要が低迷している外板が1枚のシングルハルの石油タンカーを水の運搬に再利用するという、月並みな夢を、スプラッグらの専門家は退ける。シングルハルのタンカーは安価で手に入るかもしれないが、改装すると高くつく。船倉をきれいにするだけではなく、パイプやポンプ、バルブ、洗浄装置も取り替えなければならない。「数字を見たことがあります」とスプラッグは言った。「ようするに、タンカーを切り刻んでスクラップにするほうが、改装するより安上がりなのです」

袋で運搬しようとしている人にはほかにリック・ダヴィッジがいる。レーガン政権でジェイムズ・ワット内務長官を補佐し、のちにアラスカ州の初代の水担当局長になった人物だ。2000年に彼は、メンドシノ地域のアルビオン川とグアララ川という2つの川の水を袋に入れて1000キロメートル近く南に曳航し、よそからの水に頼っているサンディエゴまで運ぶことを北カリフォルニアの人々に提案した。だが、この計画は怒りに満ちた反対に遭って放棄せざるをえなくなり、ダヴィッジは自分の会社の名前を変えることを余儀なくされた。

当時ダヴィッジは、日本の大手海運会社と、サウジアラビアの財閥と、スカンディナヴィアの水の運搬袋の会社ノルディック・ウォーター・サプライから成るワールド・ウォーターSAというコンソーシアムの会長も務めていた。ノルディック社の袋は、歴史上、商業的に使われた数少ない袋の1つで、マナウガト川から乾燥したキプロスまで、1つ当たりおよそ1900万リットルを運ぶことができた。淡水の入った袋は、塩分を含んだ地中海ではよく浮いたが、ノルディック社のコストは、ダヴィッジらが知らされていたよりも大きな負担になった。ダヴィッジがメンドシノから追い出されてまもなく、ノルディック社は破産した。「ダヴィッジの水の第1法則は、輸送費についてては誰もが嘘を言う、です」と彼は私に語った。「水源ついては、聞く気はありません。世界じゅうの水源を知っていますから。搬送システムについて聞かせてほしいものです」

10年後、ダヴィッジは水運搬袋のことは、おおかた諦めていた。ヨーロッパとアジアからは、有望な新しいタンカーのデザインが出てきており、アクイアスという彼の新しい会社は、最近シトカと交渉しているのだという。

一方、スプラッグは諦めていなかった。「スプラッグの理想的な世界では——といっても、そんな世界は現実離れしているのかもしれませんが——私はオリンピック半島の岬に袋を貯蔵しておき、それから海に運んで放し、GPSで追跡できるのです。そうすれば、潮の流れに運ばれて、はるばる南カリフォルニアまで行き着くというわけです」

「しわ寄せは弱者へ」——運河をめぐるアメリカとメキシコの確執

より多くの水の供給を確保するために、サンディエゴがすでにどこまでやっているか、そして、タンカーや水の運搬袋が登場するまで、どうやって凌いでいるかを、私はこの都市の東方160キロメートル余りのところで目撃した。何かがおかしいという最初の兆候が見られたのは、カリフォルニア州インペリアルという埃っぽい町の近くだった。そこでは、砂漠でレタスが育っていた。州間高速道路8号線を走っていくと、レタス畑はキャベツ畑に変わった。キャベツの次はアルファルファだった。

「これで、あれだけの水がどう使われるかがわかったでしょう」と、私を案内してくれているトッド・シールズというエンジニアが言った。東に向かって走りつづけると、まもなく畑は見えなくなり、また砂漠があたりに広がっていた。高速道路のすぐ南、メキシコとの新しい国境フェンスのすぐ北に、オールアメリカン運河があった。これは地球上で最大の灌漑用運河で、コロラド川の水系に対する、カリフォルニア州の最初で最大の権利の表れであり、ごく最近では、史上最大の水道用水取引の舞台だった。ジョン・ディッカーソンのような人々が狙っている規模の市場だ。

1899年、カナダ系アメリカ人の起業家ジョージ・チェイフィー（カリフォルニア州オンタリオの「モデル入植地」を設立したあと、今度はマリー川の岸でも同じことをするようにオーストラリアに招聘されだ人物）は、新たにインペリアルヴァレーの事業に乗り出した。チェイフィーの広報係は、インペリアルヴァレーはエジプトのデルタ、コロラド川はナイル川、チェイフィーらは旧約聖書のヨセフと神の選民、すなわちただの開拓者ではなく新天地に移り住む特別な人々であるというイメージを入植者たちに売り込んだ。1901年5月14日、パイロット・ノブという火山性の岩石が露出した場所の近くで、木製のチェイフィー・ゲートがコロラド川の流れをそらし、一連の堀や運河を通してインペリアルヴァレーへと水を送りはじめた。水利権は地理ではなく、早い者勝ちの原則で決まる。だから、これはカリフォルニア州の歴史にとって、もっとも重要な瞬間だったかもしれない。流れる水がすべてほかの州に由来する川に対する権利の始まりであり、送水路システムの始まりだからだ。それがあればこそカリフォルニアの諸都市は、本来ありうべからざる場所で繁栄することが可能になった。

1922年に西部7州とメキシコが結んだコロラド川協定のもと、カリフォルニア州は毎年約5兆3000億リットルの水を割り当てられた。これは、コロラド水系のどの州よりも多く、カリフォルニア州以外に割り当てられた水の合計の3分の1を超える量だった。さらに先のメキシコへは約1兆8000億リットルが割り当てられていたが、超過分がある場合には、そのほとんどもカリフォルニア州が獲得した。以前にあった運河が1930年代にルート変更され、メキシコとの国境の北側だけを通るようになったことからオールアメリカンという名がついたこの運河のおかげで、辺鄙（へんぴ）なインペリアル灌漑地区（IID）は、今やコロラド川の水の2割を支配している。インペリアルヴァレーには年間約74・17ミリメートルの雨が降る。サンディエゴの3分の1だ。かつては「死者の谷」と呼ばれていた周囲の砂漠は、アメリカでも有数の農業地帯になった。アメリカの冬の果物と野菜の3分の2は、ここで栽培されている。

2003年、コロラド川の水量が減ったため、IIDは連邦政府による介入の恐れがあったので、オールアメリカン運河の水3400億リットル余り（パナマ運河を航行できる最大のタンカー5000隻分、あるいは、スプラッグの水運搬袋なら2万個分）という、記録的な量をサンディエゴ郡水道局に売ることにした。その水の大半は、サンディエゴ市に回ることになる。同市の有権者たちは2012年まで、乏しい上水を、処理した下水で補うという案に反対しつづけたからだ。歴史が頼りになるとすれば、市の水のほとんどは、400ある公園とゴルフコースを緑に保つために使われるように思えた。住民たちも、使用する水の半分は庭にまいていた。それに比べると、貧しくて政治的な力も弱いインペリアルでは、農民たちは何十平方キロメートルもの農地を遊ばせ、売り渡した水の代金を受け取った。喜んでそうする人もいたが、多くはしぶしぶそうした。私にしてみれば、オールアメリカン運河は、マーク・ライスナーが水とお金について発した金言と、温暖化する世界でそれに付随する「しわ寄せは弱者へ」という法則が本質的に正しいことを象徴していた。

私を案内してくれているトッド・シールズは、この記録的な水取引のうちでもっとも物議を醸している部分を管理していた。過去1世紀近くにわたって、オールアメリカン運河は土でできていたので、毎年少なくとも830億リットル（アメリカの12万2000世帯の需要を満たせるだけの量）が多孔性の土から地中に漏れてしまっていた。そこでIIDは今、運河をコンクリート造りにすることにし、サンディエゴが建設費2億9000万ドルを支払うことになった。

何が問題かといえば、ほぼ1世紀近くにわたって、漏れた水はアルゴドネス砂丘の下に潜り込み、国境を無視してメキシコのメヒカリヴァレーに滲み出していた点だ。メヒカリヴァレーの農民たちは、漏れた水を使って、この地をメキシコでも最大級のアルファルファとアスパラガス、ネギ、ワタの産地に変えた。だから、水がなくなれば、何百もの人がほどなく失業し、何万もの人が飲料水を失い、デリケートな湿地帯が干上がってしまう。

運河の改良工事に対して、各種環境保護団体やカリフォルニア州カレクシコ市、メヒカリ経済開発協議会が訴訟を起こした。だが彼らは、2006年に連邦議会の最後の会期の大詰めに、279ページの税制法案の最後の数行にそっと紛れ込ませてあった条項によって打ち負かされた。環境アセスメントの実施義務を無視し、「オールアメリカン運河コンクリート化プロジェクトを遅滞なく実施すること」というこの条項は、カリフォルニア州のダイアン・ファインスタイン、ネヴァダ州のハリー・リード、アリゾナ州のジョン・カイルという、コロラド水系の3人の上院議員の手になるものだった。「人口の増加と、地球温暖化に起因する水供給の減少に際しては、1滴でも水を無駄にしないことが必須だと考えます」とファインスタインは述べた。

私は土地の起伏に沿って国境のフェンスが上下するのを眺めながら、400人の作業員が現在どんな仕事をしているか、シールズが語るのに耳を傾けた。すでに1760万立方メートル余りの土砂を運び出し、約37キロメートルのうち29キロメートルほどが終わり、あと1年と1か月で完成するそうだ。走っていると、反対側の車線に、間に合わせのバリケードで車を止めている場所があった。オレンジ色の円錐標識(コーン)と、「国境パトロール」という緑の帯の入った白いSUV、不法入国者を探している一群の警官が見えた。1942年にオールアメリカン運河が完成して以来、記録に残っているだけで、およそ600人の密入国者がここで溺死した。毎月ほぼ1人の割合だ。そして、水力発電所の上の貯水池では、従業員がしばしば溺死体を引きあげていた。「水はゴミを堰き止めるための柵を通り抜けます」とシールズは説明した。「タービンにゴミが入り込むのを防ぐためです。死体が見つかるのは、たいていその柵のところです」

パイロット・ノブからそれほど遠くなく、高速道路が運河と交差する場所の近くで、シールズと私は路肩に車を停めた。この区域では、作業員が完全に新しい溝を掘ってあった。幅は45メートル、深さは30メートル近い。水のないこの一直線の溝は作業員と土木機械だらけだった。この世のものとも思えない「ジャンボ(ユンボ)」(向こう岸で上から下まで伸びた、傾斜したプラットフォームつきの大型台車)が何台も、金属製の軌道の上をそろそろと東に向かっていた。1台には、プラスチックの接合材を巻いた巨大なスプールが4つと、液状のコンクリートを果てしなく流す垂直の樋(ひ)が1つついていた。別のジャンボの上では、ヘルメットをかぶってブルージーンズをはいた作業員8人が日差しを浴びながら、業務用モップのようなものにもたれかかるようにして一生懸命コンクリートをならしていた。この暑さでは、コンクリートは30分以内に乾くだろう。そのあと、さらに別のジャンボが通過しながら封水剤を噴きかける。すると表面が灰色がかった茶色からまばゆい白に変わる。あと1か月ほどで、両端の堰を切り、運河の新しい区間が水でいっぱいになる、とシールズは私に語った。彼はフランネルのシャツの上に黄色い安全ベストを着て、空(から)の溝の縁に立ち、部下たちが働くのを見守った。彼らはスペイン語で言葉を交わしていた。

「これは私にとっては、ちょっと特別のプロジェクトでしてね」とシールズは言った。彼の祖父クライドは、1930年代にオールアメリカン運河建設のための測量隊を指揮し、のちにカリフォルニア州水プロジェクトでも働いたそうだ。シールズ自身も一念発起して土木技師となったが、祖父とは違い、厳密には公務員ではなかった。NAWAPA(北米水電機構)を真っ先に構想したロサンジェルスのエンジニアリング企業パーソンズからIIDに出向させられたのだった(私はブリティッシュ・コロンビア大学のマイケル・バイアーズの授業を参観したときに、NAWAPAについて耳にしていた)。

シールズは働きはじめたばかりのころ、NAWAPAの縮尺模型を見る機会があり、水の分野でカナダの国家主義者たちをあれほどまで震えあがらせたこの巨大プロジェクトについて、本格的に学んだ。「それはただの大きな板で、いろいろなシステムがみんな上に載っていました」と彼は言った。「本当に興味を引かれましたね」。彼はこのプロジェクトが実現可能だと思った。「きっとうまくいくでしょう。技術的に可能です。それに、水に対するニーズを解消しますからね。もっとも、環境的なニーズはたくさん踏みにじることになるでしょう。それは結局、社会の価値判断です」

気候変動が起こっている可能性があるのは間違いないと思っているが、人間がそれを引き起こしているとは思えないし、重大な危機だとも思わない、と彼は言った。「地球温暖化を恐れる人々は、この変化にはポジティブな影響もあるだろうことを見落としています」

翌日、私は国境を越えた。メヒカリヴァレーの畑は平らで、真っ直ぐで、手入れが行き届き、それを今のところまだ輝くばかりの緑に包まれたアルゴドネス砂丘が見下ろしていた。エル・トロというアメリカ企業が労働者をスクールバスで送り迎えし、大規模なスプリンクラーシステムが一帯を潤していた。メヒカリ市に入り、国境の壁から3街区で通りが突然終わるところで、生花店と診療所の近くの小さな青い建物に私は足を踏み入れた。コンクリート化プロジェクトに対する訴訟の原告の1人、レネ・アクーニャが中にいた。メヒカリ経済開発協議会会長のアクーニャは、栗色のシャツを着て革張りの椅子に腰掛け、最初は穏やかに説明しはじめた。メヒカリはマキラドーラ（訳注 アメリカ国境の近くに建てられた、安い労働力を活かす、保税輸出加工区）の町とは違う。100万の人口を擁し、新設のオールアメリカン運河に奪われる水があれば全住民が1年はやって行かれる。経済の3分の1は農業だった。

「われわれの繁栄はいつも水を基盤としてきました」と彼は言い、国境からふつふつ湧き出てくる澄んだ自然濾過水の写真を見せてくれた。今のところ、まだあまり塩分を含んでいない。「けれど、このあたりの畑は、やがてだめになります。そうなったら、人々はどこに行くことか」

「水そのもの」を世界じゅうで買いあさる

――水利権ファンド登場

ジョン・ディッカーソンは、彼のものをはじめとする水利権ヘッジファンドがなぜ存在しうるかを、ぜひとも私に理解させたいと見え、わざわざ時間をかけて、なぜ水のようなものを買うことができるのかを説明した。考え方はすっきりしていた。世界の一部の場所では、水の権利は土地の権利のようなものだ。その一方で、詳細は複雑きわまりなかった。

「アメリカでは水利権には2つのシステムがあります」と彼は始めた。アメリカ東部では、かつての大英帝国領のほとんどと同様、裁判所はイギリスの伝統的な慣習法の一部である、河岸所有者特権法に従っていた。「もしあなたが10ヘクタールの土地を所有していたら、テムズ川からxリットルの水が得られます」と彼は言った。「もし100ヘクタール所有していたら、テムズ川からxリットルの10倍だけ水が得られます」。インディアナやオハイオ、ミシガン、メインといった州では、水は土地から取り去って別個の商品として売ることはできなかった。

ところが、アメリカ西部では違った。ホームステッド法により、開拓者は連邦所有地に一定期間暮らし、土地を改良すれば、譲渡証書を獲得できた。「幌(ほろ)馬車隊がミズーリを出発してオレゴンに向かいます」とディッカーソンは言った。「川の流れる平地を目にし、そこで止まり、『ここは、よさそうだ』と言い、全員、水辺に住みつきます」。雨の少ない年には、上流に住む農民がほかの人に行き渡る前に水をすべて使ってしまうのを、慣習法は止められなかった。入植者はまだ1人も、耕している土地を所有していなかったからだ。「平地の低いほうに住んでいる人々は、ダムを破壊しに行ったものです。政府は連邦保安官を派遣しはじめなければなりませんでした」。この混乱を収拾するために水事裁判所が設置され、譲渡証書は土地に対するものと水に対するものの2通発行された。こうして、西部の基本的な水法は、「早い者勝ち」となった。「最初の者が権利を手にしたのです」。オールアメリカン運河がカリフォルニアにとってこれほど重要だったのも、そのためだ。もっとも古い権利は、それが行使され、したがって有効性が維持されている（水が「有益な利用に」供され、ため込まれていない）かぎり、旱魃のときに取水の優先権があるので、もっとも価値が高かった。そして、自由に取引できた。

「今日サンディエゴあるいはデンヴァーに売られる水の権利はどれも、最初、はるか昔に農場主か牧場主から買ったものでした」とディッカーソンは私に語った。彼は唐突に立ちあがり、部屋の奥に行き、図面を1枚手にして戻ってくると、机の上に投げ出すように置いた。水文学者（すいもんがくしゃ）が書いたコロラド州のサウスプラット川の直線図で、支流と水利権が記されていた。

「これを見れば、どれだけ話が複雑か、多少はわかってもらえるでしょう」。何十本という色つきの線（赤い線、青い線、緑の線）が無秩序なネットワークを形成しており、線は図のあちこちで奇妙な角度で集まっていた。「これはみな、貯水池です」と、彼は指差しながら言った。「これらは水路。まあ、見てください。虫眼鏡が必要なほどでしょう。ほら、ここに水利権が書き込まれています。1910年、3万2000エーカーフィート（訳注　約4000万立方メートル）、毎秒これこれ立方フィート。どれも何年までさかのぼるものか書き込まれています。信じられないほど込み入っています」。だが、いったん約束事がわかれば、公益株を買っている連中より先を行ける、と彼は言った。

「大勢の人が私に言います。『ジョン、水は規制されているビジネスだ。それなのに、君は何を言っているんだ？　水は自由市場の商品だって？』だから、私はこう応じるんです。『いや、違う。水は規制されているビジネスではない。水の公益事業が規制されているビジネスなんだ』と」

ディッカーソンは最終的には、自分の「ウェットな水」のファンドであるサミット・ウォーター・デヴェロップメント・グループを上場することをもくろんでいた。そうすれば、ピオリアで暮らす一般人も、ついに水で投機できるようになるし、最低でも500万ドル出さなければならなかった初期のファンド投資家に対しても、多額の支払いができる。当面は、彼は自らが「集約ゲーム」と呼ぶ作業を行っていた。アメリカの西部全域の、コロラド川の河川系の上流でも下流でも、私有の貯水池や、開拓者の牧場主たちが150年前に掘った灌漑用水路を、ここでは50万ドルで、そこでは100万ドルでという具合に買収し、十分な量の水を集めて、流域で急成長している郊外の町にまとめて売却するのが目的だ。このように再販されれば、灌漑用水路の水は川に残されて、購入した町のパイプに吸いあげられる。

新しいミレニアムに入り、記憶にあるうちで最悪の旱魃がコロラド川で始まったあと、田園地帯から都市部へ流れる水（1987年に調査が始まって以来、すでに水取引の大半を占めていた）の量は倍増した。ロッキー山脈では、雪が雨になって降った。だが、雨がまったく降らないこともあった。科学者によれば、これは未来の予告編だという。気候モデルからは、ハドレーセル（熱帯の温かい空気と、それよりは温度の低い亜熱帯の空気を循環させ、貿易風やジェット気流を動かし、これが重要なのだが、砂漠化を推し進める、地球規模の大気系）が北へ移動することが見込まれた。19の主要なモデルのうち

18が、アメリカ南西部では2050年までに旱魃が恒久化することを予想していた。地表面の水分は平均で15パーセント減る。これは、1930年代に砂塵嵐が起こったときに匹敵する規模の減少だ。当時と同じで、田園地帯からの人口流出が起こっていた。人々は水を追って都市へ、あるいはひょっとすると水が人々を追って都市へと流れていた。現在、以前より多くの人が食糧を消費しており、生産する人は逆に減っている。

開発業者は2007年に住宅市場がピークを迎えるまで水を買いあさった、とディッカーソンは説明してくれた。「場所によっては、水の値段は1エーカーフィート（訳注　約1233立方メートル）当たり3000ドルから3万ドルに上がりました」。やがて暴落が起こった。彼にとって、待望のときだった（「破産審査裁判所から、3、4度、水を買いました」）。

今や水圧破砕や、それと同じぐらい水を大量に必要とするそのほかの非在来型石油の採掘がブームになったので、石油業界は盛んに権利を買いあさっていた。2008年、コロラド川上流の流域では、業界大手のロイヤル・ダッチ・シェルが初めて大規模な水利権の申請を行い、ヤンパ川の水を毎秒10立方メートル余り（春の増水時の水量の8パーセント）買い取ろうとした（シェルは地元民の反対に遭い、のちにこの申請を撤回した）。ある調査によれば、エネルギー会社はコロラド川上流地域の流れの4分の1以上と、貯水の半分以上を支配しているという。さらに南のテキサス州では、水圧破砕の開始が、州史上もっとも乾燥した年と重なり、牧場主も各市も同様に、水市場で価格競争に敗退した。油井やガス井を1つ水圧破砕するだけで、2300万リットル近くの水が必要となりかねない。2011年、石油会社は油井とガス井の2倍の数の水採取用井戸（テキサス州全土で

2232か所）を掘った。サミット・ウォーター・デヴェロップメント・グループにすれば、これはみな朗報だった。

オーストラリアにおける、コロラド川の拡大版ともいえるマリー＝ダーリング盆地での壊滅的な旱魃も、サミット社には朗報だった。とはいえ、同社が現地で買収を行っている理由はもう1つあった。ディッカーソンによれば、オーストラリアは1980年代初期に、水利権を取引可能にするアメリカ西部のシステムを導入したのがその理由だという。その後オーストラリアは、そのシステムをさらに自由化し、その結果生まれた水市場は、世界でもっとも自由で、もっとも活況を呈するまでになった。マリー＝ダーリング盆地は、旱魃の点だけではなく、自由企業制の点でもコロラド川流域と同じだったのだ。

マリー＝ダーリング盆地では、サミット社は、外部の推定によると少なくとも1000万立方メートル分の水利権を獲得した。同社はオーストラリアのさまざまな州で、ワイン用ブドウ、柑橘類、ワタ、アーモンドなど、さまざまな農作物に使われる水を買い、株式投資でするように、多角的なポートフォリオを作り上げた、とディッカーソンは語った。彼はたんなる短期的投機家ではなく、長期的な不労所得生活者になるつもりだった。サミット社は、オーストラリアの農民の水を買収したあと、それをためて農民やその隣人たちにリースしている、と彼は言った。収益はすでに手堅い年5～6パーセントに達していた。「まったくリスクがありません」とディッカーソンは言う。「支払いをしない人が出たとしても、われわれは依然として水を所有しています。水道の蛇口を閉めるように、栓を閉じればいいのですから」

水不足が深刻化している時代にあって、水の浪費を抑えるには水市場を活性化させるのが最善だ、と多くのエコノミストが主張した。この発想は、オーストラリアではアデレード大学のマイク・ヤング教授が、アメリカではフーヴァー研究所の研究員で、モンタナ州の「自由市場環境保護主義」の不動産・環境研究センター創立者テリー・アンダーソンが推奨しており、取引がなされれば、水を節約し、効率的に使おうというインセンティブになり、市場のおかげで、もっとも価値の高い活動へと乏しい資源が流れるという理屈だった。

「各政府が着手できることはいろいろあるでしょうが、その1つは、水にその価値に応じた価格がつくのを許し、それから、たとえば稲作農民がワイン製造業者に自分の水を売れるようなメカニズムを構築することです」とディッカーソンは私に語った。オーストラリアの水取引のおかげもあって、世界有数の米と小麦の輸出国が旱魃を凌いでいることは否定のしようがない。マクロのレベルでは、経済は驚くほど害を受けずに生き延びている。ただし、歪みが出ていることも否定できない。10年に及ぶ旱魃と、350億ドル規模だった農業部門の形骸化の末期に当たる2008年、オーストラリアの米の生産は通常の1パーセント、小麦の生産は59パーセントに落ちていた。その年、援助機関の言ういわゆる「世界食糧危機」が、エジプト、セネガル、バングラデシュをはじめ何十もの国々での抗議活動につながった。それを尻目に、アデレードのワイン産業は栄えつづけている。

私がドアを抜けてサンディエゴの日差しの中へ出ていくときに、ディッカーソンは親切にも書籍や報告書をたくさん持たせてくれ、『抑えられないもの――アメリカの水危機と対策（*Unquenchable: America's Water Crisis and What to Do About It*）』は1冊しかないので差しあげられなくて申し訳ない、と謝罪した。もらった本のいちばん上に載っていたのが2005年刊行の『水、売ります――ビジネスと市場が世界の水危機をどう解決できるか（*Water for Sale: How Business and the Market Can Resolve the World's Water Crisis*）』で、版元はリバタリアニズムを信奉するケイトー研究所であり、これまたコーク兄弟が出資しているシンクタンクだ。「気に入らない人もいるでしょうが、これが未来のあり方なのです」とディッカーソンは言った。

大旱魃に見舞われたオーストラリアで急成長する水ブローカー

未来のあり方を本当に理解するために、私はもう1度旅に出なければならなかった。未来がすでにやってきているように思える大陸へ、と。サミット・グローバル・マネジメントはオーストラリアでは、マリー川の河口に近い、人口120万人の急成長中の都市アデレード（水道水がほんのり塩辛く、奇怪な殺人が起こることで有名）から、「ウェットな水」の事業を展開していた。

地元民が「ビッグ・ドライ」と呼ぶ、10年に及ぶ旱魃（これまで先進工業国を襲ったうちで最悪の旱魃）の真っただ中に、私はシドニーから車でそこに向かった。まず南下してスノーウィー山脈に行き、水量が減っているマリー川に沿って西へと大陸を横断した。スノーウィー山脈では雨が降っていたが、その後はまた降らず、まわりの土地はしだいにオレンジ色に変わり、空漠としてきた。マリー川の土手では、ひび割れた平らな泥の上にゴムの木が影を落とし、幹線道路脇の農家は、2軒に1軒が「売家」の看板を掲げているように思えた。川の水量はあまりに少なく、名物の川船は水門を通り抜けられない。「地方ならではのものが、みんなだめになってきている」と、ある船長がエチユーカの地で私に言った。「誰もが町に引っ越していくんで、ここには何も残りはしないさ。まるで映画の『マッドマックス』みたいになるんだろうな」

急成長中の水市場での売り手は、家族経営の農場主たちであることを私は知った。小規模な牧場の経営者は、企業経営の農場や、柑橘類の栽培者、あるいは政府に水利権を売っていた。水は斜面を上って都市やブドウ畑へと流れていた。最大の買い手は連邦政府で、「環境のための流れ」と称して、31億ドル規模の買い戻しを行っていた。2010年末に旱魃が終わるまで（すさまじい洪水が起こり、250世帯が水浸しになった）、マリー川は容易には海までたどり着けなかった。そして政府は、過度の負荷をかけられたマリー＝ダーリング盆地での需要が減らないかぎり、今やそれがあたりまえになるだろう、と警告した。温暖化のせいで2030年までに、地元の降水量は3パーセント、地表の水の流れは9パーセント減り、蒸発量は最大15パーセント増える見通しだった。政府のあとには、サミット・ウォーター・デヴェロップメント・グループをはじめ、しだいに多くのファンドが続いていった。オーストラリア自体のコーズウェー・ウォーター・ファンドとブルースカイ・ウォーター・パートナーズ、シンガポールのオーラム・インターナショナル、イギリスのエコフィン・ファンド、ニュージーランドの企業買収者が所有するタンドウ・リミテッドという企業、アメリカのウォーター・アセット・マネジメントなどだ。

アデレードでは、私は若いPRマネジャーに案内され、ビロード張りの椅子に座ったブローカーたちの脇を通っていった。彼らはデル社製の薄型モニターを眺め、グーグルマップで衛星画像をスキャンしていた。ここはオーストラリア最大の水ブローカー、ウォーターファインドの本社だ。

同社はマリー＝ダーリングの全流域での取引用に独自のソフトウェアプラットフォームを開発した。そして、本物の証券取引所、水のナスダックになるというプランを大げさに宣伝していた。この河川系の場所によって交換レートが違い（蒸発や地元の規制のせいでマランビジーヴァレーの水1リットルは、マリー・ブリッジの水1リットルほどの価値はないかもしれない）、量的な上限にも対処しなければならない、とPRマネジャーは説明した。自州の水に関して保護主義的な立場をとるところがあるからだが、状況は好転しているという。取引は、電話やインターネットを通じての仮想売買（ペーパートレード）だ。買い手と売り手が何百キロメートルも離れている場合がありうる。一方が自分のポンプを止め、もう一方が自分のポンプを稼働させる。旱魃がもっとも深刻になりかかっていた２００８年、市場で取引される水の価値は13億ドルに達し、年に2割のペースで成長していた。オーストラリアでは水道用水はメガリットル単位で表す（１メガリットルは１００万リットル）。１メガリットルの水の値段は変動が激しかった。「昨シーズン、定期市場では底値はちょうど２００ドルぐらい、最高値はちょうど１２００ドルぐらいでした」と彼は言った。一般に、旱魃のときには値が上がった。

別の日には、今は水の窃盗という新しい犯罪を担当している元秘密麻薬取締官と、アデレードの奥地に車で出かけた。私たちは何か動きがないか目を光らせながら、マリー川のそばを走りまわった。その刑事は、自分の装備を説明してくれた。張り込み用の暗視ゴーグルや、不自然なまでに緑の畑を見つけ出すための空中査察装置があるのだそうだ。波止場で停まると、ハウスボートがみな、泥にはまっていた。刑事は、犯罪者たちのやり口について語った。仮設のダムを造る、秘密のポンプを設置する、近隣の人々の水道栓にホースをつなぐ、各農民の水の割り当てを計測するための木製水車に凍ったコイを突っ込み、回転を止める。検査官が来ても、解凍されて野生のコイと区別がつかなくなったコイに濡れ衣を着せられる。水の窃盗がどれほど真剣に受け止められているかを知ったおかげで、私は世界でもっとも解放された水市場で自分が目にしているほかの事柄にも、納得がいった。水は盗まれうるという発想は、水は売買しうるという発想と同様、水はそもそも所有可能であるという、しだいに受け入れられつつある発想に基づいていた。

「気候変動の原因にはあまり興味がありません」。四方を丘陵に囲まれたオーストラリアの首都キャンベラの議事堂で会ったとき、ビル・ヘファーナン上院議員は言った。「私が関心を抱いているのは、それについてわれわれが何をするかです」。それは、新しい時代の機運であり、南北両半球の自由市場主義者のあいだでしだいに聞かれるようになってきた決まり文句だった。ただし、ジョン・ハワード元首相の右腕のヘファーナンは小麦農場の経営者で、自由党(オーストラリアの保守政党)にとっては未来学者のような存在であり、強固な財産権と自由化された市場が本当に窮地から救ってくれるのか、疑問に思いはじめていた。

自由党が最後に政権の座にあったとき、ヘファーナンは北部オーストラリア土地・水タスクフォースの長を務めていた。このタスクフォースは、生産と人口をマリー=ダーリングから、開発が遅れていて水と土地がたっぷりある北部へ移せば、農業大国としての自国の地位が守れるかどうかを検討した。彼は、カンザス州ほどの広さの熱帯の未開地、ケープヨーク半島に大きな期待をかけていた。そこには近隣の島々から昔移り住んだ人の子孫とアボリジニーが数千人住んでいるだけだった（彼らの一部は、先祖代々の土地をユネスコの世界遺産にしようと強く働きかけている）。

「気候科学者は、今後40年か50年のうちに、世界人口の50パーセントが水に困るようになると言っています」とヘファーナンは私に語った。「われわれのすぐ隣のアジア地域では、次の40～50年間に耕作に適した土地が30パーセント減ると彼らは言っています。その間に食糧需要は倍増し、16億人が今暮らしている土地から立ち退かざるをえなくなる可能性があります。さて、もし科学者の見解の1割だけでも正しければ、深刻な問題が起こります。この変わりつつある地球の抱える問題の1つは、世界秩序をどう維持していくか、です。いいですか、オーストラリア連邦警察の総監は昨年、オーストラリアの主権にとって最大の脅威は、実は気候変動だと発言したのですから」。北部は、人口過密のアジアに危険なほど近かった。

ヘファーナンは、外国のヘッジファンドがオーストラリアに目をつけているのを知っていたし、オーストラリアの水市場への彼らの参入も、同じ保護政策の観点から眺めていた。「われわれには、水がただの投機的商品になるのを許す余裕があるとは思えません」と彼は言った。

だが意外にも、水に対する投機はヘファーナンの第一の懸念ではなかった。旱魃が収まってきた今、アラブや中国などの外国人投資家が、オーストラリアをはじめ、世界各地で、別のもの、すなわち農地をあさりまわっていたのだ。世界じゅうの自然保護活動家同様、ヘファーナンは警戒の色を隠さなかった。彼がある記者に言ったように、「われわれは実のところ、主権というものを定義し直しているのです」。

第7章

農地強奪

——ウォール街のハゲタカ、南スーダンへ

FARMLAND GRAB

ウォール街の男ハイルバーグと軍閥の長マティップ

私たちが古いDC9でのちに南スーダン共和国の首都となるジュバに飛んだ日は、太陽が照って、雲は彼方に小さく浮かんでいるだけで、目に入るものといったら緑だけだった。ナイル川のくすんだ緑、マンゴーの木の濃い緑、開墾されていないサバンナのまばゆい緑。大地は平らで泥だらけで何もなく、果てしなく広がっていた。「あれを見てくれ」とフィル・ハイルバーグが言った。「ここなら、何でも育てられる」

私たちは着陸後ただちに「将軍」に会いにいった。ハイルバーグは、ビジネスパートナー（将軍の長男のガブリエル）が運転するくたびれたランドクルーザーのピックアップの助手席に座り、私は2人のあいだに座った。私たちは南スーダンの数少ない舗装道路の1つをガタゴト進んだ。オートバイに乗ったエクアトリア人の少年たちを追い抜き、間に合わせのキオスクで物を売っているケニア人たちや、ダウンタウンを形作る一群の建物、国連開発計画の砦（とりで）のようなオフィスを過ぎてから道を折れ、近隣の広い敷地に入った。周囲には機関銃が据えつけられ、トゥクルと呼ばれる草葺（くさぶ）き屋根の小屋（護衛兵たちとその妻の住まい）が並んでいる。サルがいなくなっているのにハイルバーグは気づいた。護衛兵たちは、以前、サルを飼っていたのだ。トラックで入っていくときに、「サルはどうした？」と彼は叫んだ。

スーダン人民解放軍（SPLA）副司令官のポーリーノ・マティップ将軍は、マンゴーの木陰の土の中庭で私たちを待っていた。トラックスーツを着て、装飾を施したクロスの載ったプラスチック製のテーブルの前のプラスチック製の椅子にぐたっと座っていた。そのまわりには、彼と同じヌエル族の長老たちが10人余りいた。彼の顔には何の表情もなかった。「ああ、フィリップ」と彼は言い、ゆっくり立ちあがると、ハイルバーグを抱き締めた。そのあとはガブリエルが通訳をした。「ただ1人の善良な白人」

活動家たちが「世界的な農地強奪」と呼びはじめた現象について、どっと書かれたニュース記事やシンクタンクの報告書の中には、ウォール街の男と軍閥の長、元AIGトレーダーと南スーダンでもっとも恐れられている男、さらには人口が増え、気温が上がり、川が干上がり、食糧価格（と、それに伴って農地の価値）が急騰したときに起こることを象徴する2人組……という具合に、ハイルバーグとマティップが何度となく登場した。

21世紀最初の10年間、とくに金融危機に先立つ２００８年の「食糧危機」のあとには、豊かな国や企業は、貧しい国々で推定81万平方キロメートルもの土地を獲得した。イギリス、フランス、ドイツ、イタリアの農耕地の合計、あるいはアフリカの耕作可能な土地のほぼ4割、あるいはテキサス州全土の面積に匹敵する広さだ。これは植民地時代以来見られなかった規模の土地所有権の移行で、静かに、流血なしに、秘密裏に起こっていた。私がここに来たのは、エチオピア、ウクライナ、ブラジル、マダガスカルと並んでスーダンが、主要標的国の1つだからで、また、正しいことをしているという確信に満ちたハイルバーグが、自分に集まる世間の目を恐れていなかったからでもある。

ハイルバーグ自身が、２００８年後期にマティップの承認を受けた取引で借り受けた土地は、デラウェア州の面積に近い、4000平方キロメートルもあった。ナイル川の支流によって潤うその土地は、平坦・肥沃で、旱魃の恐れがなく、地雷ともほぼ無縁だ。その取引（もしそれが有効なものであればの話だが）のおかげで、ハイルバーグはアフリカでも有数の個人地主となった。彼のブリーフケースには、今や自らの資産を倍増させようと望んでいる場所を示す地図が詰め込まれていた。その地図では、ここから6街区東、最初の4000平方キロメートルの土地の北、エチオピアとの国境近くの土地が、オレンジ色のマーカーで囲まれていた。

ハイルバーグがジュバを訪れたのは、書類にサインしてもらうためだった。南スーダンの農務大臣と、政治的にもっとも有力なディンカ族出身のサルヴァ・キール大統領に対してマティップに圧力をかけさせ、自分の農地取引を承認してもらおうというのだ。この取引は違法だ、誕生したばかりの国の新しい土地法に違反している、ということがささやかれはじめていた。署名はおもに体裁の問題だ、とハイルバーグは私に言った。彼の農地は将軍の故郷のユニティ州にあり、将軍ら、ヌエル族の指導者たちが認めたから入手できたのだった。だが、公式に承認されれば、投資を考えている人々を安心させられる。それに、キール大統領はサインすると約束してくれた、とハイルバーグは言う。

マティップ将軍が南の同胞たちとの戦いをようやくやめたのは、2005年の和平協定のあとで、この協定により、アフリカで最長の、スーダンの22年に及ぶ内戦が終息し、南の独立への道が定まり、2011年の国民投票で南スーダン共和国として独立が実現することになる（私が訪問したのは2009年）。将軍は大統領に影響力を持っていた。その力のもとはヌエル族の2000～3000

の民兵で、彼らのSPLAへの統合は、依然としておもに書類上のことにすぎなかった。

ハイルバーグは将軍の息子のほうを向いた。アルマーニのジャケットを着て、ノキアの携帯電話を3つ持っているガブリエルは、20代のように見えたが、ソーシャルメディア・サイト「マイスペース」の本人のページによれば、実は34歳だという。あるいは、あとで本人から聞いた言葉によれば、42歳とのことだった。

「ガブリエル、君はここで牛は飼っているか？」とハイルバーグは尋ねた。ヌエル族の人の心に触れるには、牛を話題に上らせるにかぎる。

「いや、ここでは飼っていない」とガブリエルは答えた。

「もうマヨムへ移したのかい？　マヨムには何頭いるんだ？」

「たくさんいる」

将軍を取り巻いていたヌエル族の長老たちが立ちあがり、椅子を手に去っていった。1人の兵士が瓶入りのミネラルウォーターと缶入りのコカ・コーラを運んできた。将軍は長い両腕を椅子の背にかけてでれっと座ったまま、ぼんやり宙を眺めていた。彼は68歳で（南スーダンではたいへんな長寿だ）、生涯にわたる戦争を生き抜き、今や糖尿病と高血圧に苦しんでいた。ハイルバーグの見るところでは、これまで出会った人のうちでも彼はとりわけ抜け目ない人物とのことだった。「彼は資本主義者だ」とハイルバーグは私に言った。「ほかの連中はみな共産主義者だ。だが彼は、私が金を注ぎ込めば、儲けて当然なのを理解している」。腐敗していることで有名なジュバにあって、マティップのように賄賂を要求しない指導者は珍しい、とハイルバーグは断言した。

「南スーダンは将軍に財布を握らせるべきです」とハイルバーグは身を乗り出して言った。「私のところに人が寄ってきます。民間の警備会社――つまり傭兵ですね――が、ここに来て兵士の訓練をしたがっています。イスラエル人さえもが、武器や訓練を売りたがっている。彼らのために、私は将軍に口をきいてもらえるか、知りたいのです。何か興味を引かれるものが見えているのかもしれません。この国の分裂が間近ですから。まもなく、南は独立するでしょう。私たちの誰もが、それを知っています」。将軍が唸った。

「今ならわれわれには勢いがあります」とハイルバーグが続け、ガブリエルが通訳した。「サルヴァに約束を果たさせなければなりません。もし将軍といっしょにサルヴァに会いに行かれれば――彼に約束を守って書類にサインしてもらいたい。書類にサインしてもらいたいのです。承認がほしい。取引をサルヴァと農務大臣に承認してもらえれば、もう誰も何も言えないでしょう。南スーダンの政府に承認されたのだから。私はサルヴァに署名してもらいたいのです。そうすれば、みんな黙らせられます。なぜなら、そのときには将軍だけではなく、国内でもっとも力のある2人の人間が認めたことになるからです。全員を黙らせることができます」

「いいだろう。イスラエルの連中と話しあうことにしよう」。ハイルバーグが言いおえると、将軍はそう言った。傭兵の約束に注意を引かれたらしい。しばらく、気まずい沈黙があった。

「それから、サルヴァと約束して、官邸に会いに行くことにします」とガブリエルがつけ加えた。

国家分裂と食糧危機に賭けるえげつないビジネススキーム

「世界は宇宙のようなもので、果てしなく広がりつづけている」。南スーダンに向かう前、ハイルバーグは私に言った。「私は急所に狙いを絞る」。ある朝、私たちは彼が妻、2人の息子、「クッキーの生地（クッキードー）」という名のコッカプー（コッカースパニエルとプードルの雑種）と住んでいる場所に近い、ニューヨークのパーク・アヴェニューのリージェンシーホテルで会った。ホテルのパワーブレックファスト（カプチーノ9ドル、ベーグル28ドル）は、アル・シャープトンからナンシー・ペロシまで、民主党要人に人気があった。ジョン・エドワーズが初めてリエル・ハンターに出会ったのもここだった（訳注　エドワーズは民主党所属の上院議員で、ハンターはその不倫相手の元女優）。また、32年前、コーヒー商人の息子で、アッパーイーストサイド生まれで、リバタリアニズム信奉者を自認するハイルバーグが、バル・ミツバー（訳注　ユダヤ教の男子の成人式）を行ったのもここだ。誰もが彼の名前を知っていた。

　ハイルバーグはこう説明した。彼のビジネスモデルは、ばらばらになりかけている国を見つけること——アフリカのさまざまな内紛における未来の勝者を見極め、紛争が終息したときに勝者の側についていることだった。南スーダンは彼の最大のプロジェクトだったが、彼はロンドンのダルフール人叛逆者（はんぎゃくしゃ）や、ナイジェリアで石油を盗んでいる戦闘員、ソマリアとエチオピアの民族分離主義者もせっせと助けている。何であれ、独立後に彼のもとに流れてくるかもしれない商品（石油、ウラン、そのほか何でも）で儲けようとしているのだ。この戦略は、キャリアの最初のころ、ＡＩＧでトレーダーをしていたときに思いついた。「ソ連が分裂するのを目にした」と彼は言った。「目の前で見た。分裂に乗じて大金を稼げることに気づいたんで、この次は自分もかかわるぞと誓った」

ハイルバーグの手法は、いつも型にはまらないものだった。１９９０年代には、ある月にＡＩＧの自家用機でＣＥＯのハンク・グリーンバーグとモスクワに飛び、別の月にはウズベキスタンの首都タシケントに単身乗り込むという具合だ。タシケントではあまりに老朽化したホテルにばかり泊まったので、足を傷つけないようにソックスを履いたままシャワーを浴びるほどだった。彼は独裁者イスラム・カリモフ（「１人の人間としては、いいやつ」）の仲間たちと、金（きん）の取引契約を結んだ。あるときには、当時のドイツ連邦銀行（ドイツの中央銀行）総裁のハンス・ティートマイヤーのあとについて公衆トイレに入り、隙を衝いたそうだ。「公定歩合を下げるつもりかどうかとかなんとか、訊いた。さっと緊張するか、こっちに小便をひっかけるか、とにかく反応を見るためにね」

たっぷり稼いでＡＩＧを離れ、ジャーチ・キャピタルという自分の会社を設立し、４つの大陸で優秀な人材を雇ってから３年後の２００２年になってようやく、彼は友人からスーダンのことを聞いた。アフリカ最大の国で、石油や鉱物や土地が豊富にあり、２つに分裂しかけているという。彼が２００３年に南スーダンで結んだ最初の契約は、食糧とも気候変動とも関係なく、ディンカ族の指導者たちとの石油取引だった。彼らが賄賂を要求しても応じなかったので、のちに契約を完全に無視されたそうだ。今やジャーチ社の役員会には、ディンカ族のライバルのヌエル族が入っている。

彼の農地のベンチャーは、もっと複雑な事業だった。カオスに賭ける１種のダブルベットで、国家の分裂と食糧危機の両方の条件を満たす必要があった。2008年の取引が成立したのは、グローバルな土地ラッシュの規模がちょうど見えはじめたときで、世界じゅうで食糧価格が急騰したあとだった。その年の春、大豆の価格は2倍に、トウモロコシと小麦の価格は3倍に、米の価格は4倍になり、世界の穀物備蓄は2か月分まで減少した。ヴェトナム、カンボジア、インド、ブラジルの政府は、食糧輸出を禁止した。世界じゅうの国々で、飢えた暴徒が街に繰り出した。マリー＝ダーリング盆地は旱魃に見舞われ、米と小麦の輸出も大打撃を受けた。中国の穀倉地帯である北部は、20万平方キロメートルの耕地と600万の農民が過去5年間で最悪の水不足に見舞われた。コストコやサムズ・クラブ（訳注　どちらもアメリカ発祥の会員制倉庫型卸売小売チェーン）の買い物客は、米の購入は1人当たり数袋までに制限された。

「世界は食糧を必要としている」とハイルバーグは私に言った。「トマス・マルサスは有限の土地と無限の成長の問題について語ったが、今のところ彼は間違っている。われわれはテクノロジーを用いてより多くの食糧を生産できるのだ。だが、テクノロジーの進歩が追いつかないときにはどうなるのか？　人々はパニックを起こすだろうと思う。とくに、育てるだけの土地を持たない人々は」

パニックはすでに始まりつつあった。私たちがジュバへのチケットを手にしたころには、中国は世界じゅうで土地取引を推し進めていた。フィリピンでおよそ1万2000平方キロメートル、カザフスタンで8100平方キロメートル以上、カメルーンで110平方キロメートル、ロシアで810平方キロメートル、ブラジルでも数百平方キロメートル。自らも水不足に直面している韓国は、モンゴルで2700平方キロメートル、スーダンで8100平方キロメートル近く、マダガスカルで1万2000平方キロメートルの土地を得ようとしたが、マダガスカルではクーデター誘発の一因となり、取引は失敗に終わった。人口が急増し、モンスーンの時期が変わりはじめているインドは、エチオピアで3400平方キロメートル余り、マダガスカルで4000平方キロメートル以上、パラグアイとウルグアイで80平方キロメートル以上の獲得を目指した。カタールはケニアで400平方キロメートル、クウェートはカンボジアで1200平方キロメートル、サウジアラビアはインドネシアで4900平方キロメートル、タンザニアで4900平方キロメートル、エチオピアでも4900平方キロメートル、スーダンでは予定している1000平方キロメートルのうち最初の100平方キロメートルの小麦畑とトウモロコシ畑を求めた。アラブ首長国連邦は、パキスタンで3200平方キロメートル、ウクライナで1000平方キロメートル、ルーマニアで500平方キロメートル、スーダンで4000平方キロメートルをリースした。2009年以降、何千頭ものアラブ首長国連邦のヒツジがホーチミンに届いている。そこでヴェトナム人農民に育てられ、やがて殺され、アブダビに送り返される。

「1週間前にここに来られなくて残念だったね」とハイルバーグは言った。午前7時半で、リージェンシーホテルのダイニングルームはスーツを着た男性とパンツスーツ姿の女性ですでに満席になりかけていた。「ここでジョー・ウィルソンと」――ジョセフ・ウィルソン大使のことで、当時、ジャーチ社の役員会のバイスプレジデントだった――「ショーン・ペンといっしょだった」。ペンは、ヴァレリー・プレイムのスパイ・スキャンダルを題材にした映画『フェア・ゲーム』でウィルソンを演じることになる。「ショーンはたいした男だと思った」とハイルバーグは言った。「情熱にあふれた男が好きでね。ただし、1つだけ問題がある。その情熱が雪だるま式に大きくなりかねないんだ。反抗的なところ、ワイルドな面があって。それには自分にも通じるものがある気がする。そういう人間どうしがかかわると、どんどん加熱して、ついには危険なことが起こってしまう」。ウェイトレスが通りかかった。ハイルバーグは、スキム・ミルクを使ったカフェラテと、七面鳥のベーコンをつけあわせた卵白のオムレツを注文した。

「昔はウォール街もわかりやすかった。みんながっぽり稼げた。がっぽり！　だが、平凡なことには飽きる性質でね。これの利率は6パーセント、だから3パーセントで借りれば、これだけ儲かるっていう具合で……そんなことは誰でもできる。だが、起業家の仕事に単純なところはどこにもない。起業家になったら、何かを生み出さざるをえないから」。好きな作家はアイン・ランドだそうで、この作家はハイルバーグ同様、利益の追求自体は道徳にかなう行為、一種の啓発された利己主義だと考えていたからだ。自らをすべての上に置き、誰の邪魔もせず、誰にも邪魔させず、施しをせず、施しを期待せず、という生き方だ。「彼女の個人主義は極端だが、何であれ、もっとも純粋なかたちにあるときのほうが大きな力を持つ」と彼は私に語った。「ハワード・ロークが彼女の『水源』の主人公なのは、彼が純粋だからだ。他人がどう考えているかなど気にしない――社会規範や、世間の規準にかなうクラブや人々のことなど気にかけない。私たちはみな、自分の中にハワード・ロークのようなところが、多少あるといい」

ハイルバーグはスーダンで自らの手を汚すことを誇りに思っていた。それが純粋に感じられたからだ。大手銀行、とくにゴールドマン・サックスはほどなく、商品相場を歪め、投機でアメリカ中西部の穀物取引所を圧倒している——何一つ有形のものを生み出すことなく、架空の利益から架空の儲けを得ている——として非難されることになる。ものの価格は激しく変動しはじめていた。「備蓄食糧が少なければ、生産がわずかに不足しただけで、価格が急騰しかねません」と、国際食糧政策研究所上席研究員のニコラス・マイノットは説明した。「食糧需要は非弾力的です。人々は食べつづけるためには、いつでもお金を払います」

ハイルバーグは世間が自分と例の将軍について何と言おうと、自分が価格の乱高下やバブルにではなく、実体のあるもの、すなわち現実の食糧不足に賭けていることを承知していた。「われわれはすでに必需品の問題を抱えている」と彼は言った。「明日、あるいは1週間後に原油価格が1バレル当たり150ドルになったとしても驚かない。そう、いきなりバーンと値上がりしても。金融商品の終焉の——投機的な取引の世界の終わりの——兆しが見えてきているんだ。これからは実際の産物の時代になる。トウモロコシ1ブッシェル（訳注 約25キログラム）は15ドルをはるかに上回るはずだ」

食糧危機の要因はあれこれ挙げられている——気候変動、石油価格の高騰で肥料のコストが上がったこと、中国での肉需要の高まり、90億に向かって増えつづける世界人口。だが、ハイルバーグはどれが原因かなどあまり考えなかった。彼は気候変動が起こっているとは思っているものの、その原因よりも結果に関心があった。砂漠化、旱魃、水と土地をめぐる争いなどがそれで、それらのおかげで、農地に対する彼の投資は賢明なものとなるばかりだった。

朝食の途中、ハイルバーグは手を振ってウェイトレスを呼んだ。「ここ、もう少し涼しくしてもらうことはできるかな？　死にそうだよ。ほら、暑いだろう？　本当に。ここは暑いよ」。彼は、私が肩越しに振り返っているのに気づいた。黒いブレザーを着たアル・ゴアが近くのテーブルに座ったところだった。「ああ、アル・ゴアか」とハイルバーグは偉そうに言った。「よく来るよ」

狙われたのは農地と水
――南スーダンに伸びる魔手

ジュバでハイルバーグが宿泊先に選んだ場所は、設備の整った輸送用コンテナの一群（通称「サハラ・リゾート」）だった。プレハブのコンテナ（モジュラーオフィスやモジュラー住宅）は市内のいたるところに見られ、移動できるので人気がある。スーダンの内戦終結後、おもに外国人起業家によって運び込まれた。ジュバが再び戦火に見舞われても、また運び出せる。舗装された道路を離れると、ジュバの土の街路は黄色く、車輪の跡だらけで、たいていの日はSUVで込みあっていた。援助活動家たちのランドクルーザーやパジェロ、腐敗した役人のハンヴィー（高機動多用途装輪車両）だ。それ以外のSUVはコンテナの外に駐車してあり、コンテナは警備員と蛇腹形鉄条網で取り巻かれている。そして、夜の帳（とばり）が降り、外に座って過ごせるほど涼しくなると、権力者たちの陰謀の匂いがあたり一面に立ち込める。

「あそこの2人はスパイです」。ある晩、ホテルでガブリエルがささやいた。「どの2人？」とハイルバーグが大きな声で尋ねた。「行って挨拶してこようじゃないか」。2人の男性はアラブ人で、スラックスにボタンアップシャツという格好で、一方は口ヒゲを生やし、もう一方は生やしていなかった。2人はときおり中庭越しにこちらを見やる。「別に隠れようとしているわけではないんだがな」とハイルバーグは言った。背が高く、よく太っていて多弁な彼は、見逃しようがなかった。「まったく馬鹿げている。向こうに行くぞ」。ガブリエルがたじろいだ。恐れからではなく、礼儀に反するからだ。「だめだ、フィリップ……」。ハイルバーグは立ちあがると、ぶらぶら歩きだし、スパイたちのテーブルの脇をゆっくりと過ぎていった。ただの冗談だった。通りすぎるときに、礼儀正しく会釈した。

南北の和平協定で約束された、南部の独立に関する2011年の国民投票がぐんぐん迫っていた。だが、この週にスーダンを麻痺状態にしていたのは、誰(ハルツームにある、アラブ人が主導し、おもにイスラム教徒の北の政府か、ジュバにある、アフリカ人が主導し、おもにキリスト教徒の南の政府)が、争点になっているアビエイ地方を領有できるかに関して、まもなく下されるヨーロッパの仲裁裁判所の裁定だった。同地方は、南北の事実上の境界にある火種だった。私たちが訪れる前年、アビエイ地方の民族紛争で、町がいくつも丸ごと焼き尽くされた。それは内戦以来、最悪の戦いで、今や両陣営は裁定を前にして再び軍隊を動員していた。

2人のスパイはハルツームの回し者だったのかもしれない。ハルツームでは、大統領で戦争犯罪人として告発されているオマル・バシールが、南部の油田(一部はアビエイに、一部は近隣の南コルドファンとマティップの故郷ユニティ州にあった)を失うのを恐れていた。その油田は、スーダンの石油生産の95パーセントを占め、国家予算の65パーセントを生み出していたからだ。

あるいは、2人はエジプトの諜報要員である可能性も同じぐらいあった。エジプトがジュバにスパイを送り込んでいたのは、２０１１年の国民投票を自国の国家安全保障に対する脅威と見なしていたからだ。南スーダンが独立を果たせば、すでに過剰な負担がかかっているナイル川から、さらに水が吸いあげられる。さらにダムが建設され、上流でさらに農業が行われることになるのだ。エジプトの人口の3分の1が農場で働いており、植民地時代のナイル川水利用協定の下でナイル川の水の75パーセントの利用を約束されているエジプトは、自然が補充できる以上の水をすでに使用していた。アラブの春の前、エジプト政府は気候変動に対する自国の弱さを評価した。すると、仮に人口が増加しなくても、たとえ新たなダムが建設されなかったとしても、今世紀が終わる前にエジプトでは水が底をつく、という結果になった。

農地の強奪は、多くの点で水の強奪でもある。アフリカでは最大の国で、エチオピアに次いで毎年食糧援助の第2の受取国だった、分裂前のスーダンは、アフリカでもっとも水が豊かな国でもあった。だがそれは、周知のとおりスーダン西部のダルフールにもアビエイにも当てはまらなかった。両地では、シナリオ・プランナーのピーター・シュワルツが指摘したように、降水量の変化がアラブ人の牧夫とアフリカ人の農民の争いに油を注いでいた。とはいえ、ナイル川の流域自体には、大小の川が多数流れ、沼が点在していた。ナイル川の2本の支流が出会うハルツームにある政府は、北部地方をアラブ世界の穀倉地帯にすることを願って、８０００平方キロメートル近くをサウジアラビア、エジプト、ヨルダン、クウェート、アラブ首長国連邦の手に委ねた。南スーダンは白ナイル沿いにある。もう一方の支流である青ナイルの上流では、エチオピアが６０００メガワットのグランド・エチオピアン・ルネッサンス・ダムという世界最大級のダムの建築計画を発表した。灌漑ではなく水力発電専用という触れ込みだった。だが、専門家の意見は違った。エチオピアはスーダンと並んで、世界的な農地ラッシュの主要ターゲットの1つなのだ。

南スーダンには農業と呼べるものはごくわずかしか存在せず、それも大半は小規模で、牛数頭を飼い、モロコシとトウモロコシの小さな畑があるだけの家族農場だ。ハイルバーグは、灌漑や肥料、400馬力のコンバインなどが整ったアメリカ式の企業的農業によって土地の様子が一変するところを思い描いていた。ほかの南スーダン人たちが取引のために会いに来ると彼は言った。バリ族の王は、彼に土地を売りたがっていた。ナイル川上流の州に住むヌエル族の長官も、土地を売りたがっていた。私たちは、前者はジープで、後者はヘリコプターで訪ねて確認するおおまかな計画を立てるとともに、もしアビエイの緊張状態がそれほどひどくなければ、ユニティの4000平方キロメートルの土地の上を飛行機で飛んでみたいと願った。

その土地はすばやく転売するのではなく、ジョイントベンチャーのパートナーといっしょにジャトロファに耕作させ、収穫した穀物は、国際市場に出す前にまず国内で売る、というのがハイルバーグの計画だった。そのための地元市場があった。スーダンは長年の飢饉のさなかにあり、隣のケニアでは旱魃が深刻化しており、援助団体は食糧にはたんまりお金を払うのを厭わなかったのだ。その点を除けば、ハイルバーグは援助団体が大嫌いだった。傲慢で、賄賂や恩恵を与えて経済を腐敗させ、ディンカ族を支援している、と彼は言う。だが、彼は喜んで彼らに食糧を売るそうだ。これはビジネスだった。

ジョイントベンチャーのパートナーは、イスラエル人になるかもしれなかった。「連中はアフリカで経験があるから」と彼は言った。「彼らは問題を解決する能力を示してきた」。アラブ人の土地と考える人がいる場所にイスラエル人を連れてきて耕させるというアイデアを、彼は気に入っていた。大統領のバシールへの軽蔑を示す1つの方法だからだ。「テフィリンというのが何か知っているか?」と彼は尋ねた。「祈りのときに身に着ける箱と革紐だ。神がわれわれをエジプトから連れ出してくれたことだったか何だったかを思い出すためのものだ。私はいつも自分のをスーダンに持ってくることにしている」

マティップが与えてくれた土地には、ほとんど何もない、とハイルバーグは私に請けあった。地元の牧夫にも農民にもほとんど使われていない、と。全部自分で調べたわけではなかったが、そう信じているようだった。のちに援助団体ノルウェージャン・ピープルズ・エイドが南スーダンの10の州で進められている、外国や自国による28の土地利用計画を調べたときには、ハイルバーグの4000平方キロメートルの土地は、とりわけ人口密度が高い(1平方キロメートル当たり24・3人)という結果が出た。その土地は、12万人が住む郡の8割に及ぶので、住民を別の場所に再定住させるのは容易ではない。スーダンの学者たちは、厄介な前例を指摘した。内戦たけなわの1990年代、人権擁護の非政府組織ヒューマン・ライツ・ウォッチなどの証言によれば、マティップの私的民兵は、民間人を住まいから情け容赦なく追い出し、村々に火をつけ、女性をレイプし、男性を殺し、石油掘削のための場所を確保したという。

「ここには正義の味方など1人もいない。開拓時代の西部と同じだ。武器に頼るしかない、と言うとみんな気分を害するが、あの時代には銃を持ち歩くしかなかったじゃないか。カウボーイだったら、馬も牛もみんな失う。女は犯される。財産はいっさいがっさい持っていかれたんだ。人は自分の理想をどこか別の場所へ持ち込んで押しつけようとする。私に言わせれば、それは植民地化だ。私はそんなことはしない。ここは、こういう暴力的で、軍閥ののさばる国なんだ。私はそれを持ちあげもしなければ、こき下ろしもしない。私はただ、システムの一部にすぎないのさ」

歴史を記し、マティップの悪口を言っているのはディンカ族と、彼らに味方する欧米の人々だ、とハイルバーグは私に念を押した。その彼らでさえ、権力には敬意を表す。「ここはアフリカさ。この大陸全体が1つの大きなマフィアのようなものだ。将軍は、いわばマフィアのドン。そういう仕組みになっている」。無法の上にリバタリアニズムが載っている。「政府はなるべく小さくしておきたいというのが私の見方だ」と彼は言った。「誰かに、『投資、ありがとうございました。それでは、お引き取りください』などと言われたくないからね。もっと弱い国がいい。強い国を相手に回すのにはコストがかかる。資源ナショナリズムだ。人はそれを忘れてしまうんだな」

ある晩、ハイルバーグはガブリエルに頼み、私たちはジャーチの役員会の主要メンバー、ピーター・ガデット将軍に会いに、ナイル河岸の屋外バーに連れていってもらった。途中通ったでこぼこの未舗装道路の脇には何十台もの爆破された戦車が並んでおり、ヘッドライトに照らされて残骸が浮かびあがった。砲塔がひしゃげ、キャタピラがなくなっている。今、南スーダンには新しい戦車があり、そのうちには、2009年にソマリアの海賊がウクライナの貨物船MVファイナ号をハイジャックしたときに、期せずして獲得したものも含まれている。国民投票があろうとなかろうと、戦車は独立を勝ち取るのに役立つことだろう。

同じヌエル族でしばしば手を組んできたマティップとともに南部の陸軍に再び加わったガデットは、誰からも恐れられている策士で、当時は南部の防空を指揮していた。彼は2人のボディガードを従え、水辺のテーブルに1人で座っていた。

「ジュバに来てどれぐらいになる?」とハイルバーグが訊いた。「ナイロビの家族は元気かい?それで、対空砲はある?　ああ、対空砲はあるのか。それじゃあ、翼がついていて、もっと高く上がるのは?　それも、もう持っている?　そうか、それはいい」。ガデットは敬虔(けいけん)なキリスト教徒だ、と私はハイルバーグに聞かされていた。和平協定が結ばれる前、ガデットは9年間ジュバの外の森林地帯に潜み、ジュバを奪おうと画策していた。

「それで、戦車は?」とハイルバーグが尋ねた。「新しい戦車はどこだ?」

ガデットは、川向こうの、内戦中彼がかつてうろついていた岸のほうを指差した。

「あそこに?」とハイルバーグは驚いて大きな声を上げた。そして、暗闇を透かし見た。

「たくさんある弾傷の具合はどうだ?」と彼は続けた。ガデットは内戦のあいだに28回撃たれたという。「あんたは防弾チョッキはいらないな。誰が味方についているか知っているから」と言って、天を指し示した。「いつも急所を外れる――いいことだ。まもなく、南部は独立する。どんな戦争だって、長続きはしないと思うよ」とハイルバーグは言った。

「短い戦争だ」とガデットが言った。

「短い戦争。そのとおりだ」

「ああ、この戦争は南部のためになる」

ウオッカと引き換えに農地を

——もはや詐欺師と変わらない投資家たち

私はハイルバーグと同じように架空取引の世界から外へ踏み出しているほかの投資家たちに、ニューヨークとロンドンで会った。

ウオッカと引き換えに農地を手に入れるウクライナの取引について語った銀行家は、マンハッタンのトライベッカにある風通しのいい角部屋のアパートに私を招いて、匿名を条件に話を聞かせてくれた。「実は、こういうことです。集団農場は、自由市場化で集団経営ではなくなると、みんなつぶれました。資本がなかったからです。トラクターを買う余裕もありませんでした」。だからウオッカと数か月分の穀物があれほどの見返りをもたらしたのだ。ウォール街でも3本の指に入る彼の投資銀行は、彼がジーザスというニックネームで呼ぶ長髪のブローカーを通じて、何万平方キロメートルもの第1級の農地ばかりでなく、ダチョウ農場やチョコレート工場、ウクライナのポルノのチャンネルの入手も図った。銀行家たちはローターが2基ついたソ連製の大型ヘリコプターで田園地帯を飛びまわり、休閑地や農村に着陸し、遺伝子組み換えを行った、旱魃に強いモロコシを紹介した。最初はイスラエルのキブツで開発された作物だ。「生産量を大幅に上げたりできます」とその銀行家は言った。「けれど、基本的には、農民に対する詐欺ですね」

ウクライナでの取引は結局不成立に終わった（ジーザスがしだいに多くの分け前を要求するようになったのだ）が、気候変動は果てしない成長領域だ。ヨーロッパが温室効果ガスの排出量枠の取引計画に着手し、石炭火力発電所や電力公益企業に二酸化炭素排出許可証を発行するようになると、この投資銀行家はそうした発電所や電力会社が排出量を「大幅に過剰申請」し、余剰分を売って何億ドルも儲けるのを助けた。「私は実際には二酸化炭素取引をしていたわけです」と彼は言った。「その手のいい加減な取引を。これまた大規模な詐欺ですよ」

とりわけ抜け目ない農地バイヤーにしてみれば、地球温暖化は二重の恩恵だった。地球温暖化は、短期的にはプッシュ要因（訳注 ある場所から人々を離れさせる原因）で、旱魃を深刻化させ、中国やオーストラリア、アメリカ中西部の収穫を台無しにし、食糧価格の急騰を招いていた。だが、長期的にはプル要因（訳注 ある場所へと人々を引きつける原因）で、ウクライナ、ロシア、ルーマニア、カザフスタン、カナダなどの高緯度の国々は、気候が温暖化するにつれて、生産性が下がるのではなく上がっていく。「北半球の生産地帯が北に移動していることなど、専門家でなくてもわかります」。イギリスの大手不動産会社ビドウェルズで農業関連産業研究の責任者を務めるカール・アトキンは、ロンドンに会いに行った私にそう語った。

ハイルバーグが南スーダンで行った土地取引の話が伝わったあと、関心を抱いた会社がいくつも彼に連絡をとった。その1つであるビドウェルズのロンドンオフィスはハノーヴァー広場から細い横道を入ったところにある、狭い建物の中にあった。床は硬材で、天窓のある4階の明るい会議室で、アトキンは土壌の質を示す世界地図（アメリカ合衆国農務省による評価）を見せてくれた。もっとも肥沃な土地は緑色に塗られていた。

「北米に大きな地域が1つあります。南米にも1つ。イギリスにも点在しています。ですが、関心の的は、ロシアとウクライナに広がるこの黒土(こくど)で、世界でも有数の土壌です」

酷寒の冬や短い栽培期といった環境要因が政治的要因とあいまって、価格は低く抑えられていた。ルーマニアの黒土1ヘクタールは、イングランドの黒土1ヘクタールの5分の1の値段にしかならなかった。気候変動地図を土壌地図に重ねれば（さらに、人口データを加えてもいい）、ひと財産築ける、とアトキンは言った。彼自身、ウクライナから戻ったばかりだった。ビドウェルズは5年にわたって金融関係のクライアントをルーマニアに案内し、アトキンの言う「分割方式」（小さい区画ごとにアプローチして、最終的には大規模な土地買収につなげる方法）を行ってきた。「共産主義後に全員に再分配された小さな区画を再統合するのです」と彼は言った。「大勢の村人を村長とともに1室に入れ、村長に言わせます。『いいですか、自分の土地を売りたい人は？　売りたくない人は？』と」

気候変動のせいで農業が高緯度の地域に移っていくと、資金もそれに続いた。イギリスのランドコムと、スウェーデンのブラック・アース・ファーミングという、農地投資家のうちでもとくに目立つ2社は、ウクライナとロシアの農業事業に何億ドルも投資していた。世界最大の資産管理会社ブラックロックはイギリスの農地に2億5000万ドル、フランスのペルガム・ファイナンスはウルグアイとアルゼンチンの元牧場に7000万ドル、カルガリーに本社を置くアグキャピタはカナダの未来のコーンベルトに1800万ドルをそれぞれ投じた。サスカチェワンの地価が2008年に15パーセント上がった（史上最高の値上がりの）あと、アグキャピタはさらに2000万ドルの資金の調達を始めた。

だが、まもなくカナダ最大の農場となるのは、プレーリー諸州（アルバータ州、マニトバ州、サスカチェワン州）の部族所有地に無秩序に広がる穀物と家畜のベンチャー、ワン・アース・ファームズだろう。集まった資金は1億ドルに迫り、投資家には元首相のポール・マーティンから大手農業関連企業バイテラ（ドイツ銀行の気候変動ファンドの投資先にも選ばれている）までが名を連ねるこの農場は、プレーリー諸州の８０００平方キロメートル以上を支配する、ファースト・ネーション（訳注　カナダ先住民のうち、イヌイットや、ヨーロッパ人との混血子孫を除く民族）の40を超える部族と提携関係を結びつつある。

ブラジルでは、ジェイコブ・ロスチャイルド卿が一部を所有し、ジム・スレイター（「サンデー・テレグラフ」紙に「資本主義者」という署名入りの投資コラムを書き、有名になった人物）が率いるイギリスのアグリファーマは、２０００万ドルをかけて、６９０平方キロメートルを買ったり、そのオプションを得たりし、さらに2万４０００平方キロメートルの測量をした。アグリファーマの創業資金を出したのは、イギリスの元ベンチャー、ガラハッド・ゴールドで、このベンチャーは、融解の進むグリーンランドでウランとモリブデンのベンチャーをすばやく転売して66パーセントの年間利益をあげた。ブラジルの農業は気候変動の猛威からはあまり害を受けないだろう、とスレイターは書いた。なぜなら同国には、「世界の採取可能な水供給の約15パーセントがあるからで、これは第2位の国よりも90パーセントも多い」という。

ドイツ銀行とシュローダーを含め、著名な気候変動ファンドを持つ銀行は、それとは別個に農地ファンドも持っている。２０１１年には、ハーヴァードとヴァンダービルトのものも含め、大学基金が、ゴールドマン・サックスとＪＰモルガン・チェースにかつて所属していたスーザン・ペインとデイヴィッド・ミュリンが運営するロンドンのエマージェント・アセット・マネジメントに投資されていることが暴露された。「気候変動というのは、アフリカでは今より乾燥する場所もあれば、逆に雨が多くなる場所も出てくるということです」とミュリンはロイターに語った。「われわれは、それを活かすつもりです」

ミュリンは2011年の著書『歴史の暗号を解読する（*Breaking the Code of History*）』の中で、地球温暖化が煽る必需品危機が一因となって、衰退する欧米と台頭する中国が武力紛争に陥る、と予言した。どうやらそれまでは、アフリカがかなめであり、アフリカの農地ファンドや水プロジェクトなどに的を絞った新しい気候変動ファンドを含め、エマージェント・アセット・マネジメントのファンドが、利益をあげるには最善の方法のようだ。あるおおまかな推定によると、エマージェント・アセット・マネジメントはモザンビークから南アフリカ共和国やザンビアにいたるまで、ありとあらゆる場所の農業プロジェクトに5億ドル以上を注ぎ込んでいたという。

それと比べれば、ハイルバーグなど端役にすぎないし、彼が南スーダンで手に入れた耕作地は、ウクライナやアルゼンチンや南アフリカ共和国のものほど肥沃ではなく、アトキンの世界土壌地図では、最高の緑色よりは1段落ちた青だ。だが、ナイル川によってすでに旱魃から守られているスーダンは、雨が多くなる地域の1つかもしれない。アフリカでの雨量の減少を予想する気候モデルはみな、はなはだしく食い違っているが、スーダンの降水量が増えるとしているものもある。

温暖化は全般的には望ましい、とハイルバーグは考えていた。「ひょっとすると、われわれは北極圏に住めるかもしれないからね」と彼はある朝、私に言った。「北欧諸国はバランスが取れているように見える。ことによると、グリーンランドが手に入るかもしれない。あそこにはたっぷり土地がある」。彼は自分のノートパソコンに、グリーンランドのファイルを持っている。農地に関するものではない。グリーンランドは鉱物資源が豊かなのを知っているし、この島も、独自の独立運動を行っていることを聞いていたからだ。

行き詰まる交渉、漂う戦争の気配

ジュバに来てから3日過ぎ、行き詰まりの気配が漂いだしていた。新たな土地取引はいっさいない。空からの視察も、ジープでの遠出もない。サルヴァ・キール大統領との会見もない。ハイルバーグは冷房の効いたサハラ・リゾートに何時間となく座り、葉巻を吸いながら、ブラックベリーでポーカーに興じ、大統領か大臣が会ってくれるという連絡が届くのを待っていた。今度の旅に持ってきた、『ビザンティウムからの航海——失われた帝国がどのように世界を形作ったか（*Sailing from Byzantium: How a Lost Empire Shaped the World*）』という本を読んだりもした。

「親父さんに会いにいこう」。ある朝、ガブリエルが大股でホテルに入ってくると、ハイルバーグは大きな声でそう言った。ガブリエルの話では、ユニティ州にあるマティップ家の屋敷がつい先日、長年のライバルに襲われたという。南が独立に向けて徐々に進むにつれて高まっている緊張の、1つの表れだった。護衛兵が1人捕まって殴打された。アビエイの件ですでに苛立っていた将軍は、かんかんに腹を立て、血圧が危険なまでに上がっていて、人に会える状態ではないそうだ。「このあたりも痛むようで」とガブリエルは言って、自分の腹を指差した。

「物事がうまくいかないときには、彼は1人で抱え込んでしまうから。誰もがみんな彼に責任をとらせようとしている。それがこたえているんだろうな」とハイルバーグは声を落として言った。「さて、それできょうの予定は？」と彼はガブリエルに尋ねた。「誰か農業の方面で役に立ちそうな人は見つかったか？」

「大臣には会ってもらえないですよ」とガブリエルは答えた。近々アビエイに関して下される決定に誰もが心を奪われているので、と彼は謝罪した。

「いいだろう。それは明日にしよう」とハイルバーグは言い、新たな土地獲得に話題を変えた。「それで、バリ族については、結果が出るんだろう？　上ナイル州はどうだ？」

ほどなく、ビジネスの話は尽きた。私たちはロビーに座り、暮らしについて話した。ハイルバーグは、好きだったペプシダイエットチェリーをやめたという。人工甘味料のせいでアルツハイマー病になるのが心配だそうだ。それから、以前教わっていた、じつに魅力的なヨガの個人インストラクターについて話してくれた。これは家庭内の緊張の原因だった。「リビングルームでヨガをしていると、家内はカッカするんだ！」

ガブリエルも妻の話をした。娶るのに牛89頭も必要だったのに、つい最近、出ていってしまったという。ハイルバーグは、彼にお茶を勧めた。「ウィ・アー・ザ・ワールド」がホテルのスピーカーからガンガン鳴り響いていた。

「ドクター・ジョセフには電話したか？」とハイルバーグは尋ねた。ユニティ州の有力人物で、南の保健大臣を務めるこの医師も、ジャーチの役員だった。「ドクター・ジョセフに電話して、いるかどうか、確かめてくれ」

　ドクター・ジョセフは留守だった。

「ウィ・アー・ザ・ワールド」がまたかかった。音楽はリピート再生モードになっているようだった。

「あれはブルース・スプリングスティーンか？」とハイルバーグが尋ねた。私たちは黙り込み、耳をそばだてた。

「あれはマイケル・ジャクソンの曲でしょう」とガブリエルが言った。

「マイケル・ジャクソンだ」とハイルバーグも言った。私たちは次の曲を待った。

「あれはシンディ・ローパーです」と私が言った。

「ボブ・ディランだ」とハイルバーグが次に言った。

「あれは何という名前でしたっけ、あの目の見えない歌手は？」とガブリエルが尋ねた。

「ええと、レイ・チャールズ……いや、スティーヴィー・ワンダーだ」とハイルバーグが言う。私たちは次を待った。「ああ、これがレイ・チャールズだ！」

　ガブリエルはようやくドクター・ジョセフとその晩6時に会う約束を取りつけた。ハイルバーグは黒っぽいスーツを着て、黒っぽいネクタイを締めた。ガブリエルは金色のトラックスーツを着ていた。日没の直前、私たちはランドクルーザーに乗り込み、ジュバの象徴ともいえる山に向かって、窪(くぼ)みだらけの未舗装の道を跳ねるように進み、露天市場や、政府によって打ち壊されたばかりの小屋があった野原を過ぎた。その地区は今や、あちこちにゴミが山積みにされて燃えていた。

ドクター・ジョセフは分厚い白い塀に囲まれた、このあたりでは珍しい、運送用コンテナではない家に、1人の召使にかしずかれて暮らしていた。召使は私たちを、けだるげに回る天井のファンの下に置かれた、毛羽のある人工皮革のソファに座らせ、1人ひとりにコカ・コーラとミネラルウォーターを1瓶出してくれた。私たちの向かいでは、3人のスーダンの高官が大画面のテレビでナイジェリアのメロドラマを観ていた。「私の妻に手を出すな！」と出演者が叫んだ。「どの妻だ？」と相手が尋ねた。

ドクター・ジョセフはまだ帰宅していなかった。私たちはソファに身を沈めた。ハイルバーグがのべつ幕なしに話しはじめ、沈黙を埋め、体裁を保った。味方と思われる人物が忙しすぎて会ってくれない、つまり自分の農地取引が二重の意味で投機的なものであるなどというのは、アイン・ランドの筋書きには不似合いだった。

彼は、ガブリエルに父親の将軍について忠告した。将軍は、今度の攻撃について大統領と話しあえるまでは自分の屋敷を離れるのを拒否していた。「たしかに心配だろうな」とハイルバーグは同情して言った。「人はみんな心配するものだ。胸が心配でいっぱいになってくる」。ガブリエルは不安そうだった。

「『アナライズ・ミー』という映画を見たことがある？」とハイルバーグは尋ねた。

「何を分析（アナライズ）するって？」

「違う、違う――映画だ、ロバート・デ・ニーロ主演の。彼はマフィアのボスで、かんかんに腹を立てて、ビリー・クリスタルに言われるんだ。『本当にむかついたとき、私が何をするか知っていますか？　枕を殴るんです』と。すると彼は銃を取り出して枕を撃ちはじめる。クリスタルが『気分がよくなりましたか？』とかなんとか訊くと、『ああ、よくなった』とデ・ニーロが答える。あんたの親父さんも、気分がよくならなくちゃいけない。あの性格だからな。洗いざらい、気持ちをぶちまけるといいんだ」

私たちは午後10時まで待ったが、ドクター・ジョセフはついに姿を見せなかった。帰りがけに、ハイルバーグは顔が青ざめているようだった。「まだやつは間違いなくこっちの味方なんだろうな？」とガブリエルに尋ねた。

だが、ハイルバーグは自信が揺らいでいたとしても、けっしてそれを表に出さなかった。少なくとも、当面は。翌日の朝には、彼はいつもの自分に戻っていた。自分の味方がディンカ族に買収されたのだとしたら、それは腐敗した連中をマティップとガデットが一掃しなければならないことのさらなる裏づけでしかなかった。

1週間が過ぎた。私たちは車でマティップの屋敷に行った。そして戻ってきた。ガデットの屋敷にも車で出かけた。そして戻ってきた。私たちはホテルで水ギセルを吸った。ピザを注文した。ナイル川に車で行った。そして戻ってきた。独立に向けた動きの最先端にあるジュバにいる部外者にとって、ヌエル族がディンカ族についてささやき、ディンカ族がヌエル族についてささやくのに耳を傾け、さまざまな人と会見できるのを待ち、サバンナが農地に変わるのを待ち、アビエイの領有権問題の裁定その他すべてを待つのは、壁が鏡張りの広間にいるようなものだった。何が虚像で何が実像かわからなくなる。ハイルバーグが南スーダンをそっくり思いのままにしているのか、あるいは資本主義の理想を胸に、ヌエル族の将軍数人と奇妙な友好関係を持っているだけにすぎないのかの、どちらかだった。

滞在期間も終わりに近づいたある朝、ガブリエルが姿を消した。彼はホテルに現れなかった。電話にも出なくなった。夕食の直前になって、ようやく部屋に入ってきた。「道でやつらにつけまわされていたんです」と彼は言った。脇道に車を停めると、追手の1人が先回りして逃げ道をふさいだ。その男が銃を手に道に出てきたときに、ガブリエルはすかさず車ではねた。2人目の襲撃者が背後からやってきた。「そいつ目がけてドアを開けると、ドアに当たって地面に倒れました」とガブリエルは言った。

「やつらに何と言ったのですか?」と私は尋ねた。

「何も言いませんでした」とガブリエルは答えた。「電話と銃を取りあげました」

「それから急所に蹴りを入れた!」とハイルバーグは言った。

今やもう、ハイルバーグはわざわざ署名についても会見についても訊こうとはしなかった。翌日、ヨーロッパの仲裁裁判所がアビエイについての裁定を宣告した。南にとってそれほど悪いものではなかったので、ただちに戦闘が起こったが、それほどいいものでもなかったので、誰もが冷静にならなかった。念のため、ジュバの電話サービスは使用不能にされた。CNNのニュースを観るよりなかった。

ハイルバーグは仲間の将軍たちが腐敗者を一掃し、まともにビジネスができる国を生み出すのを待っていた。彼はガブリエルのほうを向いて言った。「2年前、あんたの親父さんとあそこにいた。

あのとき親父さんは、ジュバを焼き尽くす、と言っていた。いよいよそうなるだろう。まもなく、そうなる。いくらもしないうちに」

ウォール街が植えつけたのは希望の種か、それとも……

私たちは再び中庭で将軍と座っていた。護衛兵や長老や妻たちが木陰を行ったり来たりする。すぐそばでテレビの画面が次々に画像を映し出していた。マティップはあいかわらずぐたっと座っていたが、今度はハイルバーグの目を真っ直ぐに見詰めて話した。「こう言っています」とガブリエルが通訳をした。「あなたに話せるのは、ここの事態はすべて、よくないということです。もう帰ったほうがいい。アメリカに帰りなさい。いずれ電話するから。政府のやり方には満足できない。何が起こるか、そしてそれはなぜかを見極めるつもりです。ほどなくわれわれは立ちあがり、インターネットで情報を流すようにするので、そうすればアメリカにいても読めますから」

「ありがとう」とハイルバーグは言った。「あなた方は、きっとうまくやることでしょう。同感だ——連中のやり方が長続きするはずがない。そういうふうにして革命が起こることを歴史が示しています。だが、早いうちに電話してもらえることを願っていますよ、書類を手にして。そうすれば、みんなしてにっこり笑って、満足できる。幸い、われわれだけで全部やる必要はありません」と言って、ハイルバーグは天を指し示す仕草をした。「崇高なる力が働いているから」

その晩ハイルバーグは自分の運送用コンテナに直行し、風邪薬のナイクィルを飲むと、正体なく眠りに落ちた。翌朝私たちは、ナイロビに戻る飛行機に乗った。

行きと同じ眺めが窓の外に見えた。一面の緑だ。ハイルバーグの4000平方キロメートルの土地は逆方向だったが、土壌は似通っていた。ただし、石が少ない。ヌエルの部族民は、自分たちの土地がどれほど肥沃かを好んで自慢した。マンゴーの木を植えれば、半年で腰の高さまで伸びる、と彼らは言う。サヤインゲンを植えれば、数週間で蔓が腰の高さまで伸びる。何を植えても育つ。ハイルバーグが最初の種まきをするまでには、さらに戦争があるかもしれない。だが、彼は待てる。食糧需要は非弾力的だからだ。

「アフリカではどっちのほうが大事だと思う？」と彼は私に尋ねた。「軍事力か、それとも政治力か？」彼はワニのマークの入った淡い青のラコステのシャツを着て、座席で汗をかいていた。ついさきほどまで、iPodでイギリスのグループ、デペッシュ・モードの「パーソナル・ジーザス」を聴いていた。

「軍事力」と私は答えた。彼がうなずく。「北と南の戦いになると人は言う」と彼は言った。「だが、私に言わせれば、誰もが参加できる乱戦になるだろう。乱戦が1週間ほど続く。集団ヒステリーだ。ジュバは灰燼に帰する。ハルツームも灰になる。そうしたら、われわれはあたりを見まわして、誰がまだ生き延びているかを確かめる。その連中が新政府を樹立する。いっとき混乱状態に陥るのも悪いことではない。圧力を解き放つから。物理の法則を免れるわけにはいかない」

グリーンランドと同様、南スーダンもまもなく国民投票でイエスという答えを出すことになる——99・57パーセントという圧倒的多数が独立賛成票を投じて。その後の数か月間、北の軍隊がアビエイを占領し、トゥクル（草葺き屋根の小屋）や病院を焼き、何千もの民間人を住まいから追い出し、近くのヌバ山地で情け容赦のない爆撃作戦を開始した。スーダンの外ではあまり注目されなかったが、ユニティ州の、ハイルバーグがいつの日か耕作するかもしれない、まさにその畑で、樹立されたばかりの南スーダン政府に対してピーター・ガデットが国民投票後に反乱を起こした。

「君にここまで包み隠さないでいるのは、私が悪人ではないことを知ってもらいたいからだ」とハイルバーグは飛行機の中で言った。「私は心の広い男で、同時に、金儲けもしたいとも思っている」。それからまた、イヤホンを耳に差し込んだ。「私が連中に何を与えているか、わかるかな？　希望を与えているんだ」

第8章

「環境移民」という未来の課題

──「緑の長城」が防ぐのは砂漠化か、それとも移民か

GREEN WALL, BLACK WALL

サハラ砂漠と闘う国、セネガルで見た頼りない「壁」

込みあったセネガルの首都ダカールを無人のサヘル（訳注　サハラ砂漠の南側を東西に延びる帯状の乾燥地帯）と結ぶ、アスファルトの帯のような幹線道路は、夏の日には埃が舞い、自動車ばかりではなく人々でも渋滞している。若い男たちが車の流れに逆らって歩きながらピーナッツや、空気を入れて膨らますビニールの飛行機、自動車のハンドルカバー、扇子、テレフォンカード、密封包装したリンゴを売り歩く。歩道があった場所に立ち、間に合わせのキオスクでボードゲームのヤッツィーやモノポリーのフランス語版、イスラム教指導者のポスター、ジッパー開閉式のポリ袋に入った飲料水を売る者もいる。

この幹線道路は砂漠へと続いており、これらのセネガルの若者たちは、それとは逆方向に行くためにできることをしているのだった。1日の売り上げが十分あれば、この国の主食である米が買える。米の値段は半年前の倍もしていた。1年か2年、ひょっとしたら5年、十分な売り上げがあれば、ヨーロッパへ連れていってくれる移民密輸業者を雇えるかもしれない。1、2分おきに、別のグループが期待を込めて品物を振りかざしながら私たちのジープに寄ってきた。私を案内してくれているポップ・サー大佐はほっそりした男性で、いつもは何にでも口を大きく開けて微笑むが、物売りに対しては無表情で、遠くかすむ彼方をひたすら見詰めていた。

私はハイルバーグのスーダンの土地から、アフリカの腰の部分を横断し、西に5000キロメートルほど行ったところにある、この大陸で1人当たりの食糧輸入量がもっとも多い国、セネガルにいた。セネガルは、毎年1人当たり米68キログラムを含め、必需食品の4分の3を国外から得ているが、この国さえもが、外国の農地バイヤーの標的になっている。まもなくインドはセネガルの農務省と1500平方キロメートルの取引を発表することになるし、サウジアラビアのフォラス・インターナショナルは、肥沃なセネガル川流域の50平方キロメートル弱の水田を手に入れようとしていた。これは、計画されていた2000平方キロメートル余りの巨大農場造りの第1弾だった。

だが、アフリカの湿潤な熱帯と、徐々に迫りくるサハラ砂漠の砂とのあいだの乾燥した境界地域であるサヘルにポップ・サーと私を引き寄せた計画は、それとはまったく違うもの、すなわち「緑の長城」だった。これは、気候変動に対するアフリカ独自の対応で、サハラ砂漠を寄せつけないための、長さ約7000キロメートル、幅16キロメートルの樹木の壁だ。完成の暁には、西のセネガルから東のジブチまで、大西洋からアラビア海に至る11か国を横切ることになる。迷彩服を着たセネガルの水・森林保全局「オー・エ・フォレ」の武官であるポップは、「緑の長城」の考案者の1人だった。私たちは、彼の部下たちが最初の苗木を地面に植えるのを見に行くために車を走らせていた。

「緑の長城」は2005年にナイジェリア（同国では、毎年およそ3600平方キロメートルが砂漠化している、と当局が主張していた）が提案し、2007年にアフリカ連合（AU）によって公式に承認された。だが、セネガル以外はどの国でも、これまで計画段階から一歩も進んでいなかった。当時のセネガルの大統領は、コペンハーゲンで開かれた国連気候変動会議のときに報道陣の前で、自国が「古代ギリシアの哲学者」ディオゲネスに倣うと宣言した。ディオゲネスは立ちあがって歩くことにより、「動きというものが実在することを示せる、と述べた」。セネガルはAUの調査や国連の承認や世界銀行の資金提供を待ちはしない、セネガルは現場に出かけていって木を植えることで、「緑の長城」の実現可能性を証明する、そして、いずれ資金が追いついてくることを願っている、と大統領は語った。同国の政府は、「緑の長城」を国家存続のかかった問題と位置づけた。「砂漠が迫ってくるのを許すかわりに、こちらから出向いて闘う」と農務大臣は言った。

サハラ砂漠の前進を、ゆっくり進む軍隊になぞらえるとわかりやすかった。1本の前線に、これまた想像しやすい1本の線（木々の並んだ線）で完璧な防壁を築いて対抗するというわけだ。だが、世界各地（西アフリカばかりでなくスペインや中国、オーストラリア、メキシコ、チリ、その他、気候変動に脅かされている60近い国々）で徐々に劣化しているおよそ4000万平方キロメートルの乾燥地域では、砂漠化はたいていもっと厄介なプロセスだ。「砂漠はハンセン病によく似たかたちで広がる」。大規模な植林でサハラ砂漠を食い止めようとした先駆者の1人、イギリス人のウェンディ・キャンベル＝パーディーは、1967年の著書『砂漠と闘う女（*Woman Against the Desert*）』の中で、そう書いている。「そこここが悪くなるが、小さすぎて見過ごされているうちに、とうとう突然、あたり一帯がやられてしまう」

そのような寄せくる脅威への防壁としては、緑の密集部隊はおおむね無効であるということで、ほとんどの科学者の意見が一致していた。ただし、象徴——温暖化に直面した世界が採用を始めている、身を屈（かが）めた防御姿勢の象徴、アフリカのとりわけ孤立無援の状態の象徴、裕福で排出量の多い国々が温暖化の影響から自分を守るためにはどれほど多くのお金を支払うか、それに対して、貧しい国々を救うためにはどれほどわずかしか支払わないか、ということの象徴——としては、「緑の長城」はもっとずっと有効だった。私にしてみれば、それは気候変動に対する人類の反応の第3段階へ向かう変化を象徴していた。それは災難を免れるためのエンジニアリングの段階、チャンスにまつわる話がとりわけ空しく響き、私たちが自己防衛に入りはじめる段階だ。自然界に近く、発展途上の、おもに農業中心の国々にとって、これは自然が変わりつつあるものに対する防衛だ。豊かな国々にとっても、それは同じことを意味するが、それだけではない。移民やその他の余波に対する防衛でもあるのだ。

私たちはポップのジープで最初は東に、続いて北に進んだ。あたりの地面はしだいに黄色っぽくなり、通行量もだんだん減り、大統領の威信をかけたほかのプロジェクトを称える大型広告板がときおり見えはじめた。GOANA計画（食糧危機のとき、街頭抗議行動のあと発表され、2015年までに国内の米の生産を5倍にすることを目指すもの）、REVA計画すなわち農業回帰（ルトゥール・ヴェール・ラグリキュルトゥール）計画（GOANA計画に先行する、異論の多い計画）。

2006年に開始された、セネガルからの3万を超えるボート難民が自国領のカナリア諸島に押し寄せてきたスペインを主たる支援国とするREVA計画は、職を持たない若者を不法移民ではなく農業労働者に変えることを目指していた。REVAのテストケースにされたのは、セネガル政府との合意の下でスペインから最近飛行機で続々と送還されてきた国外追放者たちだった。したたかな若い男性たちは100ヘクタールの土地と政府補助の種子の提供を約束され、農民に転身することを期待されたが、自分たちの強制送還に加担した政府に非常に腹を立て、送還者全国協会を組織した。

「緑の長城」は、こうしたほかの仕事創出プロジェクトとの関連で捉えられ、その傾向は、「緑の長城」に対する国際的支援が増えるにつれて強まった。欧州連合（EU）とアフリカ連合（AU）が共同で行った2009年の研究報告の執筆者たちは、こう書いている。「ただちに行動を起こさなければ、多くの土地利用者が環境移民と化しかねない。そうなれば、問題は北へと移る可能性がある」。「緑の長城」には多くの目的があったのだろうが、その一部は、アフリカ人をヨーロッパに入れないようにすることだった。

セネガルでもっとも有名なスーフィー（イスラム神秘主義者）が創設したサヘルの新興都市トゥーバで、ポップは水・森林保全局の別の役人と相談するためにジープを停めた。私はしばらく、この町に建ち並ぶイスラムの寺院の尖塔や神学校のあいだの埃っぽい通りを歩きまわった。少年たちが通りかかる自動車にテープやCDを売っていた。「アメリカに連れていって」と1人に言われた。「僕はヨーロッパに行くんだ」と別の子が言った。

ポップと私はさらに先へと進み、守備隊が駐屯している町リンゲールを抜け、フェルロに入った。長いこと干上がった川床にちなんで名づけられた、これといった特徴のないサバンナ地帯で、フラニ族の遊牧民が野営地を築き、まばらに生えた木や黄色い草のあいだを抜けてオウムがすばやく跳びまわっていた。舗装道路が未舗装の道路に変わり、それがさらにうっすらと残る2本の溝となり、ジープは馬のように跳ねはじめた。夕暮れどきには、赤い土に何十本もの平行なわだちが現れ、なかには点々と緑の房が見えるものもあった。ポップが誇らしげにこちらを向いて言った。

「これが『緑の長城』です」。木々は20センチメートルほどの高さだった。

温暖化で失業した漁師が、移民密輸業者に

地図で見ると、ブラジルからと同じぐらいスペイン本土から離れているセネガルは、ヨーロッパを目指すサハラ以南のアフリカ人にとって、自然な出発点には見えない。モロッコの真西の大西洋に浮かぶカナリア諸島を目指すのにさえ、適していそうにない。だが、GPSテクノロジーのおかげで、今や誰もがいっぱしの航海家であり、カナリア諸島からはそれ以外のスペイン領へと警察の規制を受けずに直行できる。また、もっと楽なルート（パトロールが厳しいジブラルタル海峡を経て地中海を渡るルートや、新たに高くされたフェンスを越えて、モロッコからスペインの飛び領土セウタとメリリャに入るルート）は次々に閉ざされてしまっていた。

私がセネガルを訪れる前の数か月間には、ヨーロッパ最南端までのほぼ1600キロメートルを船で渡してもらうためにそれぞれ1000ドル近く払った移民たちが、モンブールや近隣の漁村の浜から連日、海に乗り出していた。使われるのは鮮やかな色に塗られた漁師の木製カヌーで、エンジンとGPSユニットをそれぞれ2基搭載し、何十人もの若い男性が乗り込んでいる。乗客のモットーは、フランス語と地元のウォロフ語が混ざった「バーサ・ウ・バルザ（バルセロナか、さもなくば死）」だ。カヌーのうちには、嵐で転覆するものや、あっさり姿を消すものもあった。1週間の渡海は、船長が進路を誤ったときには2週間にも延び、水や食べ物の絶望的な不足につながった。

２００６年には記録破りの何千もの人（スペインの推定では６０００人）が途中で命を落とした。つまり、６人に１人の移民が、バルセロナではなく死に至ったということだ。

モンブールのような町には休眠中の漁船があった。セネガルから魚がいなくなりはじめていたからだ。それはおもに、１９７９年以降（ことによるとそれ以前から）、北アフリカ沿岸をあさりまわっているフランス、スペイン、日本などの外国の大型トロール漁船のせいだった。１９７９年は、ＥＵがこの地域の漁業取引を初めて行った年だ。過去20年のあいだに、セネガルはＥＵと17の協定を結んだ。最後のものは、セネガルの水域では主要な魚の種のバイオマス（生物量）が４分の１まで減少したことを示す、ＥＵの委託調査の結果が出たのと同じ週に結ばれていた。収益性の高いマグロの群れはいなくなり、サメも姿を消し、あとに残ったのはもっと小さなニシンと失業した漁民で、失業者は移民密輸業に新たな働き口を見出した。２００９年、漁業経済に対する気候変動と海洋温暖化の影響を調べたイースト・アングリア大学の研究は、さらなる問題を指摘した。研究対象とした１３２か国のうち、セネガルは5番目に脆弱だったのだ。

ヨーロッパに向かって脱出している人々を、世界の気候変動移民の先駆けと考えるべきかどうかには議論の余地がある。迫り来る砂と、魚が消えていく海が彼らを押しのけているのかもしれないが、その一方で、電気や働き口、教育が約束される都会や遠国が彼らを引きつけていることも事実だ。セネガルにとって最大の人口移動は国内の、田舎から都会へ、小屋からスラム街へというもので、これは新しいミレニアムに世界各地で繰り返されているパターンをたどっているにすぎない。今や人類史上初めて、地方人口を都市人口が上回っているのだ。サヘルから木製カヌーへと直接向かうセネガル人移民はまれだった。自分の移動を説明するにあたって、単一の原因（気候の変動）を指摘できる人は、それに輪をかけてまれだった。だが、そうした多様な要因の積み重なりこそ、ヨーロッパが恐れるものにほかならない。アフリカではそれ以外の世界の1・5倍の速さで温暖化が進む、と気候変動に関する政府間パネル（IPCC）は警告しているし、西サハラ地方がいちばん速く気温が上がるという。

「気候変動は、既存の傾向や緊張や不安定性を悪化させる、脅威の増幅要因と見なすのがもっともふさわしい」と、スペインの外交官でEUの外交政策の上級代表、そしてNATOの元事務総長であるハビエル・ソラーナは2008年に書いている。「2020年までには何百万もの『環境』移民が発生しているだろう。そして、この現象の主要な原因の1つが気候変動だ……ヨーロッパは移民の圧力が大幅に高まることを予期しなくてはならない」

今日のボート難民は、来たるべきもののほんの兆しにすぎないかもしれない。そして、ヨーロッパ大陸はコペンハーゲンほかの気候変動サミットで温室効果ガス排出量削減に向けて努力しているとはいえ、この大陸が見せている反応もまた、来たるべきもののほんの兆しにすぎなかった。ヨーロッパ大陸は、アムネスティ・インターナショナルの言葉を借りると、「要塞ヨーロッパ」を建設しつつあった。それは、ジャーナリストのクリスチャン・パレンティに言わせれば、「武装救命ボート」となる。

アフリカにおける「緑の長城」の試験場であるセネガルは、ヨーロッパにとって、アフリカ人を締め出すバーチャルな壁の試験場でもあった。このヨーロッパの試みは、私がメキシコ国境沿いのオールアメリカン運河の近くで見かけた新しいフェンスほど目立つものではなかった（最近のプリンストン大学の研究によれば、メキシコでは２０８０年までに、農業に対する気候変動の影響のせいで、成人人口の最大1割が国外へ出るだろうといわれている）。また、しだいに海に呑み込まれていくバングラデシュのまわりにインドが完成させつつある３４００キロメートル近いフェンスや、２０１０年にイスラエルが発表した、シナイ半島をサハラ以南のアフリカの移民から遮断する2重のフェンスほど目立つこともなかった。だが、それは包括的なものだった。

私が到着したころには、２００５年に新設された汎ヨーロッパ国境組織である欧州対外国境管理協力機関のロゴで華やかに飾られた、スペインとイタリアの巡視艇がすでにセネガルの沿岸を航行していた。ヨーロッパの飛行機やヘリコプターが空から監視していた。ボート難民の動向を追うために、衛星中継によってヨーロッパの入国管理センターとアフリカがまもなく結ばれ、赤外線カメラや地上レーダー、センサー、無人機から成る、提案中の欧州国境監視システムによって、ヨーロッパ大陸は守られることになる。欧州議会は、異論の多い「送還指令」を可決する。これは、一般的な送還政策で、移民を送還まで罪状なしのまま最長1年半にわたって拘禁するのを許すというものだ。

移民に対して比較的寛容なことで知られているスペインは、鞭（むち）ばかりでなく飴（あめ）も提供しようとしていた。そして、移民に重点を置いたプラン・アフリカの下で、西アフリカに4年間に6か所の大使館を新たに開設し、援助の金額を7倍に増やした。不景気のせいで、フランシスコ・フランコの独裁政権以降見られなかったほどの水準まで失業率が上がる前に、スペインは出稼ぎ外国人労働者の定員プログラムを開始した。高騰する食品価格と不毛な海を逃れた労働者は、スペインに合法的にやってきた場合には、巨大な協同農場あるいは依然として栄えている水産業で、1年間働くことを許された。セネガル人のなかには、世界最大級の海水淡水化プラント建設会社アクシオナと契約した者もいた。スペインは、イスラエルとオーストラリアしか並ぶ国がないほどのペースで海水淡水化プラントを建設していた。自国の旱魃と砂漠化に後れをとらないようにするためだ。

スペインは毎年何百万ユーロも投じて、北ヨーロッパ人観光客を自国の浜辺に誘っていた。カナリア諸島の難民危機が頂点に達したとき、スペインはセネガルでも大規模な宣伝キャンペーンを行った。多国籍広告会社オグルヴィの助けを借りて、スペインはダカールのバスに難破船の画像を貼りまくり、ラジオでも不法移民の危険を警告する広告を流した。あるテレビのスポット広告では、セネガルの伝説的歌手ユッスー・ンドゥールが1人ぼっちで木製カヌーの中に座り、その背景では波が砕けていた。「この話がどんな結末を迎えるかは、すでに知っているでしょう」と彼はウォロフ語（訳注　セネガルの一言語）で言った。「いたずらに命を危険にさらしてはなりません。みなさんはアフリカの未来を担うのですから」

国連も見限った「緑の長城」は誰が支えているのか

フェルロでは、「緑の長城」のための植樹事業は、ウィドウ・シエンゴリの村にあるドイツの元研究基地を拠点としていた。村といっても、1群の泥造りの家と木の枝で作ったフェンスが踏み固められた赤い土で囲まれているだけだ。土のサッカー場の隣には、1940年代にフランスが掘った村の共同井戸があり、そこでロバに荷車を引かせた遊牧民たちが、ポリ容器や古いトラックのタイヤチューブでできた容器を何時間もかけて満たしていた。

「緑の長城」の科学委員会が選んだ木の種のための、間に合わせの苗木畑（黒いポリ袋で根をくるんだ、何万本ものアカシア、バラニテス、ジジフスの苗木）の前に、3部屋の建物があり、ポップと私はそこにほかの役人たちと泊まった。建物には寝椅子と年代物の電気扇風機がいくつもあり、ハエがぶんぶん飛びまわり、あちこちの隅には、『落ち着かぬ夜（*Unruhige Nachte*）』『いい男求む美女35歳』（永野秀和訳、文藝春秋、1997年）といった、粗末な紙に印刷されたドイツ語の娯楽小説が山と積まれて腐りかけていた。私たちはここで毎回食事をとった。水・森林保全局の役人たちは、1枚の共同の大皿から手で食べながら、植樹の細かい点について話しあった。夕食後には明かりを消してなんとか電力を確保し、ウィドウで唯一のテレビをつけた。画面に引かれて何十人もの村人と、何百匹もの巨大な蛾が集まってくる。私たちはアフリカの空の下で、フランス語の吹き替えのジャック・バウアーがロサンジェルスで中東のテロリストたちと闘うのを観た。

最初の朝、パンとコーヒーの朝食をとりながら、役人たちは降水について意見を交わした。セネガルのこのあたりの、いわゆる雨季は、夏にほんの数週間続くだけなので、植樹のスケジュールがきわめて重要だった。雨季が終わる前に苗木を植えられれば、育つかもしれない。それに間にあわなければ、ほぼ確実に枯れる。セネガルの独立の2か月前に生まれた48歳のポップは、新しい植樹法のアイデアを示した。「想像してくれ。想像してみてほしい！」と彼は言った。そして、ウォロフ語で説明を続けてから、私のほうを向いて英語で言い直した。「ここでの問題は雨です」と厳粛に言った。「十分降りません」。長身の大尉が心から賛成した。「そのとおり（セ・ヴレ）」と彼は大声で言った。外で1台のトラックがクラクションを鳴らしはじめた。私が苗木畑に行って見守っていると、何十人もの男たちが荷台によじ登り、トラックが猛スピードで走りだすと、歓声を上げた。近くでは、並んだ男たちが次々に苗木を慎重に手渡しして別のトラックに載せていた。荷台がいっぱいになると、1台目のあとを追って、埃を巻きあげながらガタゴトと走っていった。

ウィドウからは未舗装の道路がスポークのように四方八方へ伸びており、役人たちが散っていったあと、ポップと私は南東に向かう道をたどった。やがて、サバンナの草とバオバブの木以外には何も見えなくなった。30分後、1群のモスグリーンのテント（森林労働者の住居だ、とポップが教えてくれた）を過ぎ、まもなく、「緑の長城」の平行な溝を越えた。大地に刻まれた溝は、見渡すかぎり、どこまでも伸びている。水・森林保全局の作業班（密林用迷彩服を着て、なたを手にした、100人ばかりの若者）が、給水トラックの隣に控えていた。「緑の長城」は区画ごとに、水・森林保全局の作業班から、地元の村人や、森林労働者組合の組合員、青年省の呼びかけに応じた大学生まで、違うグループが植樹に当たっており、ポップは友好的な競争心をかき立てたがっていた。それは、植えた苗木の数と、植えた面積で競うコンテストで、ごく自然ながら、彼は自分の率いる男女がもっとも速いと信じていた。

ここは新しい区画で（1台のトラクターが溝を掘ったばかりだった）、作業員たちは私たちに最初の木々を植えるように言った。1人が私に苗木を1本手渡すと、なたでポリ袋の底を切り落とした。

私はポリ袋の残りを取り去り、穴の中に木を差し込んだ。今や、ひび割れた、砂だらけのサヘルと苗木の根とを隔てているのは、数センチメートルの肥沃な湿った土だけだった。7歩分ほど先で、ポップが2本目の苗木を植え、水を数滴振りかけた。車で去る前に、彼は作業員たちを集めて演説をし、うまずたゆまず取り組むように訴えた。「疲れたか？（ファティーグ）」とポップが声を張りあげる。「いいえ！（ノン）」と作業員たちが応じる。「ファティーグ？」「ノン！」「ファティーグ？」「ノン！」「ファティーグ？」「ノン！」

士気は重要だった。なぜなら、まもなく私にもわかるのだが、資金が乏しかったからだ。苗木の追加やトラックの修理の支払いをする必要が出るたびに、ポップが水・森林保全局の局長のもとを訪ねて懇願する。すると局長は大臣のところに行き、それから2人は待つ。「待って、待って、そして、さらに待ちます。大臣がどうやってお金を調達するのかはわかりません」とポップは言った。「緑の長城」に対しては、すでに2009年にはヨーロッパからの支援があったが、そのお金（100万ドル強）は予備調査だけで尽きてしまった。

2011年、国連の地球環境ファシリティ（GEF）が「緑の長城」建設のために最大1億1900万ドルを拠出すると誓約して話題になったが、これは追加支援ではないことをGEFは明言した。11の当事者国がほかのプロジェクトをとりやめて全資金をこのプロジェクトに回すことを望むなら、それを認めるというだけのことだった。そして、「緑の長城」という言葉は、実際には木の壁を築くことではなく、サヘルにおける多種多様な開発プロジェクト（ダムや井戸の建設、畜産業の振興）を指して使われるべきだ、とGEFは主張した。「私の思い描く『緑の長城』には、植樹の入り込む余地は事実上皆無だ」とGEFのセネガル・プログラムの役人は私に言った。たとえ欧米の資金がポップの溝に回されることがあったとしても、EUは自らのまわりにバーチャルな壁を築くために、サハラ砂漠のまわりに「緑の長城」を造る費用の少なくとも10倍の資金を費やすことになる。

今のところセネガルでは、「緑の長城」への国際支援をおもに担っているのは日本の信仰団体、崇教真光（すうきょうまひかり）だった。日本にある崇教真光の本部は、驚くべき建築だ。ダビデの星を戴いた5本の尖塔が、伝統的な和風の屋根の載った広大なホールを囲んでいる。中にはコイでいっぱいの水槽があり、マヤの神々の頭から噴き出す水が壁を作っている。フェルロでは、ウィドウから45分ほどのサバンナで、その信者が緑色の軍隊のテントに寝泊まりしていた。植樹をしていないときには大きな焚き火をして、信仰の学習を行い、祈りを唱えながらキャンプのまわりを行進する。

「彼らのことを聞いたことがありますか？」ある日の午後、ジープの中で水・森林保全局の中尉の1人が尋ねた。私は調べてあった。「光のエネルギーが持つ癒しの力を信じています」と私は答えた。その中尉はうなずいた。彼は汗をかき、目は充血していた。マラリアらしい。「アン・セク」と彼は言った。「カルト」という意味だ。「暇さえあれば祈っています」

私たちの隣には、マーラという水・森林保全局の文官がいた。猫のような身のこなしで、自分の職務は「評価（エヴァルアシオン）」だと説明した。彼は同局のさまざまなプロジェクトを見てまわり、メモをとりながら、長い哲学的な質問をした。彼は窓から「緑の長城」の空（から）の溝をずっと眺めていた。「何かを信じるのはいいことです」と彼は言った。「物事をなす助けになります」

EU最小の国マルタになだれ込むおびただしい数の難民

欧州対外国境管理協力機関がセネガルの海岸近くで底の平らな木製カヌーを捕まえると、予想外の、ときに荒々しい展開になる、と当地に駐在している欧州議会の移民専門家は私に言った。乗っている男たちは旅を始めたばかりで、先に進みたがっているからだ。「凶暴になることもあります」と彼は言った。「なたを投げつけてくることさえあるのです。しかし、陸を離れ、かなりの時間がたったときに外洋で近づくと、あまりに疲弊していて、抵抗しません」。彼は首を傾（かし）げた。「面白いですね」

サイモン・ブズッティルは、穏やかな話し方をする華奢（きゃしゃ）な男性で、髭（ひげ）をきれいに剃（そ）りあげた若々しい顔をしていたが、髪は白くなりかけていた。ＥＵの新しい加盟国の１つであり、間違いなく最小国のマルタの出身で、ＥＵにおけるこの面積３１６平方キロメートルの国の上席代表だった。

私は彼にブリュッセルにある欧州議会の彼のオフィスで会った。私がフェルロにいたとき、ブズッティルもセネガルにいて、欧州対外国境管理協力機関の船に乗ったり主要閣僚たちと会見したりし、スペインがセネガルと交わした協力協定がヨーロッパ全体のモデルになりうるかどうか判断しようとしていた。彼はムアンマル・カダフィが権力の座から陥落する前、同じような目的でリビアにも行っていたし、アラブの春で地中海全域に難民の波が押し寄せたあとには、代表団を率いてチュニジアへ向かうことになる。「実は、この9月にはワシントンにいました。アメリカの沿岸警備隊が、非常に興味深いプレゼンテーションを行いました。ドミニカ共和国とプエルトリコのあいだでは、人口流入が年間およそ4000人から1000人へと減りました。彼らは生体認証の装置を使用しています。そこからわれわれも学ぶべきことがあります」と彼は言った。

「EUにとって、協力的な国を見つけるのは楽ではありません」とブズッティルは言った。「ですから、その点、セネガルはありがたい」。だがマルタでは、スペイン主導の厳しい取り締まりは災いでもあると見る向きもある。カナリア諸島への大西洋ルートが封鎖されたため、アフリカからの移民の流れが変わっていた。彼らはトラックや徒歩でサハラ砂漠を越え、マリからニジェールに行き、さらにリビアに入り、そこで移民密輸業者によって、船体も甲板も船縁も黒の同じような木製の船に詰め込まれ、夜間に地中海へと送り出される。取り締まりが始まったあと、2008年にはカナリア諸島にたどり着く移民の数が7割減った。その年、地中海中部のマルタに近いイタリアの島ランペドゥーサ（2013年には、ローマ教皇フランシスコがローマを離れる初の公式訪問の行き先となった）では、やってくる移民の数が75パーセント増え、3万1000人以上が海岸に押し寄せた。これは、カナリア諸島への移民がピークに達していたときの数にほぼ完全に匹敵する。

「ドアを閉めれば、人々は窓を通り抜けようとします」とブズッティルは言った。「それが人間の本性なのです」

地中海で命を落とす人のデータは不完全だ（漁師は網にかかった死体をそのまま海に捨ててしまうこともある。アフリカ人の死体を発見したときの事務手続きがあまりに煩わしいからだ）が、ボート難民の25人に1人が渡海中に亡くなると言われている。

亡くなる人の次にひどい目に遭ったのがマルタだ。移民はランペドゥーサを目指すものの、途中で方向を間違えてマルタに行き着くことがあった。ランペドゥーサに行けば、いずれイタリア本土への移送が見込めるのだが、マルタからはヨーロッパのほかの地域には行かれない。不法移民が、たいていは思いがけずマルタに着くと、最長で1年半、牢に入れられる。釈放されても行き場がない。マルタはあまりに小さいからだ。マルタは人口密度が世界第8位で、バングラデシュさえわずかに上回る。ランペドゥーサと比べると、マルタに着く移民は少なかったが（2008年にはわずか2700人）、マルタの規模で考えると、これは1平方キロメートル当たり約8・6人の増加に相当するので、同国の国家主義者たちは激怒しはじめていた。EUの既存の法の下では、移民が最初に着いた国が、その移民に対する責任を負うことになっている。彼らがヨーロッパのほかの国に逃げて捕まったら、マルタに送り返される。

「彼らがわが国に来たいと望んでいないことを、あらゆる証拠が示しています」とブズッティルは語気を強めて言った。「彼らはランペドゥーサに行こうとしているのです。われわれの守りをなんとか突破した者たちは、イタリアに着いたとばかり思っています。国旗を見て、イタリアには着いていなかったことに気づくと、ショックに打ちのめされます」。彼は「負担分担」と称するものを、ブリュッセルの欧州議会で認めさせようと空しい努力をしていた。スペイン、イタリア、マルタ、ギリシアといった、矢面に立たされた国々が、現在ヨーロッパ全体のために国境を警備している事実を認めさせようというのだ。ヨーロッパ大陸北部の、豊かで、二酸化炭素排出量が多く、富を生み出している国々は、欧州対外国境管理協力機関に対して、艦船も航空機もほとんど提供していなかったし、比較的少数のアフリカの亡命希望者しか処理していなかった。というわけで、マルタ自体がこの件の犠牲者なのだ、とブズッティルは言った。

これはパワーゲームだ。北ヨーロッパが南ヨーロッパに対して弱い者いじめをする。南ヨーロッパは内輪揉めをすると同時に、北アフリカと闘う。大国が小国を踏みにじり、小国はなおさら小さな国を踏みにじった。移民たちは、その底辺に位置していた。ここでも、割を食うのは弱者だった。

マルタとイタリアのあいだで船が漂流しているのが見つかると、両国はどちらが受け入れるべきかをめぐって争うことすらあった。2007年、マルタのマグロ漁の船長が乗船を拒否したために、27人のアフリカ人がその船の網にしがみついたままになり、結局、イタリア海軍が救出した。その後イタリアは欧州対外国境管理協力機関の任務から完全に手を引き、カダフィとこっそり裏取引をした。「この、飢えた無知なアフリカ人の流入に直面した白人キリスト教徒のヨーロッパ人たちは、どんな反応を示すだろうか?」とローマへの元首訪問のときに、この独裁者は報道陣に問いかけた。移民密輸業者の船がリビアを離れるのを止めるために年間50億ドルの資金を手に入れようと狙ってのことだ。「ヨーロッパが先進的で統一された大陸のままでいられるのか、それとも、外敵の侵入があったときにそうなったように、破壊されてしまうのか、われわれにはわからない」

2009年の友好・提携・協力条約の下で、イタリアは、インフラ共同プロジェクトや石油契約、移民に関する支援と引き換えに、毎年2億5000万ユーロを25年にわたって支払うことに合意した。リビアの砂漠に巨大な仮収容所が設置されるという噂が出回り、移民の流れはさらに東に移動しそうに見えた。ギリシアとトルコの国境が、欧州対外国境管理協力機関の次のホットスポットとなった。

新たに到着した者を最長1年半投獄するというマルタの方針は、この国独自の抑止策だ、とブズッティルは私に語った。「ほかの人間に対して無慈悲になりたいからではなく、それがわれわれに残された、いわば唯一の武器だからです。過酷に見えるかもしれませんが、この国の置かれた立場を考えれば……」

マルタの北でも、ヨーロッパ全土で不法入国者一時拘置所網が準備されており、フランスの旧ユダヤ人収容所から、ギリシアの使われなくなっていたタバコ工場、オーストリアの航空会社の空の格納庫まで、二十数か国で200か所余りにのぼった。合計すると4万人以上の移民を収容できた。イギリスでは、拘置所のほとんどが、サーコ・グループやMITIEグループ、そしてとりわけG4S（ウォルマートに次ぐ世界第2位の民間雇用主で、2012年のロンドンオリンピックでのスキャンダルのおおもとであり、警備員たちがあまりに訓練不足だったため、イギリス陸軍を動員して代役を務めさせなければならなかった）といった、民間請負業者によって運営されていた。これらの業者は強制移送も行い、手枷や足枷をはめられたナイジェリア人やアンゴラ人、バングラデシュ人をエコノミークラスに座らせて祖国へ送り届けた。

EUの外では、G4Sはオーストラリアの難民拘置システムを運営していたが、ハンガーストライキの最中に、子どもたちが自分の唇を縫いあわせるという別のスキャンダルが起こって手を引いた。アメリカでは、囚人市場はコレクションズ・コーポレーション・オブ・アメリカが支配していた。2010年のアリゾナ州の移民法案は物議を醸したが、その起草を手伝ったのが同社のロビイストたちだ。明らかに、儲かる話だったからだろう。新法の下で移民が多く逮捕されればされるほど、同社の拘置所に対する需要が高まるのだから。

気候変動は、この市場を拡大するだけだった。それを思い知らされたのは、ブズッティルのもとを去り、車で国境を越えてオランダに入ったときだ。国土の一部が海水面より低いオランダは、移民の洪水だけではなく、海面上昇による文字どおりの洪水にも備えていた。アムステルダムの北、ザーンダムの造船所や倉庫のあいだには、５４４人の移民を収容する新設の拘置所があった。現代風の灰色の建物2棟が蛇腹形鉄条網で囲まれ、陸ではなく水の上に建てられていた。拘置所は浮いていた。どういうわけか、オランダ訛りのドイツ語で怒りを込めた言葉をわめき立てる警備員に追い払われるまで、私はフェンスに沿って行ったり来たりしながら、水がピチャピチャと打ち寄せる独房棟の写真を撮りつづけた。

日本の新興宗教団体「崇教真光」、セネガルの地で木を植える

私はフェルロで通訳を手配しようとした。そして、ある日、ポップとマーラと私が「緑の長城」から例の元研究基地に戻ってくると、そこにその通訳、マゲイ・ムーングーンがいた。彼は20歳の村の若者で、ヒップホップの服装をしていた。白い野球帽を横向きに傾けてかぶり、だぶだぶのジーンズに高価な靴という格好だ。彼の家は南に60キロメートル余り行った、平原の向こうにあった。そこで彼は老人にばかり囲まれているのだという。友人はみな、とうの昔に、ダカールなどの都市やヨーロッパへ行ってしまった。母親はモーリタニアに、兄はニューヨークにいるそうだ。「でも、

みんな去っていったら、誰がセネガルのために残るんでしょう?」と彼は尋ねた。「人々は、ここではぜったいしないような仕事でも、ヨーロッパではやります。でも、僕はトイレ掃除はご免だ!」

マゲイは「緑の長城」の噂を耳にし、自分の村やほかの村をサハラ砂漠が呑み込むのを防ぐために、政府が植樹をしていることも聞き、自分がそれについてどう考えているかもすでに承知していた。彼はそれが馬鹿げたことだと思っていた。

「けっして終わらせられないでしょう」と彼はささやいた。「水がありません。木に水をやる人が必要ですが、まもなく、ここには誰もいなくなります。そして、木は枯れます。大臣たちはお金を懐に入れてしまうでしょう」。近くの椅子にゆったりと座っていたポップが、この新参者の顔をまじまじと眺めて言った。「私が大臣だったら、おそらくそうするでしょう」と彼は冗談を飛ばした。

「いや、いけない。われわれは範を示さなければ」と将校の1人が言った。「『緑の長城』のためのお金を取ってきて、直接人々に与えるんです。そして、壁のことはきれいさっぱり忘れる」。マゲイは、将校たちにからかわれているのかどうか、自信が持てなかったものの、一瞬警戒を解き、「植樹にはどれだけかかりますか?」と尋ねた。ポップが計算した。アフリカを横断してジブチまでは約7000キロメートルあった。壁は15キロメートルの幅がある。つまり、1050万ヘクタールの植林だ。この夏、ポップのチームは5000ヘクタールに植樹する。「そうだな、25年から50年というところだ」とポップは言った。「セネガルの分だけで」

私のまわりで果てしなく戦わされる打ち解けた議論を、マゲイが通訳してくれた。マーラが苗木を牛に食べられてしまわないか訊くと、牛はアカシアやジジフスには見向きもしないだろう、とポップが答える。科学委員会の専門家たちが、それについてはもう考えてあったのだ。ヤギはどうかとマーラが尋ねると、チャンスがあれば木を食べるだろうが、そんな隙は与えない、とポップが応じる。ヤギは遊牧民のもので、遊牧民は雨季の終わりにはフェルロを去るが、それは水・森林保全局の作業員たちが去るより前だった。住民自体はといえば、彼らは「緑の長城」を切って薪(まき)にしたりはしない。アカシアは切ってしまうよりも育てたほうが価値が出るからだ。アカシアからはアラビアゴムという、ゴム状の樹脂が採れ、それがマシュマロからM&M'sのチョコ、靴磨きまで、さまざまなものに使われる。

ポップはあることを指摘するために、ブリーフケース（象牙の留め具のついた黒い革の袋）から『生態学事典』を取り出し、マーラの鼻先で振りまわした。彼はときおり話を中断して、セネガルの森林管理規約の古びたプリントアウトを調べたり、「GMV」（緑の長城を意味する「Grande Muraille Verte」の頭文字）と記されたマニラフォルダーに収めてある科学者会議の議事録をパラパラめくったりした。本物の信仰者のような口ぶりのときもあった。「これはセネガルじゅうに電気を行き渡らせるようなものです」と彼はマーラに言った。「1967年にセネガルは『やろう』と言い、翌1968年に、われわれはやってのけました」

「緑の長城」は、侵入しようとする者を2000年にわたって食い止めてきた防壁、すなわち中国の万里の長城にちなんで名づけられた。万里の長城はついに突破されたのだが、それはエンジニアリング上の欠陥ではなく人間の弱さのせいだった。17世紀の腐敗した将軍が賄賂を受け取り、満洲の軍隊が猛然と越えるのを許したのだ。より直接的には、「緑の長城」は中国自体の「緑の長城」

に着想を得ている。これは、ゴビ砂漠の漂う砂や砂塵嵐に対して建設が計画されていた、全長4500キロメートル弱の防塁だ。最初のポプラとユーカリは35年前に植えられた。そして、すでに世界最大の人造林となっていた。

これ以外にも先例はあった。ヨシフ・スターリンの自然改造計画では、旧ソ連南部のステップに、互いに連結した帯状の森を造るために植樹が行われた。砂塵嵐時代のアメリカでは、グレートプレーンズ防風林帯プロジェクトで、ノースダコタ州からテキサス州まで、約3万キロメートルにわたって、2億2000万本の木が植えられた。オーストラリアでは、20世紀初期のナンバー1ウサギよけフェンス（完全なウサギよけにはならなかった）に加えて、MOTT（「Men of the Trees」の略）があった。この民間非営利組織は、1979年以来、1100万本の苗木を植えてきた。MOTTに心を動かされて、『砂漠と闘う女』の著者ウェンディ・キャンベル＝パーディーは1959年に北アフリカに移った。彼女はモロッコのサハラ砂漠で木々を3・6メートルまで育て、アルジェリアに移り、1平方キロメートル余りのゴミの山に植樹をすると、それが全国的なプロジェクトに発展した。最初は「緑の壁」と呼ばれていたが、1978年に「北アフリカ諸国グリーンベルト」となった。ところがその後、関心が薄れ、時が経過し、再びサハラ砂漠に戻ってしまった。

セネガルにさえ先例があった。もっと規模が小さい植樹プログラムで、西と南に向かうものだった。「でも、これらは『緑の長城』ではありません」とマーラが理屈を言った。「これこそが『緑の長城』です」。私とマゲイが見詰めるなか、マーラとポップは、このプロジェクトが重要である理由について議論し、まもなくまた私たちのほうに顔を向けた。

「君の哲学は?」とマーラがマゲイに尋ねた。「人間と自然との適切な関係とは、どのようなものだろう?」元研究基地の数少ない椅子に座っていた私の通訳は、白い野球帽の陰にさらに身を縮めた。「カントは好きか?」とポップが尋ねた。「デカルトは?」マゲイは無言だった。「霊性とは何か?」とポップは畳みかけた。「それは結局、どういうものなのだろう?」やがてマゲイは天を指差して言った。「何かが私を見下ろしています。でも、それが誰かはわかりません」

まもなくこれらの質問は、当を得たものに思えてきた。ある日の午後、ポップが状況報告を受けると、元研究基地は緊張に包まれた。水・森林保全局のプロたちは、友好的な植樹競争でもはや優位に立っていなかったのだ。光にエネルギーを与えられ、霊性を信じる崇教真光の信者たちのほうが速かった。「崇教真光?」と信じられない様子で誰かが尋ねた。「崇教真光が?」ポップは断固とした顔つきになった。「われわれは、もっと速くやらなければならない。われわれこそが、最速でなくてはならないのだ」

私たちはぞろぞろとジープに乗り込み、崇教真光の信者たちが作業するところを見に行った。彼らのキャンプは整然としていた。青い防水シートでできた本部テントを囲むように、緑色の軍用テントがきちんと並び、脇に厨房エリアがあった。誰もが白い名札をつけていた。セネガルの崇教真光の責任者(ポップたちは「ムッシュー・プレジダン」と呼んだ)は、バオバブの木陰に立ち、ボランティアのうちでもとびきりかわいらしい女性2人にかしずかれていた。両手を組み、折り目正しく軽くうなずくところは日本式だが、実は身長1メートル80センチメートルを超えるアフリカ人男性で、灰色のトラックスーツを着ていた。やはり名札をつけたビデオ撮影者がこの場面をフィルムに収めていた。ほかの2人の指導者（トゥールーズ出身のフランス人男性とケープタウン出身の南アフリカ共和国人女性）が日本語で言葉を交わし、両人が若い作業員たち（コンゴ人、フランス人、セネガル人、コートジヴォアール人、ギニア人、ガボン人、南アフリカ共和国人、ベルギー人）の注意を促すと、彼らは「はい！」と答えた。

崇教真光の区画では、ピックアップトラックで運ばれた苗木を、彼らがどうにか雇ったロバの荷車に載せて分散させ、それから、運搬用の肩掛け布をあいだにして2人組になった少年たちが重みで背中が曲がるほど苗木を布に載せ、植樹作業員のところまでよろよろ運んでいく。彼らがやってくると、作業員たちは「ありがとう！」と大きな声でねぎらう。ポップと私は炎天下で汗まみれになりながら、運搬係と並んで歩き、効率よく仕事をこなしている作業ラインに呆然と見とれた。指導者の1人（女性）が、前進する作業班の数歩あとをついていく。苗木が新たに植えられるたびに、彼女は開いた手のひらを小さな葉に向け、至福の表情を浮かべながら、目に見えない光のエネルギーのほとばしりを浴びせかけた。

ウィドウへの帰りのジープは静かだった。将校たちは、外国の素人（「カルト信者たち！」）が自分たちの作業員に優りうるという事実に直面したショックから立ち直れずにいたのだ。だが、しばらくすると雨が降りだし、窓ガラスが暗くなった。乾燥したフェルロに1シーズン分に近い量の雨が降り注いでいた。地面はあまりに硬いため、水を吸い込めず、いたるところで水たまりがみるみる大きくなった。そして、みなの意識が再びより大きな目的に向かった。「雨が降っている」とポップは英語で叫ぶと、天に向かって微笑んだ。

亡命すら認められない「環境難民」

——マルタの隔離された拘置所で

私が到着したとき、マルタはカーニバルの最中で、この島のヨーロッパ系住民は、四旬節の始まりを前にして、壁で囲まれた首都ヴァレッタの通りに繰り出し、パレードをしたり、飲んだりしていた。石を敷き詰めた通り一面に紙吹雪が散り、明るく輝く山車(だし)（漫画のような赤いハート、巨大な白馬、厚紙の王様、タコと自由の女神像の組み合わせらしきものなど）が、踊り手たちを脇に従えて、バロック様式の建物の前を揺れながら過ぎていく。踊り手たちは色塗りの仮面と天使の翼をつけ、山車に負けない派手な彩(いろどり)で、白粉(おしろい)で顔が純白な女性たちもいる。観光客向けのメインストリートでは、店はすべてシャッターを下ろし、家電製品店だけが1軒開いていた。そのそばで、私たちは初めてアフリカ人たちを目にした。彼らは買ったばかりの品物（電気ホットプレート、携帯電話充電器）を抱えて日陰に立ち、パレードが通るのを待っていた。

ヨーロッパの外では、マルタはおもにその騎士団で知られている。マルタの騎士団はカトリックの騎士修道会で、第1回十字軍のころにエルサレムに設立され、その後マルタに移り、1565年にはオスマン帝国による3か月の包囲攻撃を撃退した。6年後、マルタの強力な艦隊が中核を成す神聖同盟艦隊は、レパントの海戦でオスマン帝国の海軍を打ち破った。騎士団が勝利する前は、地中海はイスラム教徒のものになりかかっていたが、その後はカトリックのキリスト教徒が支配した。小国マルタは依然として、不釣り合いなまでに大きい捜索救助海域を管理しており、同国海軍がこれほど多くの移民船を途中で捕まえる理由の1つもそこにある。そして、そうした船の多くは、たまたまイスラム教徒を満載している。今日、騎士団はローマを本拠とし、主権は有するものの領土は持っていない。マルタは伝統的な単一民族国家であり、あいかわらずカトリックで、シンガポールに近いほどの人口密度の島に、ほぼ単一文化の人々が暮らしている。

　マルタの人口密度（1平方キロメートル当たり1312人）がどれほどのものかを私が実感できたのは、日曜日にドライブに出て、果てしなく狭くなるばかりの一連の田舎道で動きがとれなくなっても、一度としてハイカーや農民、あるいはほかの車が視界から消えることがなかったときだ。私は結局空港の近くに行き着いた。日は沈みかけ、道路脇のどの駐車スペースにも、フィアット1台停まれるだけの砂利のスペースのどれにも、男たちや家族連れが車を停めていた。バンパーどうしが触れあわんばかりの混雑だったが、ドアはおおかた閉じられ、窓もほとんどが閉めきったままだった。口を利く人も、互いに視線を走らせる人もいなかったが、なかにはファストフードを食べている姿もあった。大半はただ、遠くを眺めていた――プライベートな時間を楽しみながら、あるいは楽しもうとしながら。

　マルタのアフリカ人のほとんども、空港の近くの1群の拘置所やテントの収容所に入れられていた。ある朝、私はマルタ軍（AFM）の陸海空作戦司令官エマヌエル・マリア中佐に会うために、この地区を再び訪れた。中佐は思っていたより若く、後ろに撫（な）でつけた黒髪の生え際は、額の中央でV字形になっていた。かけている角縁（つのぶち）メガネのせいで知的な雰囲気を漂わせながら、彼は木の机に向かって座り、エイサー社製の銀色のコンピューターの画面で数値を読んでいた。まだ2月だというのに、この年はすでに530人がやってきていた。これは船、それも大型船4隻分に当たる。前の年には2775人の移民がやってきたが、84隻の小型船に分乗していた。彼らはたいてい、岸に着く前に発見された。「船でここにやってきて、誰にも見られずに済むことは事実上不可能です」とマリア中佐は言った。「マルタで自分1人になれたと思ったら、考え直したほうがいい」

船はAFMに曳航されてくることが多かった。AFMは1700人の人員を擁し、海軍の予算はほぼ1000万ドルに達する。その多様な任務（国防、大統領の警護、空港の警備など）のうち、今では国境警備が最重要だった。ボート難民を途中で捕まえて管理するのが、任務の8割を占めるまでになっていた。難民の船に軍の人間が近づくたびに、交渉になった。「もし、そのまま先に行きたいと言えば、行かせます」とマリア中佐は言った。「もし、『迷子になった。情報が必要だ』と言えば、必要とする情報を与えてやります。ですから、救助を望まないときには、救命胴衣を与えます。口うるさくなります。天候が悪いと助けてもらいたがるのですが、そうでないと、ますが、それは私たちの抱える問題のうちでは、いちばん軽いものにすぎません」。相当な数になりますが、それは私たちの抱える問題のうちでは、いちばん軽いものにすぎません」。救命胴衣をもらうと大胆になって、がたのきた船でイタリアを目指す者が出てくるかどうかは、中佐の頭にはなかった。

「夏の水温であれば、海に落ちても数時間なら生き延びられます」と彼は私に言った。「長くて10時間ですね。健康で痩せている人が真っ先に命を落とします。だが、もし太っていると……」と、そこで口ごもった。「実のところ、太った人が救出されることはないですね」

なんとかマルタに上陸した人の9割が亡命を求める。亡命が認められた移民（新たに到着する人のおよそ半数。ソマリアやスーダンから戦火を逃れてきた人は、とくに認められやすい）は、早々に拘置所から釈放され、学校教育や保健医療などの社会サービスへのアクセスも得られる。だが、残りは身動きがとれなくなる。たんなる経済的混乱から逃れてきた人の亡命は認められない。ましてや、環境面での混乱など、問題外だ。国際法の下では、まだ環境難民や気候変動難民などというものは公式には存在しない。アラブの春の前に私がマルタにいたときに亡命を認められなかった移民（チュニジア人、エジプト人、マリ人、ナイジェリア人、セネガル人）は、拘置所に1年半入れられたあと、テントの収容所の「オープン・センター」に直行した。そこはキャンバスの壁で囲まれた更生施設だ。彼らは自由に出入りできたが、EUによれば、当然ながらマルタを離れることはできないという。私が目にしたオープン・センターはみな、フェルロの崇教真光のキャンプによく似ていたが、工場に囲まれており、妙に恒久的なものに見えた。

生粋のマルタ人のあいだでは、通りやインターネットの掲示板で外国人嫌いがふつふつと沸きあがっていた。移民に圧倒されることへのマルタ人の恐れは、イエズス会難民サービス（JRS）への放火につながった。JRSは亡命申請をする移民を支援しているからだ。JRSの責任者のジョセフ・カサーは私に、何者かが彼らの若い弁護士の家の玄関に火を放ち、のちには彼女の車にも放火したことを語った。ほかにも何台もの車がキーで引っかかれたり、タイヤを切り裂かれたりし、1度火炎瓶攻撃を受けたことのあるこの民間非営利組織の敷地では、6台の車が焼かれ、「金属の外郭を残すのみになりました」。

短命に終わった政党、国民行動党は、マルタから「汚物と汚職と移民」を一掃すると誓い、このような恐れを選挙での勢いに変えようとした。ハンガリーとリビアで個人クリニックを開業している医師で、この政党の共同創立者ジョージー・ムスカートは、納税者のお金を移民が浪費していると不平を言った。「もし彼らが拘置センターで何か壊したら、そのままで我慢するべきです」と彼は私に言った。「私たちから食べ物や水をもらっているのなら、何かしら仕事をするべきでしょう――道路を補修したりして。もう故郷に帰りますと言うまでは、あそこに入れておいて、出さないようにするべきだ、と私は言いたいです」

私はマルタを離れる前、オープン・センターとは逆で出入りの許されない「クローズド・センター」の1つを見学した。そこでは誤って島に来てしまった移民たちが服役していた。そのサフィ収容施設は軍隊の基地の中にあり、セキュリティチェックを受けて入ると、タンポポとでたらめに積み重ねられた100艘以上の小舟でいっぱいの野原が目の前に広がっていた。どれも同じような木の舟は、全長が6メートルほどだろうか。3人の乗客を乗せて海に出るのも覚束ず、30人など問題外なのだが、これは前の年にリビアの犯罪組織が人を密輸するのに使ったものだった。1人の兵士が、基地のさらに奥へと案内してくれた。彼の言葉を借りれば、「クランデスティーニ（秘密）」の男たちが拘置されている場所だ。

ときどき暴動の舞台となる2階建ての収容施設は新しい金網フェンスで囲まれていた。私は4人の警備兵に囲まれて中に入っていった。4人のうちもっとも大柄な兵士は、ほどなく立ち止まり、たどたどしい英語でアフリカ人たちを注意した。電源タップを使って、ホットプレート7つとこの階唯一のテレビを1つのコンセントにつないでいたのだ。「電線が焼けるぞ！」と彼は怒鳴ったが、そのあとどのみち電気がショートし、別の兵士がヒューズボックスを捜しに歩み去った。野外の廊下の一端には、間に合わせの卓球台があった。ゴミ箱に合板を載せ、ネットは牛乳パック2本で支えた細長い厚紙だった。ラケットとボールだけが本物だ。テレビがまたつくと、「モーリー・ポヴィッチ・ショー」をやっていた。10人余りの男性が、寒い2月の空気の中、立って観ていた――腕を交差させ、前屈みになり、なるべく熱を逃さないようにしながら。拘置者たちはテレビのチャンネルをめぐってしばしば争う、と私は聞かされていたが、この日は違った。そして、私が番組の途中で出身地を尋ねると、誇らしげに故国の名を挙げた。コートジヴォアール、ガーナ、ナイジェリア、マリ、ギニア。ソマリア人もダルフール出身者もいなかった。西アフリカの人ばかりで、亡命者としての待遇を勝ち取る見込みはとても薄かった。

この階には82人の男性がおり、部屋は4つで、おもに体熱と、軍に支給されたウールの薄い毛布を窓にかけることで、暖かさを保っていた。部屋の中には2段ベッドがあり、マットレスを床に引きずりおろして、座ってトランプやチェッカーをしている人もいた。チェッカーの駒には乾燥させたオレンジ、盤には厚紙を使っていた。私は自分自身が初めてヨーロッパに来たときのことを思い出して、気恥ずかしくなった。ここの部屋は、見た目も匂いもユースホステルに似ていたのだ。

思うようにフランス語が出てこず、コートジヴォアール人たちがふらっといなくなってしまうと、トニーとケルヴィンという2人のナイジェリア人が私の案内役になってくれた。トニーはリビアを抜けてきたという。強盗や、見境のない殴打の犠牲になりかねないので、黒人が公衆の面前に出るのは危険だった（カダフィに対する革命のあいだは、さらに危険になる。サハラ以南のアフリカ人は全員傭兵と見なされたからだ）。トニーは修理工で、大半は借金して手に入れた5000ドルを使い、イタリアを目指したのだが、代わりにマルタに来てしまった。「私たちは1年間拘置所にいて、そのあと、何の書類ももらえません」と彼は言った。「わかりますか？　旅をするための書類がまったくもらえません。1年もいたのに。365日で1年。わかりますか？」

トニーは自分の部屋に連れていってくれた。壁は落書きでいっぱいだった。「イエスよ、慈悲をたれたまえ。おお、主よ」「私たちをいつまでここに閉じ込めておくのです？」当局はでこぼこのサッカー場を裏手に用意してくれた、とトニーは言った。それと、彼の階の公衆電話が使えるテレフォンカード、そして、3か月に1度、移民のそれぞれに5ユーロが支給される。拘置はなんとか生き延びられるが、ただまったく意味がない。拘置期間が終わると、彼は解放されて街に出られるものの、ナイジェリアには送還されない。いたずらに歳をとっていくだけだ。「ここにいる人は、みんな何かしら持っています」と彼は言った。「学生かもしれない。専門技術者かもしれない。私は修理工です。ここで1年過ごしました。技術をいくらか忘れてしまいました。3、4か月訓練しなければ、また仕事ができるようにはなれません。1年ですよ。わかりますか？」

トニーとケルヴィン、さらにはしだいに数を増す男性たちが、私をバスルームに連れていき、壊れたトイレの個室やシャワーのノズルを指し示した。「見てください。これが私たちのバスルームです」。ケルヴィンが言う。「冷水です。壊れています。フェアじゃありません」。別の男性が私の肩を叩いて言った。「10か月。10か月、ここにいる」。さらに別の男性は、私を洗面台に伴い、「お湯、出ない」と言う。私は蛇口をひねり、1分間水を出しつづけてから、手をかざしてみた。マルタのために公平を期せば、それは水ではなくぬるま湯だった。

警備兵と私が外に出ていくときに、コートジヴォアール人たちの1人に引き止められた。彼はほかの人の大半より年長で、筋肉質の30代なかばの男性で、自分の腕を見るように私に言った。「前は屈強でした」と彼は言った。「私は働きたいんです。ごろごろ寝ているんじゃなくて。私は寝てなどいたくない」。私は彼の腕を見た。彼は語気を強めたが、叫びはしなかった。「仕事だ。仕事！私は働きたい！」

サハラ砂漠を止める

——立派な大義にお金が集まらない世界

雨がやんだフェルロは、桃の綿毛のような草に覆われ、しばらくは何もかもが生き生きとして見えた。元研究基地の外の、赤い土とヤギの糞の上でしばしばサッカーの試合で対決してきた地元の村の若者と、セネガルの森林労働者の組合の作業員が急遽いっしょになり、ポップが「ラ・グランド・パセル」と呼ぶ、「緑の長城」でもこの夏最大の区画（20平方キロメートル）の植樹に取りかかった。雨のおかげか、それとも宗教真光との競争のせいか、リーダーたちはやる気満々に見えた。ポップは供給ラインを綿密に計画した。マーラは、あるうだるような暑さの午後、「われわれは木を植えて砂漠と闘う」と書かれた政府支給のTシャツを着た作業員たちが汗を流すのを眺めているうちに、はっと思いついた。「シャツを与えるべきではない」と彼は断言した。「帽子を与えるべきなんだ」

崇教真光の信者たちは、予定より1日半早く、割り当てられた区画を終えた。125人の子どもたちが5日間で6平方キロメートルに植樹した。「モチベーションです。彼らにはそれがあるのです」とマーラが言った。「規律だ」とポップは言った。ポップと1人の中尉が、崇教真光の終了式でスピーチをするように頼まれ、快諾し、真の国際協力を初めて「緑の長城」にもたらしてくれたことを、ムッシュー・プレジダンに感謝した。「いつの日かみなさんは、自分の子どもたちに言うことができるでしょう。私は『緑の長城』の建設を手伝ったのだ！と」と中尉は言った。「みなさんの謹厳さ、勇気、規律、献身に感謝します」とポップは声を張りあげた。「みなさんは素晴らしい人たちです。これは、アフリカ全土を横断することになる壁の一部です。これが第一歩なのです！」

晴れ着（女子は青いジャケット、赤いネッカチーフ、白いスカート、男子は青いジャケット、赤いタイ、白いズボン、靴は全員白いテニスシューズ）を身につけて整列していた崇教真光の信者たちは、そのあと一斉に歌いだした。「ジブチへと続く壁……ここ（イシ・オー）セネガル」。彼らは膝を曲げずに脚を伸ばして歩く上げ足歩調でキャンプのまわりを行進し、見送りに来ていたフラニ族の村人たちの前を過ぎていった。私たちはずっとそこにとどまり、彼らがテントを片づけるのを眺めた。金属製の横桁が1人の少女の頭の上に落ちたときには、仲間たちが、できたこぶに圧定布を貼りつけようとした。すると指導者の1人が彼らを押しのけた。仲間が心配そうに見守るなか、その女性は少女の額から数センチメートルのところに手をかざし、光のエネルギーを浴びせた。

「緑の長城」はサハラ砂漠に対しては効果がなかったかもしれないが、だからといって砂漠の拡大を食い止められると思いたがるポップの気持ちが衰えることはなかった。私もいつのまにか、しだいにそれが可能だと思いたがっていた。

ある朝早く、グランド・パーセルに向けて、苗木と作業員を無理やり詰め込んだトラックが出発するとき、私も給水車の1台に乗っていくことにした。私たちがその区画に着いたときには、村人と、森林労働者組合の若者たちが合わさって、100メートルの幅に展開し、1度に15の溝に取り組んでいた。前面には掘る人がいて、その後ろには木を運ぶ人、そのあとが植える人で、これがいちばん多い。彼らはサンダルや傷んだテニスシューズを履いてサバンナを前進していく。進むのがとても速いので、私はついていくのに小走りになるほどだった。荷台に苗木を満載した緑色のトヨタのピックアップが溝のあいだを走っていき、停まると木の運び手たちが押し寄せ、また散っていく。運び手の輪が広がり、縮み、広がり、縮む様子は、まるでクラゲのようだ。

1時間少々のうちに、トヨタに載せた木がなくなった。私たちは待った。太陽がだんだん空高く昇っていく。次の1時間が過ぎようとしているころに、苗木が再び運ばれてきたが、20分後にはまたなくなった。将校たちが顔をしかめた。私たちは大きな木々の陰で休んだ。15のグループに分かれ、15の木立の陰に入る。木を植える人々は、苗木をくるんであるポリ袋を取り除くために持っていたカミソリの刃を、今は歯のあいだに挟んでいた。彼らは代わる代わる私のハイキングブーツをあらためた。革を撫でたり、ビブラムの靴底を軽く叩いたりした。給水トラックが来るまでは、何も飲むものがなく、手持無沙汰で過ごしていると、2時間後、ようやく次の苗木が運ばれてきた。正午だった。暑かった。暑くなればなるほど、私たちの動きは鈍った。誰のせいでもない。グランド・パーセルは苗木畑からあまりに遠く、簡単に往復できなかったし、トラックの数も足りなかった。お金が足りないからで、それは「緑の長城」が実現するのを見たいと思う人が少なかったからだ。

しばらくすると、ポップがジープに乗って姿を現した。あいかわらず希望に満ちているようだった。給水トラックが、区画のさらに先まで行くためにエンジンを再始動させると、ようやくティーンエイジャーになったばかりぐらいの男の子が、もう1度だけ水を飲みに駆け寄ってきた。彼は大きな赤いプラスチックのカップをつかむと、なみなみと水を注いだが、ひと口飲んだところでポップに怒鳴りつけられた。「だめ、だめ」と大佐は言い、「緑の長城」の、新たに植えられた列を指し示した。男の子は不平を言わなかった。残った水をアカシアの苗木にかけ、それが根本にたまり、ゆっくりと地面に吸い込まれていくのを、黙って見詰めていた。

第3部

洪水

THE DELUGE

いかなる社会においても、惨事のお膳立てが整うのは、
エリート層が自らをほかの人々から切り離すのが可能になったときだ。

――ジャレド・ダイアモンド

第9章

肥沃な土地に「逆流」する脅威

──バングラデシュからインドへの移民が後を絶たない理由

GREAT WALL OF INDIA

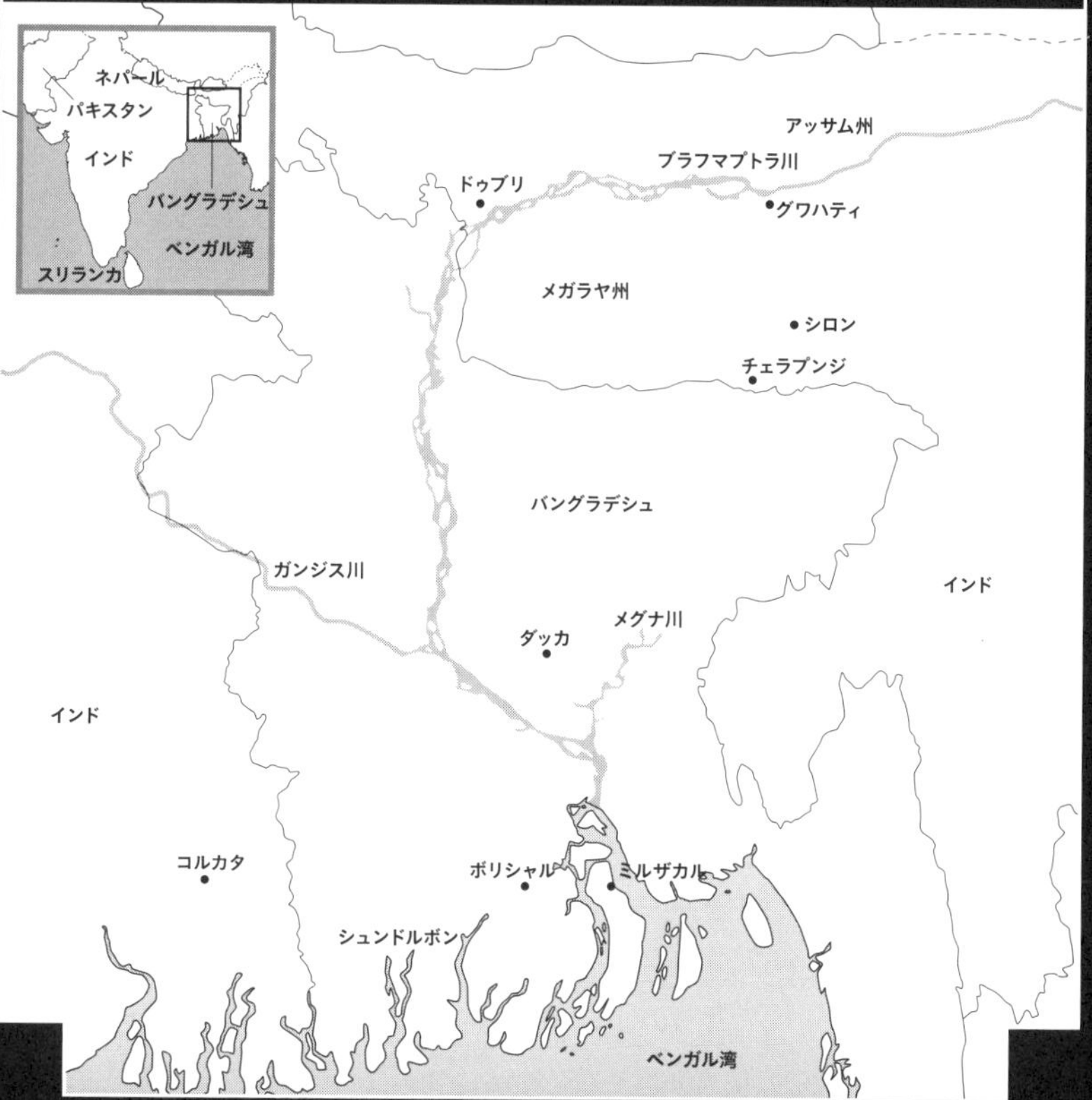

「静かなる侵略」と闘うと称するインド人愛国者

エナムル・ホックは、アッサム州にささやかながら土地を持つ地主だった。ところが、私と会う少し前に、ブラフマプトラ川の流路が変わり、一族の土地の半分が流失してしまった。エナムルはそれまでに、すでに5度もの転居を余儀なくされていた。彼は37歳で、口ヒゲをたくわえている。噛み合わせがやや深すぎた。彼は夜になると、頻繁に起こる停電に対処するためにロウソクを灯しては、ウィスキーとタバコを楽しむのだった。エナムルはまもなく、彼と同じイスラム教徒の若くて美しい娘と結婚することになっていた。それまでのあいだ、インド北東部の町ドゥブリにある法科大学の近くに小さな家を借りていた。そこでエナムルは、バスルームで数多くの巨大なクモを飼育し、1人だけ雇っている使用人とは地元のゴアルパラ方言で誇らしげに話し、国境地帯の砲座やフェンス、国境を成す道路、警備隊の前哨基地の位置を示した地図を何枚も保管していた。

彼の生活は、ドゥブリを含め、生まれ育ったアッサム州全体を封鎖して、当地では誰もが「侵入者」と呼んでいる輩を締め出すことに捧げられていた。「侵入者」とはバングラデシュ人を指し、彼らは経済的な機会を求めて、あるいは、サイクロンや人口過密、周期的な飢饉、そしてとりわけ土地や農作物を浸蝕する水位の上昇といった、母国における数多くの自然災害や社会的災害を逃れるために、密入国してくるのだった。

ブラフマプトラ川は、不穏なインド北東部に流れ着くまでに、ヒマラヤ山中の源流から5200メートル近くの標高差を勢いよく下ってきている。ドゥブリからは、あと標高差わずか30メートルほどで海抜0メートルに達する。だが、隣国のバングラデシュを通って、実際に海に到達するまでには、じつに650キロメートル近くもくねくねと進まなければならない。これだけの距離をさっと一気に流れるはずがない。澄んだ急な流れだった川はドゥブリで、それまでになく濁った緩やかな流れとなって川幅も広がり、世界でも類を見ないほど多くの土砂を運ぶようになる。川幅は8キロメートルにも及び、川の水はたびたび岸を乗り越える。以前の河道を考えると、エナムルの先祖の土地は間違いなく、下流に押し流されて国境を越えており、今では川の中州にできた島の一部となって、自分の地所を失ったバングラデシュの農民がその土地の所有権を主張している可能性もある。これは、エナムルがわざと目を背けている皮肉だった。

エナムルは少し前に、大きな影響力を持つ全アッサム学生連合（AASU）の国境問題委員会の委員長に就任していた。AASUは30年にわたって、バングラデシュ人による「静かなる侵略」と彼らが称するものから、民族的に固有のアッサムを守るという運動を展開してきた。AASUの強い働きかけにより、インド政府は12億ドルを投じて、バングラデシュを包囲するフェンスをひそかに建設中で、エナムルは双眼鏡を手に、そのフェンス沿いを自動車やボート、あるいは徒歩で、隙間が空いていないかと日々見回っていた。「私は自問するのです、『あの裂け目は何だ？』と」と彼は私に語った。「どんな計画があるのか？　そしてその実態とは？」と。

密入国者を発見すると、エナムルは通報した。フェンスの建設に問題があると気づいた場合も同様だ。一度など、砂と軟らかい土の国境地帯を何日も歩きつづけたせいで、左膝がひどく腫れあがったことさえあった。「こんなに」と言って、エナムルは両手でバスケットボールでも抱えているかのような仕草をした。インドとバングラデシュの国境警備隊のあいだで銃撃戦が起こったと聞いてインド陣営に駆けつけ、死亡した警備兵の銃を手に取ると、自ら射撃を始めたこともあるという。辺鄙な国境地帯を回っているので、昼食を食べそこなうこともしばしばだ、とエナムルは得意げに話した。彼は愛国者だった。その点では、アメリカのミニットマン（訳注　国境警備隊を補助すると称して、メキシコ国境を自主的に監視する自警団）構想を遂行する活動家と何ら変わりない。ただ1つ、ヨガを好むという点を除けば。

3380キロメートル以上にわたって巡らされる新たなフェンス（すぐ脇に新たに道路が通され、投光照明で明るく照らされており、ほどなく電気も流されることになっていた）は、世界一の長さとなる予定だった。それほど長くなるのは、1億6400万の人口を抱えるバングラデシュが大きな国だからではなく（なにしろ、アイオワ州より少し大きい程度なのだ）、バングラデシュを包囲する必要からだった。イスラム教徒が圧倒的多数を占めるこの国は1947年に、パキスタンの一部として、ヒンドゥー教徒が大半のインドから分離独立したが、今なお三方をインドに囲まれていた（バングラデシュの残る唯一の陸の境界は、ミャンマーと接する190キロメートル余りの国境で、そこではミャンマーが有刺鉄条網を建設中であり、南側は拡大を続けるベンガル湾に臨む）。

バングラデシュ人が西方に向かい、インドの西ベンガル州に密入国すると、そこでは民族的にも言語的にも見分けがつかないため、現地の人々のなかに溶け込んでしまう。だが北へ向かい、アッサム州と接するはるかに短い国境を越えて侵入した場合、地元民は自分たちよりも肌の色が濃く、別の言語を話す人々の流入に気づく。国境封鎖を最初に、そしてもっとも強く求めたのがこの地方だった理由の1つは、この点にある。

エナムルの望みは完璧なフェンス、すなわち、バングラデシュがどれほど住みにくくなっても、バングラデシュ人を締め出しておける障壁だった。初めてAASUに加入したとき、エナムルは情報工学を専攻する学生だったが、今日の多くの人々と同じく、今ではエンジニアの考え方で社会問題に取り組んでいた。問題は、私たちに何ができるかではなく、何を建設できるかであり、移民に対するインドの蛇腹形鉄条網と鋼鉄による対応は（アフリカ人移民に対するヨーロッパ各国のさまざまな対応に比べてはるかに直截的だ）、全世界が融解と旱魃に加えて海面上昇にも直面する、この気候の歪みの第3段階で起こりつつある事態を、より明快に象徴していると私には思われた。障壁。これこそ、今後さまざまな意味において、資金力のある者たちが気候変動に抗うためにエンジニアリングに頼って構築していくものにほかならない。そしてそれだけの力のない者は、障壁の外側になす術もなく取り残されるだろう。

インドは貧しい国だが、バングラデシュはさらに貧しかった。インドはバングラデシュよりも二酸化炭素排出量が多いが、穿った見方をすれば、それは気候変動の影響に対処するための資源が多いことを示しているとも言える。バングラデシュ人が初めてアッサムにやってきたのは、地球温暖化が原因ではなかったし、AASUも、初めてフェンス建設を要求した1980年代には、温暖化を懸念してはいなかった。だが、今は違う。「地球温暖化が現実に起こったら、どうなるのでしょう？」と、私はAASUの指導者に訊かれた。「戦争が起こるのでしょうか？　アッサムはバングラデシュの属領になってしまうのでしょうか？　バングラデシュの国土の大部分が水没するような事態になれば、国民はどこへ向かうのでしょう？」

フェンスが建設されると、その国境線を維持するのはインドの準軍事組織である国境警備部隊（BSF）の仕事になった。2000年以降に国境付近で射殺された人は、1000人近くにのぼる。4日に1人の犠牲者が出ている勘定だ。2010年に公表された「むやみに発砲する（トリガー・ハッピー）」と題する報告書の中で、ヒューマン・ライツ・ウォッチは、超法規的な殺害や拷問のパターンを詳述した。フェンスのごく近くで釣りをしていたために殺された少年たち、逃げようとして背後から撃たれた男性たち、ライフルで武装した国境警備兵に殺された、棒切れで武装した犯罪者たち……。

インド当局は、国境付近の無法状態（民族集団による蜂起、麻薬や米の密輸、そしてとくに、ヒンドゥー教徒が大半を占めるインドを離れれば聖獣としての地位を失う牛の何万頭もの盗難）は、いかなる暴力をも正当化すると主張した。広く報道されたある事例では、フェラニという名の15歳のバングラデシュ人の少女が、不法滞在していたインドから国境を越えて母国へ帰ろうとしていたところを射殺された。母国で結婚が決まっていたという。着ていた紫色のサルワール・カミーズ（訳注　南アジアの民族衣装で、長いチュニックとズボンから成る）が有刺鉄線に引っかかり、彼女の遺体は5時間にもわたって逆さ吊りのまま放置された。BSF長官は、バングラデシュを公式訪問した際、「われわれは、国境での規範に背く犯罪者には発砲する」と述べた。「死亡事例はインド領内で、おもに夜間に起こっている。そのような者たちが、罪を犯していないわけがない。はっきり申しあげたとおり、われわれが意図的に人を殺しているかのような印象を与える『殺害』という語には、異議を申し立てる」

アッサムに向かうかなり前から、私は国境地帯を訪問する許可をBSFから得ようと試みていた。デリーでは、部隊の本部に繰り返し電話をかけた末、根負けした幹部から、アッサム州最大の都市であるグワハティに行けば許可が得られるだろうとの言質（げんち）を取った。無秩序に街が広がるグワハティに着くと、私はタクシーで現地のBSFの基地に出かけたものの、デリー本部の書面による許可がなければどうしようもない、と言われた。アッサム州に隣接するメガラヤ州のシロンでは、副隊長との面会の約束を取りつけたが、ジープで3時間もかけて現地に到着すると、当人は会合に召集されていて不在だった。

そしてついに私は、タクシーに夜通し揺られてエナムルの住むドゥブリに向かった。明け方には、網状に流れるブラフマプトラ川沿いの町をいくつか通り過ぎたが、その光景はすでにバングラデシュのようだった。路上は、ありえないほどの数の自動車やリキシャ、歩行者であふれていた。ドゥブリ県は、インド国内でも有数の人口密度の高い県だ。1平方キロメートル当たり576人で、バングラデシュの人口密度の約半分に相当する。ドゥブリ市街に近づいていたとき、BSFの基地が目に留まった。そこで私は、はったりでなんとか中に入れないか試してみることにした。シロンの幹部の名前をそれとなく伝えると、若い兵士は長い廊下を抜けて、わずかな家具しか置かれていない事務所に通してくれた。彼がそこで何本か電話をかけているあいだ、私は彼のデスク上の「変死」と題された資料から目が離せなかった。ようやく電話を終えると、兵士は私に向き直って言った。「申し訳ないが、国境地帯への外国人の立ち入りは認められません」。ようするに、そういうことなのだ。

私がドゥブリに着いてようやく12時間が過ぎようかというころ、滞在していたホテルに警察官がやってきた。「実はですね、われわれはあなたを警護しておりまして」と、革のジャケットを着た男が言い、私は尋問のために、ホテルから通りの先の警察署に連行された。尋問は、私が間違いなくアメリカ人であることが判明すると、いっそう丁重になった。署の2階へ上がり、天井で扇風機がゆっくりと回る、コガモのような青緑色をした壁の部屋で、取調官が私のパスポートをそっと繰って目を通す。傍らでは、ほかの者たちが古いテレビに釘付けになり、映画『タイタニック』を観ていた。壁の一面には、手書きの犯罪マップが貼られていた――近ごろ起こったこそ泥や牛泥棒、武装したダコイト（訳注　ヒンディー語で「武装盗賊団」の意。インドやバングラデシュ、ミャンマーなどのさまざまな強盗団の総称）による強盗などだ。バングラデシュまで、ほんの十数キロメートルだった。

私が帰ることを許され、次に尋問される人物が呼び入れられると、くつろいだ雰囲気は一変した。それは鮮やかなオレンジのサルワールを着た小柄な女性で、幼い息子の手を引いていた。「バングラデシュ人か？」と取調官が訊いた。女性がうなずく。取調官の顔から笑みが消えた。

気候変動に伴なう4つの課題がバングラデシュの5分の1を沈める

気候変動に関することはすべてそうなのだが、海面上昇も世界じゅうでまったく同じというわけではない。一様でもなければ、もちろん同等でもない。北海で海面が1センチメートル上昇したからといって、かならずしも南シナ海やコルテス海（訳注　カリフォルニア湾の別称）やベンガル湾でも1センチメートル上昇するとはかぎらない。

気候変動に関する政府間パネル（ＩＰＣＣ）の２００７年の報告書に引用された衛星による測定値は、２つの大洋の2か所（西太平洋と東インド洋）の水位上昇が、ほかのどの海域よりも速いことを示していた。一方、非常に長いインドの海岸線沿いで測定された値からは、西ベンガル州を含む、バングラデシュに隣接するいくつかの地域では、ほかの地域に比べて土地の浸蝕の進行が速いことがわかった。こうしたばらつきの原因は、地殻運動、熱や塩分の分布の変化、それが引き起こす水循環の変化、そして海上風が文字どおり海洋を動かすことができるという事実にある。

コロラド大学の最近の研究によると、ハドレーセル（訳注　赤道付近で温められた空気が上昇気流となって極地方へ向かい、次第に冷却され、緯度30度付近で下降気流となって、再び赤道付近に戻ってくる子午線面での大気循環）と、気候変動によって活発化していると考えられている別の大気循環であるウォーカーセル（訳注　太平洋の赤道域で見られる水温勾配によって起こる東西方向の大気循環）が、インド洋の南部海域からバングラデシュ沿岸に向かって海水を北へ押しあげているという。

また、不均一な海面上昇には別の要因もある。これについては近年研究が相次いでおり、熱帯の低地に位置するバングラデシュやその他の多くの地域にとって、とりわけ不吉な結果が出ている。その要因とは以下のとおりだ。グリーンランドや南極大陸を覆う厚い氷床は、周囲の海水に強い引力を及ぼしているが、氷床が失われるにつれ、その引力も減少する。融解が進めば、グリーンランドの氷床は小さくなる。グリーンランドの氷床が小さくなれば、引力も減少する。グリーンランドから毎年少なくとも１９０兆リットルの水が流出すると、意外なことに、「大西洋の極北部での海面上昇が小さく」なるかもしれないと、ＩＰＣＣの２０１４年の報告書で海面水位の章の主執筆者を務めたジョン・チャーチは説明する。「当然、ある場所の海面上昇が小さくなれば、別の場所では大きくなる」

世界の海面水位は、平均で1年におよそ3ミリメートルの割合で上昇している。前世紀なかばの2倍のペースだが、10年で3センチメートル程度の上昇であれば、今のところおおむね対処可能だ。上昇がこのままのペースで進めば、海面水位は2100年には、およそ30センチメートル高くなる。だが、海面上昇がこのままの割合で続くと考える学者はほとんどいない。

私がミニングアック・クライストとグリーンランド各地を巡った夏、8か国から成る北極評議会は、グリーンランドの氷床の急激な融解に関して、それまででもっとも信頼性の高い部類の調査を開始した。その結果、1990年代初頭に比べて、グリーンランドの最大級の氷河はみな2倍から3倍のペースで流れており、氷河から分離した氷塊が海に落下して氷山となるときの振動による小規模な地震は、数倍の頻度になっていることに、研究者たちは気づいたのだ。熱膨張とは、水は熱せられると膨張するという現象だが、もはやこれは海面上昇の最大要因ではない、と報告書は主張した。今や、最大要因は氷の融解だというのだ。海面水位は2100年までに平均で90センチメートル上昇するという予想が、今では妥当だと見なされている。1・8メートルに及ぶ可能性さえあると考える専門家もいる。

ベンガル湾では、海の迫り方はまるで、インドに忍び込む移民のようだった。音もなく、たいていは気づかれず、まだ始まったばかりだった。現地の学者が概算したとおり、1年に6～8ミリメートルであっても、その影響はすでに現れつつあった。世界最大のマングローブの密林が広がり、野生のベンガルトラの最後の砦であるシュンドルボンでは、その地名の由来ともなったシュンドリ（サキシマスオウノキ）が、高潮や塩分濃度の上昇によって、死滅しはじめている。地元の人々が「先枯れ病」と呼ぶ病気にかかった木は、梢から下に向かってしおれ、葉が落ち、枯れていく。その傍らには、ブラフマプトラ川と、バングラデシュの残る2つの大河であるメグナ川とガンジス川（このあたりではパドマ川という名で知られる）が形成するデルタ地帯が広がっており、そこでは海水が土地にあふれることはあまりないが、土地を汚染しはじめている。河口には、流入する河川が海に取り込まれ、淡水が海水と混ざりあって、もはや淡水とは見なせなくなる地点がある。こうした地点は、年を追うごとに内陸に移動していた。南部6県の水路における塩分濃度は、1948年以降、45パーセントも上昇している。被害を受けた耕作地の面積は、1973年には1万6000平方キロメートル余りだったが、1997年には2万4000平方キロメートル以上に拡大し、現在では3万2000平方キロメートル以上に及ぶと推計されている。

ガンジス川のファラッカ堰というダムは、淡水をコルカタに引くためにインドが建設し、1975年に完成したのだが、この問題を深刻化させているとの非難を受けていた。つまり、海に流れ込む淡水が減ることで、遡上する海水が増えるというのだ。さらに今では、インドだけでなく中国もブラフマプトラ川に巨大ダムの建設を計画していた。バングラデシュは、挟み撃ちにされようとしていた。零細農家が人口の半数を占める国で、何十万、ことによると何百万もの人々を養う畑や水田が、塩分濃度が高すぎるせいで、しだいに耕作不能になりつつあった。

バングラデシュ屈指の環境問題の専門家で、ＩＰＣＣの報告書の執筆者でもあるアティク・ラーマンの記述によれば、塩性化は同国南部に気候変動がもたらす4つの主要課題の1つだという。2つ目はサイクロンだ。地球温暖化が熱帯低気圧に及ぼす影響については、盛んに議論されており、通説が形成されつつある。すなわち、温暖化がサイクロンの発生頻度の増加につながるかどうかは別にしても、強さを増す可能性はきわめて高いという説だ。サイクロンとハリケーンは海水温に煽られる。水温が高ければ、風の破壊力も増すというわけだ。バングラデシュは、暴風雨の通り道に国土が大きくかかっているうえ、この先はその暴風雨自体も強大化すると思われる。

2007年の終わりには、カテゴリー4のサイクロン「シドル」(信頼できる記録が残る1877年以降、2番目の規模だった)が、シュンドルボンと南西部のデルタ地帯を切り裂くように進み、150万棟もの家屋が被災し、3000人以上の死者が出た。2009年にも、いくらか小ぶりのサイクロン「アイラ」によって、少なくとも50万人が家を失った。このときには6メートルの高波が田畑やマングローブの林に押し寄せた。海面が上昇すれば、氾濫する水量が増加するため、高潮被害はさらに拡大する。

第3の課題は、洪水の増加だ。季節的な氾濫はバングラデシュではごくあたりまえで、多くの面で歓迎すべき現象でもある。典型的な雨季には、ブラフマプトラ川やパドマ川、メグナ川をはじめ、何十もの川の水が雨で増して岸からあふれ出し、国土の3割もが水没する。農地は冠水し、人々は住居を追われ、「チョール」という名で知られる川の中洲のいくつかは完全に姿を消す。だが、川は10億トン以上もの土砂を運んでくるので、新たなチョールが形成され、水が引いたときには、ミネラル分に富んだ新たな層が残される。この土壌のおかげで、バングラデシュの農家はなんと三毛作を行えるのだ。洪水は温室効果そのものと同じく、生命を育むことを可能にする。ただし、それ（モンスーンの変化、ベンガル湾の水位上昇など）が度を過ごすと、生命を根絶やしにしてしまう。平坦で緩やかな川の流れは、以前より流れ下る標高差が小さくなって、ますます平坦で緩やかになり、季節的な氾濫は長引き、より広範囲に及びはじめていた。1960年代には、オランダの設計案に基づき、外国の資金援助によってダムや堤防の治水システムが築かれたが、役に立たないばかりか害さえなした。デルタ地帯の農地を浸水から守るかわりに、そうした防壁は浸入を阻むべき側にしばしば水を閉じ込めて、田畑を池に変えてしまうのだった。オランダは今、アップデートしたテクノロジーを大使館経由で売り込んでいる。

第4の課題については、説明するまでもない。2100年までに海面水位が90センチメートル上昇したら（あるいは、そのような世界の平均値がバングラデシュでどれほどの上昇になろうとも）、少なくともこの国の南部5分の1は永久に水没してしまうだろう。それは明白だ。すると、そこに住む2000万〜3000万の人々は、どこか別の場所へ移らなければならなくなる。

ダッカから南、湾岸地域へ——気候変動への「適応」の試み

バングラデシュの苦難を取材する外国人ジャーナリストには、たどるべき標準的なルートがある。首都ダッカからフェリーで川を南へ下り、人口過密な塩性地であるデルタ地帯やチョール、シュンドルボン、サイクロン「シドル」によって破壊された村々を巡るのだ。インドから入国するとほぼ

同時に、私もこのルートをたどっていた。この訪問の案内役を務めてくれたのは、アティクル・イスラム・チョードリー、通称アティックという沈着冷静でつねに折り目正しい30代の男性で、「沿岸部に住む貧困層の生き残り戦略」に特化した「ＣＯＡＳＴ」という地元の民間非営利組織に所属していた。私たちの契約条件は明快だった。最終的に1週間にわたる現地視察と聞き取りの旅となった今回の訪問にかかるアティックの旅費を私が負担し（さもなければ、彼の所属する団体には容易に負担できる額ではなかった）、その見返りに、彼は各地の村や、彼が感じている静かなる憤りに接する機会を与えてくれたのだった。

国境を越えるときには、運行を再開したばかりの「友好急行（マイトリー・エクスプレス）」という列車を私は利用した。コルカタとダッカを結ぶこの路線は、43年間閉鎖されていたが、インドとバングラデシュの新たな協商の第一歩として、今では盛んに宣伝されていた。全長３７０キロメートルの鉄道の旅の大半は、バングラデシュの河川やチョールの上を通る高架を走っており、広い車窓にその景色は映っていたものの、列車の速度とそこまでの距離のせいでぼやけ、まるで別世界のように見えた。

だが、アティックと私がダッカで、「パラバト（「ハト」の意）」号という南へ下る巨大な夜行フェリーに乗船したときには、こうした距離を保つのは難しかった。アティックは、私が携帯電話を充電するためのコンセントと小さなテレビを備えた、エアコンつきの船室を予約してくれていたが、ダッカを流れるブリガンガ川の水面は、わずか3デッキ分下に広がり、ダッカ市民は2デッキ分下に暮らしていた。私たちが出発する晩、旧市街で停電が起こり、川の向こう岸に建つ造船所では、溶接工のバーナーから飛び散る火花が、湿った空を稲妻のように繰り返し照らしていた。

私たちがサービス係からチャイとサモサを受け取ったところで、フェリーの汽笛が鳴り響いた。船着場から離れると、巨大都市のぼんやりとした影がしだいに薄れゆき、その後はひと晩中、フェリーの照射する光の中に浮かびあがるもの以外は何一つ見えなかった。照明はロープと滑車を使って操られ、旋回しながらフェリーの前後を照らした。照明の傍らには、ヒゲをたくわえた男性が立ち、ロープを左右交互に引いていた。川でのルールも、バングラデシュの路上交通のルールと似たりよったりだった。すなわち、照明係の照らす明かりが、前方に小さな船や木製のゴンドラのような平底船を捉えると、フェリーが警笛を鳴らしはじめ、小型船はフェリーに乗りあげられる前に、その進路から外れるのだった。

私たちは夜明けにボリシャルの町に着いた。そこでアティックの拾ったリキシャに乗り、バス乗り場まで行って、混みあったバスで片側1車線の渋滞する道路をたどってさらに南へ向かった。道の両側には、粗末な家や水田、ヤシの木、エビの養殖場などがあり、人もいた。何もなく、耕作されていない、まったく手つかずの土地は、マルタ共和国のときと同じように、1度たりとも見かけなかった。

エビの養殖場には、泥壁に囲われたいくつもの長方形の養殖池があったが、それらがこの地の風景に加わったのは比較的最近のことで、これには2つの流れが影響していた。1つには、バングラデシュで輸出による外貨獲得の必要性が高まっていること、そして2つ目はデルタ地帯に忍び寄る塩性化だ。エビは織物産業に次いで、この国の外貨収入の第2の源になっており、現在では毎年4万5000トンものエビが、世界の二酸化炭素主要排出国へと流出している。半量がヨーロッパへ、3分の1がアメリカ合衆国へ、残りの大部分がロシアと中東へ向かう。バングラデシュの人々が稲作をやめてエビの養殖に乗り出すと、気候への適応と称賛されることもあるが、それは一方的な見方でしかなかった。というのも、エビの養殖のほうがはるかに少ない人手で足り、利益の大部分は輸出業者や中間業者の手に渡るからだ。零細農家は、自ら養殖業者になるよりも、少数の独占的エビ養殖家に土地を売ったり貸したりして、ダッカやさらに遠くへ引っ越してしまうことのほうが多かった。

水田が残っているところでも、面積当たりの収穫高は下落していた。季節的な食糧不足はすでに、「モンガ」という呼び名まで得て、日常生活の一部になっていた。バングラデシュ稲研究所（BRRI）とその国外のパートナーは、海面上昇の進行に後れをとるまいと、まもなく耐塩性イネの大規模な試験を開始する予定だった。BRRIが最初に試した品種は、バングラデシュ南部で従来の品種改良法で生み出され、無料で配布されたが、研究所は遺伝子組み換えにも取り組んでいた。世界じゅうで開発が進むそのほかの品種（そこにはモンサント社によるものも含まれる。同社は、1990年代後半の活動家による抗議運動を受けて、バングラデシュのグラミン銀行との取引から除外されているにもかかわらず、ダッカにも事業所を置いている）は、利益向上を見込んで遺伝子操作されていた。

平均的な国民の年間二酸化炭素排出量が0・3トン（平均的アメリカ人の70分の1）であるバングラデシュは、気候変動に対しては、適応を試みる以外に打つ手がほとんどない。国内の別の地域では、非政府組織によって水上菜園が作られていた。ホテイアオイに土をかぶせて苗床とし、牛糞肥料を加え、ウリ類やオクラの種をまいて育てるのだ。こうした非政府組織は川船を水上の学校に変えたり、洪水時の救助に役立てようとボートを買いあげたうえ、地元民にその操作を教えたりさえしていた。これらは、同じように気候変動の脅威にさらされ、稲作とエビの輸出が行われている地域である、ヴェトナムのメコン・デルタを髣髴(ほうふつ)とさせる。そこでは、政府と国外の資金提供者たちが、救命胴衣の配布や子どもたちへの水泳指導を始めていた。だが、ニワトリではなくアヒルを飼うように勧められたのは、バングラデシュの人々だけだった。アヒルは泳げるからだ。

アティックと私はミルザカルの町で、もっと典型的な適応の取り組みを目にすることになった。ミルザカルは、パドマ川やブラフマプトラ川、そして何百もの支流が合流して形成される巨大河川、メグナ川の河口沿岸に位置する。小さな船着場の南側で、作業員の一団が土嚢を持ちあげたり、セメントを混ぜたり、大きな石材を設置位置まで滑らせたりして、新たな護岸壁を築いていた。護岸壁は見渡すかぎり岸に沿ってずっと続いていた。いたるところに土嚢が置かれていたので、現場監督のところまで行くのに、アティックと私はまるで踏み石のように、土嚢の上を渡っていった。「この堤防は仮設で」と、監督に合流する前だというのに、アティックが言った。「半年以内に撤去されます。その向こうをちょっと見てください」。そちらへ目をやると、150メートルほど内陸に、高さを増した第2の護岸壁の建設が始まっていた——二段構えの計画だ。

作業員が私たちの周囲に集まってきたので、この場所に護岸壁が築かれるのはこれで何度目なのかと尋ねてみた。すると彼らは話しあっていたが、「7、8回」とようやくアティックが通訳した。サイクロン「シドル」に見舞われる少し前まで、河岸線は1・6キロメートルほど「向こう」だった、と1人の作業員が言い、広大な川の中ほどを指差した。現場監督の話によると、この新たな護岸壁の建設には3週間前に取りかかり、およそ1万個の石材と4万5000個の土嚢を積んだのだという。石材は1個当たり120キログラム、土嚢は160キログラムもあった。作業員の大半は、バングラデシュ最北部に位置し、エナムル・ホックの住むアッサム州ドゥブリに隣接するランプルの出身だった。石材や土嚢を軽々と持ちあげられるのは、ランプルの男たちだけだ。2人の作業員がシャツを脱いで、荷を背負っている箇所を見せてくれた。そこにはごくわずかなかすり傷と古い傷跡しかなかった。彼らは地元ミルザカル出身の日雇いの男を呼び止め、その男にもシャツを脱ぐように言った。すると、その背中には何か所もの切り傷があって、そこから出血していた。

浸蝕によって立ち退きを余儀なくされた地元民のなかには、メグナ川のただ中で今なお拡大を続ける新しいチョールに移った者もいた。ヒマラヤやアッサムから運ばれてきた土砂が、このあたりに堆積するのだ。移住者たちを訪ねようと、アティックと私は木製の釣り舟に乗り込み、チョコレート色の水を渡っていった。ほどなく、私たちは干潟を迂回して、低地の田畑、草葺きの小さな家々、いくつかのトタン屋根の家などが両岸に並ぶ運河に入った。運河では子どもたちが泳ぎ、ぬかるんだ土手沿いには釣り舟が係留されていた。

1970年代に人が住み着きはじめたそのチョールは、ザヒルディンという名だった。最後に調査が行われた2002年には、チョールの面積は38平方キロメートル余りで、8000人が居住していた。その後住人の数は間違いなく増大していたが、チョールそのものも拡大しているかどうかは、誰にも定かでなかった。チョールには堤防が1つも築かれていなかった。サイクロン・シェルター（コンクリート製の脚柱を持つ高床式のコンクリート製の建物だ）もほとんどない。国土の陸地部分では、政府が各地に何百ものシェルターを建設しているというのに、だ。チョールの住人は、世界でもきわめて危うい立場にあった。私たちは釣り舟を泊め、誰かに話を聞こうと、チョールの田畑を歩いてみたが、なにしろ暑すぎた。家の外に出ている者はほとんどいなかった。ようやく年老いた男性が姿を現した。上半身は裸で、大きな黒い傘をさして日差しを遮っていた。男性は私たちに、3枚の四角い布の上に広げて乾燥させている何千本もの赤トウガラシを見せてくれた。「彼は恵まれた部類に入るそうです」と、アティックが通訳した。「18年前に本土から移住してきたので、この土地の所有権があるそうです」

その数か月後、サイクロン「アイラ」が秒速33メートルもの暴風でバングラデシュを襲い、高潮がメグナ川をかなりの距離にわたって遡上した。ある非政府組織の報告によると、「チョール・ザヒルディンは完全に水没した」という。

「ホテルに戻って、フレッシュになりますか？」とアティックが私に訊いた。入浴や着替えをしてさっぱりするか、という意味だった。私たちは堅固な陸地へと引き返した。そして、夕方気温が下がってから、野外劇を観に出かけた。竹の支柱で設営され、周囲を布で飾った舞台の上で、緑の衣装を着た役者たちが踊った。サイクロンを題材にしたこの劇は、支援団体の後援を受けており、公共広告の一環のような趣だった。「シドル襲来の際に何がいけなかったのかを描いています」とアティックが説明した。「その後、家族全員がどう変わり、どう備えられるようになるのか、も」

暗闇の中、地べたに座る何百もの大人や子どもが見守る前で、薄暗い蛍光灯に照らされた役者たちは笛を吹き、太鼓を打ち、歌い、叫んだ。役者の1人が大きな巻紙を広げると、そこに描かれた災害の様子が次々に現れた。家族でテレビを観ていると、画面に1から5までの数字（サイクロンの強度を示す）が表示される。小舟に乗った人々が、ラジオのまわりに集まっている。リキシャの車夫が道行く人たちに警戒を呼びかける。金製の宝飾品をはじめ、持ち運びできる品を手当たり次第つかんで、住人たちが大急ぎで家を飛び出してくる。やがて、人々は列を成して、静かにサイクロン・シェルターに入っていく。その光景は、エドワード・ヒックスの絵画「ノアの箱舟」に薄気味悪いほど似ていた。この芝居には希望があった。早期警戒システムやサイクロン・シェルター、そして教育のおかげで、サイクロン「シドル」に見舞われたときの犠牲者は比較的少数――およそ3000人――で済んだのだから。その16年前の1991年に同程度のサイクロンに襲われた際には、13万8000人が犠牲になっていた。

だが、シドルによって100万トンの米が失われ、2008年の世界的な食糧危機のただ中にあった翌春、ダッカでも急騰する米の価格をめぐって暴動が勃発した。衣料産業に従事する労働者たちがストライキを決行して、自動車を叩き壊したり、警察官に向かってレンガを投げつけたりし、警察官も銃弾で応戦した。

ある朝、アティックと私はシュンドルボン周辺に向かった。三輪タクシーに揺られて、サウスカリの村へと続く盛り土の小道を走った。バゲルハット（セネガルの「緑の長城」からほど近いトゥーバと同じく、イスラム神秘主義の聖人によって築かれた町だ）周辺に位置する、サウスカリをはじめとする村々は、シドルによる被害がもっとも大きかった地域だ。ヤシの木につかまったり、災害シェルターを兼ねた学校の2階に身を寄せあったりして、なんとか高潮を生き延びたサウスカリの50世帯のうち、半数がその後村を去っていた。そこは、バングラデシュで私が訪れたなかでも、もっとも人数の少ない場所だった。

私たちは、その小道をベンガル湾に達するところまで歩いていって、漁師たちが絡まった網を解いている様子を眺めた。人々の命を救った学校の黄色い建物のそばで、ある村人はこの建物をどう改善すべきか指摘した。2階にも入り口があれば、洪水が発生してからでも建物内に逃げ込めるというのだ。アティックのグレーのTシャツに書かれた「ビーチ・ツアー」という言葉に、私はふと目を留めた。漁師の1人がようやく、入り江を渡ってシュンドルボンに連れていこうと言ってくれた。シュンドルボンでは、ぽつんと建つ小屋にいた森林監視員が、生態系を乱されたベンガルトラがこれまでになく多くの村人を殺すようになっている、と教えてくれた。私たちは100メートルほど林の中に分け入ったが、そこで早くも戻ったほうがいいと声がかかった。

ダッカに向けて北へ戻るフェリーで、アティックはむっつりとしていた。「半世紀もすれば、中洲の島々はみな姿を消すでしょう」と、ようやく口を開いた。「そのせいできっと紛争が起こります。環境難民は行き場を失うか、都会に向かうことになるでしょう。イスラム教のことを考えてみてください。原理主義のことを。彼らは怒りに燃えるでしょう。そのせいで戦争になります。アメリカ人は家を、車を持ちたがります。でもそのせいで、バングラデシュがどうなるかなんて考えもしません」。アティックに促されて、私は下のデッキをのぞいてみた。どの階も南部へ向かうときよりも混みあっていた。どの家族もブランケットを広げて場所取りをし、父親や母親や子どもたちが一緒になって、自分たちの区画を確保していた。大きなかばんを持っている人も多かった——どうやら、それが全財産のようだ。「どうしてかわかりますか？」とアティックが訊いた。「彼らはみな、ダッカへ移り住もうとしているんです」

シナリオ・プランニング再び

——もし数百万の避難民がインドに押し寄せたら

実のところ、アメリカ人の一部（防衛関連組織の人々）は、バングラデシュに与えている影響に気づいていた。サイクロン「シドル」に続く数年間、バングラデシュは一連のウォーゲーム（訳注　将来起こりうるいくつかの環境変化を想定して、複数のシナリオを描き出すことによって、戦略や政策の策定、組織学習などに役立てる分析手法。シナリオ・プランニングともいう）や諜報報告の中心だった。

２００８年7月、こうしたウォーゲームのなかでも最大級のものが、首都ワシントンにある新アメリカ安全保障センターで開催され、ほどなくオバマ大統領の政権移行チームの責任者に就任することになるジョン・ポデスタが、国連事務総長の役を演じた。主な講演者は、かつてシェルで活躍したピーター・シュワルツで、ちょうどそのころ、匿名のクライアントのために、潜水艦と北極圏の氷融解にまつわる非公開のシナリオに取り組んでいた。極北地域における海上交通の未来に関するシュワルツの別の研究が、少し前に「コルベア・リポート」（訳注　司会者の名を冠したアメリカの風刺コメディ番組）で取りあげられていた。「息子は17歳ですが、初めて父親が何をしているのかを知りましたよ」と、演壇に上がったシュワルツは軽口を叩いた。「『コルベアは』私をヒーローにしてくれました。ですが、それに劣らず重要なのは、コルベアでさえ、融解が進む北極圏の脅威に気づきはじめている点です」。シュワルツの表情に真剣味が増した。

「われわれはすでに、気候変動の兆候を目にしています」と彼はウォーゲームの参加者たちに向かって言った。「これは50年後の問題ではありません。私の見るところでは、20年後の問題でさえない。今日の問題なのです――それが、バングラデシュの洪水であろうと、ミャンマーの暴風雨であろうと、オーストラリアの旱魃であろうと」

ウォーゲームの脚本が想定したのは、メキシコとアメリカの水をめぐる緊張関係、サヘルと北アフリカからヨーロッパへ大量に流入する難民、ニューヨークと上海を防衛する水門の建設、インドにおける穀物の大規模な不作とそれに追い討ちをかける大規模な洪水、バングラデシュを襲って20万の死者を出したカテゴリー5のサイクロン、気候変動のせいでインドとバングラデシュの国境に野営する羽目になる25万人の避難民だった。このウォーゲームは、その後コペンハーゲンで起こった実際の出来事とは相容れないが、気候に関する確固たる国際条約の成立という結末に終わった。

その冬、国防総合大学は、独自のウォーゲームを行い、洪水に追い立てられた何百万ものバングラデシュ人がインドに流入した場合、どのような事態が生じうるかを描き出した。そこでは、食糧と水の不足、疫病の蔓延、宗教戦争が挙げられた。海軍大学校で2010年に実施されたウォーゲームでは、機動的な海水淡水化プラントと何千何万もの洪水の犠牲者を船上に収容する能力なくしては、アメリカ海軍はバングラデシュで起こる大災害の対応に手を焼くだろうとの結論に達した。

気候変動がバングラデシュや南アジア、ひいてはアメリカ軍に与えかねない影響に関してもっとも綿密に検討したのは、国家情報会議（NIC）の機密扱いの研究だった。NICは、まずグローバルな気候安全保障について分析したのち、6つの国と地域についてより詳細な気候データを収集した。バングラデシュもそのなかの1つだったようだ。「われわれはそうしたデータを集めて」と関係者の1人は私に語った。「それを政治学者と社会学者——つまり、人間がどう反応するかを理解している人たち——から成るグループに託し、これが現実に起こるとしたら、当該地域におけるその他の現状を踏まえて、人々がどう反応するのか検討するのです。われわれは、気候変動だけを取りあげることはけっしてしません。つまり、さまざまな問題のコンテクストの中で気候変動を捉えねばならないのです。問題解決のために、協力できるだろうか？　それとも、緊張関係が生じるのか？　人の移動が起こるだろうか？　移り住むとすれば、人々はどこへ向かうのか？」

ＮＩＣの委託を受けて外部の防衛関連企業が作成した報告書からは、諜報の世界も、一般の人々と同じ懸念を抱いていることがうかがわれた。セントラ・テクノロジー社とシトール社の作成したある報告書には、「ガンジス川流域のデルタ地帯で発生が予見される氾濫や海水の浸入によって、さらに何千万ものバングラデシュ人が住む場所を失うかもしれない」と記されていた。「西ベンガル州やオリッサ州、さらには北東部へ、バングラデシュから移民が押し寄せても、インドには対応するだけの資源がないだろう……バングラデシュの人口の約半数が、農業では暮らしていけず、2050年までに都市部へ移住することになり、移住者の大部分はおそらく、インドに向かうだろう。それに加えて、サイクロンのような破壊的な事象がインドへの集団移住行動を誘発する可能性もあり、そうした移住は、全般的な気候変動よりもはるかに短期間に進行する見込みだ」

インド国内では、こうした研究の数ははるかに少なかった。私が訪問した時点では、インドの安全保障とバングラデシュの人口動態や気候変動、海面上昇の関連について調査した政府報告が1つあっただけで、それも機密扱いとされていた。「高い人口増加率の問題を別にしても、バングラデシュが国土のかなりの部分を失うであろうことは、きわめて明白です」と、報告書の作成者はデリーで私に打ち明けた。「バングラデシュは、いつ爆発するとも知れぬ時限爆弾なのです」

だが、(1人当たりではなく国別の)二酸化炭素排出量に関する世界ランキングで、主要排出国の仲間入りをしているインドも、ようやく現実に目覚めつつあった。同国のGDPはその4割を降雨に依存しているが、モンスーンの時期を含め、降水状況には変化が生じていた。NASAの衛星によると、灌漑によって帯水層が干上がるにつれて、同国北部の地下水位は毎年30センチメートルも低下していた。イギリスのリスク関連のコンサルタント会社メイプルクロフト社が算出した気候変動脆弱性指数では、インドは世界で28番目に脆弱性の高い国とされた。第2位のバングラデシュよりはかなりましだが、大半の国よりも危うい水準にある。

気候安全保障に関する会議の場で、かつてインド空軍の司令官だったA・K・シンは、氷河が縮小して、共有の河川系の自国側でインドが水を確保しておかなければならなくなれば、バングラデシュやパキスタンと戦火を交えることになる危険性がある、と警告しはじめた。バングラデシュが洪水に見舞われれば、インドはさらに不安定化するだろう。「そうなれば、まずは食糧と避難場所をめぐる争いが人々のあいだに起こるでしょう」とシンはNPR(訳注　加盟するラジオ局にコンテンツを制作・配給したり、独自のインターネット放送を行ったりするアメリカの組織)に語った。「移住が始まれば、どの州もそれを阻止したいと考えます。そして最終的には、軍事紛争にならざるをえません。国境問題の解決に、ほかにどんな手段があるでしょうか？」

ドゥブリの元藩王（ラージャ）との静かな午後

エナムル・ホックは外国人自体を好まないわけではなく、私に対しては、アティックに負けないほど愛想よく接してくれた。私がドゥブリに到着するとほぼ同時に、ホテルに来て歓迎してくれたのだ。ホテルといっても、衣料品店の上の数室で、最近は親指大のイナゴの類だらけだった。エナムルに言わせると、そんなホテルは「自分の面子にかかわる」とのことで、私たちは彼が友人から借りたタタ・モーターズ社製の白いハッチバックで彼の自宅へ向かった。途中、自分がついていれば安心だ、と彼は請けあった。「私はアッサム州でも、インド全土でも、とても評判がいい人間ですから」と彼は言った。「それでも、脅迫電話がかかってきます。私を脅す人がいるのです。おまえは国の恥だ、と言って。私はアラビア語で言い返してやります。『唯一の神は祖国だ。自分の祖国のためには何でもやれ。そうしないようなやつは、真のイスラム教徒ではない』。そう言ってやるのです」。侵入者とその擁護者がたいていイスラム教徒であり、彼もまたイスラム教徒であるという事実は、彼がアッサム州人でインド人で、侵入者がたいていそうではないという事実ほど重要ではなかった。

2部屋から成る住まいに入ると、彼は召使に国境地図を1巻き持ってこさせ、机の上に広げた。隣にはモチベーションを高めるのが専門の講演者シブ・ケーラが書いた『君なら勝者になれる――

成功者の「態度」と「行動」の法則』（サチン・チョードリー監訳、大美賀馨訳、フォレスト出版、2015年）という本が置かれていた（「勝者は何か違うことをするわけではない。物事を違ったやり方でするのだ」）。一方の壁には、メキシコのソンブレロとヴェトナムの円錐形のノンラーの中間のような、アッサム州の伝統的な帽子ジャーピがかかっていた。

エナムルは机に向かって座り、アッサム州への移住について話しはじめた。第1波は1971年、当時東パキスタンと呼ばれていたバングラデシュが西パキスタンから独立するのをインド軍が助けたときに難民として流入してきた（インドと分離したあと20年にわたって、東西のパキスタンは単一のイスラム教国だった）。1979年には全アッサム学生連合（AASU）の指導者たちは、人口の急増に大きな懸念を抱き、いわゆる「アッサム運動」を開始した。そのときの反移入民の組織活動には、大規模な学生集会や座り込み、6時間のあいだに2191人の不法入国者の命が奪われた大虐殺などがあった（これにはエナムルは触れなかった）。インド北東部は騒然となったので、政府はAASUと話しあい、何を置いてもフェンスを建設することを約束する協定に1985年に調印した。「そのため、1987年に建設が始まったのです」とエナムルは言った。「そして、フェンスの最初の部分の建設地が、全州のうちアッサム州になったのです」

エナムルが見せてくれた地図は未完成の記録だった。それは、たんに新しい道路やフェンスが依然として加えられているからばかりではなく、完成した道やフェンスがときおり浸蝕によって破壊されたり、川の真ん中に無防備な土地が新たに出現したりするからでもあった。「ここを見てください」と彼は言い、指差した。「かつて、国境フェンスが何キロメートルもここに造られました。

今ではすっかり取り壊されてしまったので、再建しなくてはなりません」。彼は1枚めくって次の地図を出した。「このあたりは、国境を越えるのには絶好です。大きな弱点です」。彼はバングラデシュを指差した。「地球温暖化の混乱は、あちら側から始まっています。10年か20年後には、バングラデシュの人々は移住せざるをえなくなります。なぜなら10年か20年後には、バングラデシュは人の住める場所ではなくなりますから。状況は深刻です。現在、彼らはあらゆる手を使ってやってきます。彼らは生計手段を探しています。そして、あちらこちらに移り住んでいます。これは無言の侵略ですよ」

エナムルはBSFの許可なしに国境パトロールに私を連れていこうとはしなかったが、それに劣らず重要な視察ツアーを考えていた。自分の知っているドゥブリを私に見せ、もしバングラデシュ人が殺到してきたら何が失われかねないかを示したかったのだ。翌日彼は朝5時に自分の原動機つき自転車で迎えにきた。私たちはエンジン音を響かせながら、シャッターの下りた店の前を次々に通り過ぎ、やがて、野外劇場文化複合施設に着いた。彼はいつもそこでヒンドゥー教徒の友人たちとヨガを練習していた。これまた、彼の闘いが宗派争いとは無縁である証拠だった。何十人もの中年の男女が、女性は左側、男性は右側に分かれて地面に座り、脚を組み、印を結び、ありがたいポーズをとっていた。3人の指導者が壇上で詠唱している。エナムルと私は男性側に敷物を広げた。衆目を集めながら私が1時間ぎくしゃくと体を動かしたあと、エナムルは親切にも、私の体の硬さ(かつて、あるマンハッタンの理学療法士に「こんなにひどい人は見たことがない」と言われた)にはひと言も触れなかった。彼の友人で、車を持っている人がまもなく来てくれて、私たちは川岸から細く突き出ている土地にある、有名な陶工村に出かけた。そこで私たちは強烈な日差しを浴びながら何時間も立ち尽くし、民芸家たちの仕事ぶりや、彼らの手になる素焼きのサイやゾウを眺めた。

このツアーのうちでもっとも重要な見学地には、午後に行った。ドゥブリの数少ない丘の1つに過去100年間建っている、朽ちかけた木造の屋敷と、今なおそこに住む青い目の元藩王（ラージャ）を訪問したのだ。ラージャに会うために、私たちは車を丘の麓に停め、伸び放題の草のあいだを抜け、古い大砲の脇を通り、がたのきた階段を上がって物干し場を過ぎ、2階の書斎に入った。

ラージャは先祖代々の何百枚もの写真と油絵に囲まれてそこに座っていた。しばらく、扇風機のおかげで部屋は涼しかったが、そのあと停電になり、ラージャは穏やかな口調で私たちに缶入りのコカ・コーラを勧めた。停電で冷凍庫は使えないはずなのに、氷入りのグラスも添えてくれた。「ここでは水を飲んではいけません」と彼は私に注意した。それから、しばらく階下の武器室を見せてくれた。埃をかぶった大型の旅行かばんやトラの頭の剥製がいくつもあり、ゾウ撃ち銃も1挺あったが、それ以外の時間のほとんどを、私たちはうだるような暑さの書斎に座って、昔話をして過ごした。「700平方マイル（訳注　約1800平方キロメートル）を所有していました」とラージャは言った。君主と封臣の制度が廃止されたのはわずか20年ほど前で、それは政府がラージャや、それより少し身分の低いエナムルのような領主を使わずに税を直接徴収しはじめてからのことだった。アッサム州はもとより、現在のバングラデシュにまで及んでいたラージャの領地は、徐々に政府のものとなり、一般大衆に分配された。この屋敷は、残された数少ない不動産の1つだった。彼はそれを博物館にすることを望んでいた。

アッサム州議会の議員を務めたラージャの父親は、たいへんな狩猟家だった。「父はトラを76頭、ヒョウを11頭仕留めました」とラージャは言った。「そして、捕まえたゾウは１００頭を超えます」。彼は古い狩猟記録を取り出し、ぼろぼろになったページを一緒にめくっていくうちに、しだいに懐旧の念を深めていった。「トラ　オス1頭、サイ　オス2頭、メス1頭」と彼はつぶやいた。「これを読めば、絶滅動物のリストも作れますね」。やがて父親はトラが姿を消しつつあることに気づき、熱心な自然保護論者に変わった、とラージャは言った。彼は、１９６２年に亡くなった、父親のお気に入りのゾウ、プラタップの写真をいつまでも眺めていた。このゾウの墓は前庭にあった。先ほどの大砲の近くだ。「父は私にいつも言っていました。プラタップはほかのゾウとは違う、プラタップは特別だ、と。どのゾウにも発情期がありましてね。そういうときには、オスのゾウはみな、とても傲慢になります。ところがプラタップはとても忠実で、とても穏やかでした。父は言いましたよ。メスのゾウとつがうときに呼んで、来るかどうかためしてみよう、と。父が呼ぶと、プラタップはやってきました」。コカ・コーラを飲んでいたエナムルは、そこで大きなげっぷをした。

ラージャとエナムルはしばらく、ゴアルパラ方言で話していた。エナムルがＢＳＦと言うのが私には聞き取れた。彼はラージャに、私がフェンスのところに行く許可を得られずにいることを話していたのだ。ラージャは私のほうを向いた。「バングラデシュ人が住んでいるところを見たいのですか？」と彼は尋ねた。「すぐそばです」。私たちはぞろぞろと階段を下り、丘を下り、車に乗った。ラージャは散弾銃を手にしていた。ほどなく右手に、怪しげな小屋が8軒、固まって建っていた。そこはかつてラージャのものだった土地だ。「ゆっくり、ゆっくり、ゆっくり」とエナムルがささやいた。「ゆっくり。ゆっくり！」私たちは伸びあがるようにして見たが、サリーをまとった女性が1人、何かを抱えて小屋の1つに入っていくところしか見えなかった。「やつらがバングラデシュから来たと言いきることはできません」とエナムルが言った。ベンガル人であることに変わりはないからだ。「けれど、インド人だと言いきることもできません」

低い土地で、道路から3メートル以上も下にあり、ところどころに水田があった。雨が降れば、ここが真っ先に冠水する。驚いたことに、そばにBSFの基地が2つあった。「実は、ここは政府の土地なのです」とエナムルが言った。「誰かがやってきて住んでも、政府は調べたりしません。市民も調べたりしません。できないのです。ベンガル語もバングラデシュ語も同じ言葉です。難しいですよ。バングラデシュ人は肉体的パターンも生物学的パターンも、性質も……」

「見分けがつかない」とラージャが言った。「見分けがつかない」

「やつらは見分けがつきません」とエナムルも同意した。

「京都議定書」のせいで、二酸化炭素を排出していない国が割を食う？

たいていのバングラデシュ移民は、ドゥブリどころか首都ダッカより先へは行けなかった。セネガルでと同じで、最貧の人々は、首都より先まで行くお金がないのだ。ダッカの都市圏には推定1300万の人が暮らしており、チョールの住民と、サイクロン難民と、その他の新参者で毎年50万人ずつ増えていた。これは地球上で最大の成長率だ。ダッカは2025年までには、メキシコシティや北京よりも大きくなるだろう。新たにやってきた人々は、鉄道の車両基地やバスの発着所に何日も、あるいは何週間も野営してから、公式の地図には載っていない、無秩序に広がるスラム街へ引っ越していく。男性は1日2ドル相当の金額でリキシャの車夫の働き口を見つけることが多い。この大都市には今や80万台のリキシャがあると考えられている。運がよければ、ここ以外の世界のために衣料品を作っている、倒産しがちの違法な工場で職が得られた。

アティックと南部から戻ったあと、ダッカの旧市街の、カラシニコフ・ライフルの像の近くで、私は交通渋滞を目撃した。狭い通りに800メートルにわたって、リキシャがずらっと並んで身動きがとれなくなっていた。ダッカの空はスモッグに覆われているか、雨が降っているかで、市自体は悪臭を漂わせながらも、奇妙に美しかった。「バングラデシュの首都は、しだいに崩れて形を失い、構成要素へと戻っていくように見えることがある」。私よりも1年早くここを訪れたジャーナリストのジョージ・ブラックはそう書いている。「鉄でできたものは錆び、野菜は腐り、レンガは土や川の堆積物へと還っていく」

私が会った人で、インドのフェンスについて語りたがる人はいなかった。「申し訳ありませんが、そういうことについてはお話しできません」と国際移住機関（IOM）のある代表は言った。「非常にデリケートなことなので」。バングラデシュ政府の公式見解では、インドへの不法移住者は存在しないことになっていた。そして、その代わりに、IOMは合法的な移住者について語ってくれた。マレーシアからドバイ、イラクまで、さまざまな場所で労働人口の最下層に加わるために、人材募集者に2000ドル以上払う人々だ。ダッカには人材募集代理店が700軒あり、200万ものバングラデシュ人出稼ぎ労働者が世界各地で働いていた。彼らは、海面上昇でバングラデシュと同じぐらい危険にさらされている、地球上でも数少ない国の1つ、モルディヴにもいるし、リビアにもいて、革命のときには、脱出を図るアフリカ人とともに、小さな船でヨーロッパに逃れることになった。何百ものバングラデシュ人を満載した漁船が少なくとも1隻、マルタに着いている。

ダッカにいる援助活動従事者の大半は、フェンスについて語りたがらない。それはたんに、敗北の象徴だったからだ。私が会った若いバングラデシュ人は、若いセネガル人とは違って、自国がどれだけ脅かされていようと、たいてい、外国に移って永住する夢を持っていなかった。チョールで学んだ国家の倫理は、適応を続けるというものだった。アティックが所属するCOASTという組織は、より多くの稲作、より多くの教育、より多くの地元による支配を説いた。「食糧危機のせいで、外国企業がここへやってきて、遺伝子組み換えしたハイブリッドしか方法はないと言います」と、COASTの創立者は私に語った。何年も前に、モンサント社はバングラデシュ最大（現在では世界最大）の非政府組織であるBRACと提携した。「企業が人々のためになることだけをしているという例など、どこにも見当たりませんが、私たちは国外からのあらゆる援助に反対しているということではありません」と彼は続けた。「バングラデシュ人は1年に0・3トンの二酸化炭素を生み出します。アメリカ人は1人20トンです。私たちは支援金を受け取って当然なのです」

非政府組織の人と会うにはたいてい、ダッカの旧市街の近くにあるホテルから、グルシャンとバナニの比較的静かな区域へ通うことを意味した。これらの区域には外国人居住者がいて、木々が生えており、そこへ行くにはリキシャではなくタクシーに乗る必要があった。距離にして10キロメートル弱なのだが、最長で1時間半もかかった。ダッカほど交通渋滞がひどい場所は、世界のどこへ行っても見たことがない。運転手たちは車どうしをこすりあわせて少しでもいい位置を占めようとするので、ほぼすべてのバス、あらゆるトラック、乗用車の3分の2は、車体の両側に長いすり傷がついていた。

立派な環境保護論者で、IPCCの報告書の執筆者でもあるアティク・ラーマンの、広々としたグルシャンのオフィスの中でさえ、交通騒音を免れることはできなかった。「移住は適応ではありません」と、私が訪れた午後に彼は言った。そのあと彼の声は、クラクションのコーラスにほとんどかき消された。「私たちにとって、気候への適応は、テクノロジーや援助を通して」――クラクションの音――「システムを改変することです。撤退した瞬間、それはもう適応ではなくなります」。クラクションの音。「移住は敗北です。気候変動に関しては、3つの可能性があります。適応。移住。そして敗北です」

ラーマンは、ダッカでフェンスについて進んで語ってくれる数少ない人の1人だった。牛泥棒が避けられない（「私たちは牛を必要としています。そして、インドには必要とされない牛がたくさんいます」とラーマンは冗談を言った）のと同じで、バングラデシュがどれだけ適応できようと、移住も全面的には避けられなかった。せいぜい彼に望めるのは、敗北が十分な管理の下で起こることぐらいだった。

彼は最近ロサンジェルスで出席したレセプションについて話してくれた。「私はアメリカ人たちに言ってやりました。カリフォルニアの一部がほしい。テキサスの一部がほしい。メリーランドの一部がほしい。あなた方が水浸しにしているわが国の人々のために」と彼は言った。「私は計算できますよ。あなた方の排出量を調べ、それぞれがどれだけわが国民を引き受けるべきかを。ドイツがどれだけ引き受けるべきかも割り出せます」。バングラデシュには労働力があった。アメリカはしだいに高齢化が進んでいた。「彼らの多くは、ゴルフをやりたがります。彼らの多くは老後もお金があるでしょう。そして、介護してもらう必要があります。65歳で死ぬべきだったのですが、79歳まで粘ります。85歳まで頑張りつづけます。すると、マッサージが必要になります。相手に脅威を与えるような移住をするかわりに、私は気候変動移民を、効果的で才覚のある経済的な移民に変える努力がしたいです。どちらの側のためにもなるような」。それに代わる選択肢は暗いものだった。「それが実現しなければ」と彼は続けた。「私たちは押し寄せていくことでしょう。止められるものなら止めればいい。何を使って止めます？　どれだけ弾丸があるというのです？」

気候変動の脅威にさらされているのに、バングラデシュが外国から受ける援助は1990年代末よりも減り、毎年約15億ドルで、これは外国に出稼ぎに行っている労働者が送金してくる額の4分の1にすぎなかった。バングラデシュ人が知りたいのは、インドがフェンスを完成させるかどうかではなく（完成させることは間違いなかった）、欧米の排出量の多い国々が、約束した気候変動関連の援助を実行するかどうか、だった。国際的な気候変動交渉が長引くにつれ、数百万ドル規模の適応基金（ほとんどが拠出の約束だけ）が、書類の上でどんどんできていたが、約束された援助の一部は、たんに既存の援助の名前を変えただけだった。ラーマンは、実際に資金援助を受けたプロジェクトは、1つしか挙げられなかった。海岸の再植林事業に20万ドルが提供された。ただし、この事業の完成には、2300万ドル必要だった。

「お金がありません！」と彼はきっぱり言った。「貧しい人にはお金が行き渡りません。それがお金というものの本質なのです」。彼は1997年に京都議定書によって生み出されたクリーン開発メカニズムについて説明した。クリーン開発メカニズムのおかげで、発展途上国のうち、二酸化炭素を大量に排出している国々は、排出量を減らせば支払いを受けられることになり、中国とインドは何億ドルも稼いだ。バングラデシュは削減できる排出量があまりに少なかったので、ほとんどお金を受け取ることができなかった。これは腐敗したシステムだ、とラーマンは言った。汚染者はお金を支払わず、逆に受け取る。排出された二酸化炭素は世界じゅうに均等に広がるが、賠償金はどれだけ善意のものであっても、均等に分配されることはなかった。ラーマンが黙り込み、交通騒音が高まった。

「気候変動に関する悪夢のシナリオは、いたるところにお金が出回ることです。お金が出回る。大量のお金が出回り、たくさんのゼロカーボン・テクノロジーが、すでに事実上二酸化炭素を出さない場所に伝わります。そして、何も変わらない。貧しい人々には、何一つ起こらないのです」

ついにたどり着いたフェンス、そこにあったものは……

「フェンスだけではやつらを止められません」とエナムルは認めた。私がグワハティに戻る前、牛たちの脇を過ぎながら2人で川岸を歩いていたときのことだ。「ですが、それでも私たちは完成させなければなりません。なぜなら、そうしなければ、やつらを止めるものは何もないのですから」

私はあいかわらず自分の目でフェンスを見たかった。そして、アッサム州の隣のメガラヤ州で、ついに願いがかなった。かつて、1500メートルという標高と穏やかな気候のおかげでイギリス人の避暑地になっていた州都のシロンから、車で高原を横切り、チェラプンジへ行った。ここは年間（1861年）と月間（1861年7月）の最多降水量を記録した地として『ギネス世界記録』に載っている。どの看板にも、「地上でもっとも降水量の多い場所へようこそ」と書かれている。道の両側には、地元のカシ族というキリスト教徒の部族が所有するチャーメンの店が並んでいた。この部族はカントリー・ミュージック、それもラブソングがとりわけ好きだった。私はタクシーの運転手に頼み込んで、高原の縁を離れてしだいにぬかるんでくる道を進んでもらい、バングラデシュに向かって下っていった。横滑りしながらいくつも角を曲がり、そびえ立つ断崖を流れ落ちる、馬の尾のような細い滝を何本も過ぎ、1時間もしないうちに1400メートル近く下まで来た。空気が再び暑くなり、人々の肌の色が濃くなった。水は少しずつバングラデシュに流れていた。人々は少しずつ上に向かっていた。それがこのあたりの実情だった。

道の終わりまで進むと国境があったが、期待外れだった。足早に越えるバングラデシュ人もいなければ、簡単に形容するような言葉も見つからなかった。何もないに等しかったのだ。牛が何頭かうろつき、国境線からほんの数メートルのところに、何軒かの住宅といくつかの集落があり、畑と農民という田園風景が広がり、草葺き屋根の小屋にコルカタから来た2人の兵士がいた。彼らの無表情な顔は、私がデヴォン島で見たヴァンドゥーたちのものと同じで、彼らの任務も同じだった。

2人は銃を構え、待っていた。フェンスは2列の有刺鉄線で、そのあいだには狭い中間地帯があり、恐ろしげに、侵入不可能にさえ見えた。あらゆる問題は向こう側に安全に山積みされたままになるだろうと、ほとんど信じられそうなほどだった。

第10章

護岸壁、販売中

──オランダが海面上昇を歓迎する理由

SEAWALLS FOR SALE

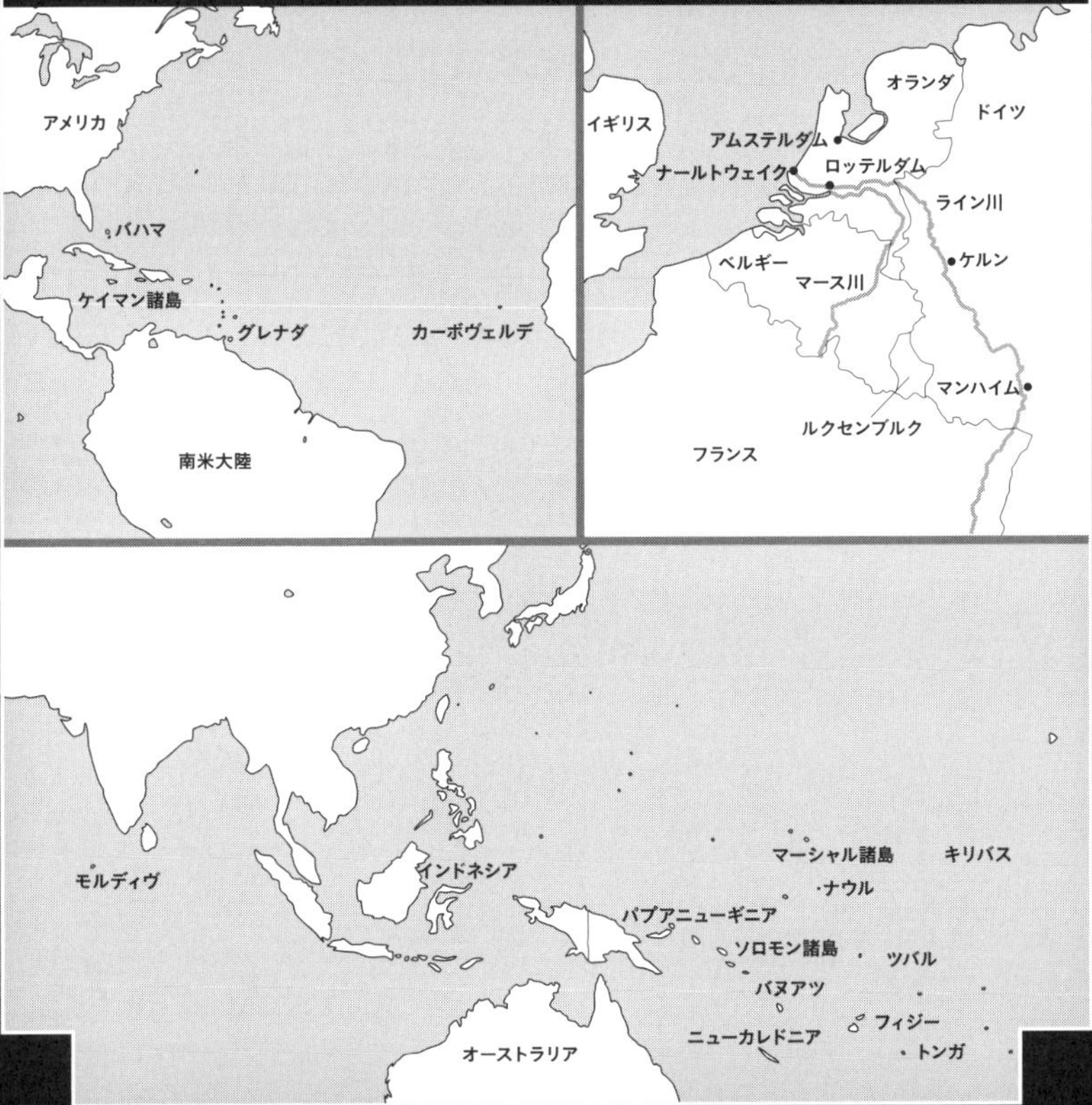

水面下に沈んでも島嶼国は「主権国家」たりうるのか？

ハリケーン「サンディ」がニューヨーク市を襲う前年（2011年）のある月曜のこと、コロンビア大学の広々とした講堂に法律家と各国大使らが集まり、島嶼国が海面下に消えた場合、法律上どうなるのかという問題について議論した。その開会の辞で、法学教授のマイケル・ジェラードは、「かつてない種々の問題」が浮上していると述べた。「水面下に沈んだ国は、依然として国家たりうるだろうか？　従来どおり国際連合の議席を維持できるのか？　その国の排他的経済水域はどうなるのか？　漁業権は？　海底資源に対する権益は？　その国家としての地位は継続しうるのか？　住む土地を追われた人々の国民としての地位はどうなるのか？　移住先での彼らの権利は？　そもそもどこが彼らを受け入れるべきなのか？　そして、水面下に沈んだ国とその国民には、法的救済策があるのか？」

講堂は貝殻のような形状で、演壇から最後列の席までの高低差はおそらく15メートルほどもあり、問題とされている多くの島々の海抜を上回っていた。大半はスーツ姿の200名以上が、10列にびっしりと座っていた。そこには、新たなビジネスチャンスを探している（少なくとも、私にはそう語った）法律家が1人と、小島嶼国連合（AOSIS）の代表が多数含まれていた。AOSISは、地球温暖化の申し子とも言うべきツバルやモルディヴや、被害国として名前が挙がることはまずないグレナダやカーボヴェルデやバハマなどが結成した、44か国から成る連合だ。ジェラードはこの会議を、マーシャル諸島の国連代表とともに開催していた。AOSIS諸国のなかでは知名度は低いものの、マーシャル諸島は太平洋のただなかに引かれた国際日付変更線の近くに位置する29の環礁と5つの島から成るミクロネシアの国だ。国連では端役のような存在だが、同国には他国の汚染によって2度も国家滅亡の危機に瀕したことから生じる特異な道徳的権威がある。

1940年代と50年代には、マーシャル諸島は太平洋核実験場として今よりもよく知られており、アメリカ軍はそこで67個もの核爆弾を爆発させたのだった。世界初の水素爆弾を使ったアイヴィー作戦のマイク実験も、1952年にこの地で成功した（爆弾を設計したエドワード・テラーは、ロスアラモスへの電報に「男子誕生（イッツ・ア・ボーイ）!」と喜んだ）。その2年後、キャッスル作戦ブラヴォー実験がビキニ環礁で実施され、アメリカ史上最大となる核出力15メガトンの爆弾が炸裂した。そして今、平均標高が2メートル強で、高い地点でも9メートル余りというマーシャル諸島は、気候変動によって早々に姿を消す国の1つと見られている。同国ではすでに、小島が1つ消滅している。エルゲラブ島という緑豊かな小さい島が、アイヴィー作戦マイク実験によって吹き飛ばされたのだ。あとには、直径1・6キロメートルに及ぶクレーターだけが残された。

マーシャル諸島は、1986年になってようやくアメリカの支配から独立し、1991年には国歌「マーシャル諸島よ、永遠に」が誕生した。その冒頭近くに「はるか天上の創り主の光とともに」という言葉があるが、その歌詞は意図せぬ意味合いに満ちている。「生命（いのち）のまばゆい光で輝きを／われらが父の素晴らしき創造の地／母なる国がわれらに遺された／いとしい祖国　大切な祖国を私はけっして離れない」。地元経済は、他国からの援助、ココナッツ栽培、マグロ加工、漁業権の付与、今なお残るアメリカのミサイル基地でのサービス業を中心に回っている。同国はまた、自国の規制をかいくぐろうとする何百もの船舶に便宜置籍を供与している。シェルの北極海主力掘削船クルック号の船体には、マーシャル諸島の首都である「マジュロ」の文字が記されている。マーシャル諸島の人口は6万7000人で、ミニングアック・クライストの素晴らしいグリーンランドの人口よりも1万人多いが、気候変動によりマーシャル諸島が海に沈み、グリーンランドが独立を獲得すれば、島国人口の合計は、実質的には差し引きゼロと言える。

マーシャル諸島とコロンビア大学がこの会議の計画を始動させたのは、世界各国がコペンハーゲンで気候に関する新たな議定書に署名するに至らず、多国間主義と温室効果ガスの排出量削減に重点を置く国連の気候関連プロセスが、ほとんど何の成果も挙げないという現実を目の当たりにしてのことだった。

「この会議の開催は、大失態の証左にほかなりません」。演壇に立つ順番が来ると、マーシャル諸島の大使はそう述べた。「政治的意思もない。プロセスもない。切迫感もない。数週間前、われわれはバンコクで1週間にわたって議題について議論しました——1週間もかけて何を議論するかを議論したのです！　トンネルの先には、まったく光が見えません。これこそ、私がジェラード教授にご相談を持ちかけた理由なのです」。これは、たんなる存亡の危機以上の問題だった。「われわれにとって、領土や天然資源——とりわけ海洋資源——は、マーシャル諸島民の集団的アイデンティティの一部なのです」と、大使は述べた。とはいえ、同国では高台に移住するという選択肢はないし、また、国土は完全に水没するはるか以前に、居住不可能となるだろう、と彼は続けた。海水がたびたび押し寄せるので、耕作地が冠水し、飲料水が汚染されるからだ。限定的ながら首都マジュロを守るための護岸壁の建設も始まっていたが、その費用は1メートルにつき1000万ドルと途方もなく高かった。低地ではすでに、何十棟もの家屋が水に浸かっていた。マーシャル諸島は遠からず、デング熱の大流行に見舞われるだろう——蚊が媒介するこの病気は、一部の学者によると、気温の上昇と降雨によって深刻化するという。

研究報告を最初に行った専門家は、背の高い金髪の人物で、ドイツ語訛りの抑揚のない声で、国家であるための法的条件をしかつめらしく列挙した。第一の条件は、明確な領域だった。これについては、海面が上昇しても、たとえば人工島により満たせる可能性がある。浮遊式構造物をしかるべき場所まで曳行して、海底に固定するのだ。「それらが［新たな］領海を生み出す能力は、1958年に否定されています」と彼女は指摘した（すなわち、人工島は海洋法上の権利拡大を主張する役には立たないということだ。そうでなければ、北極海はすでに、そうした構造物だらけになっていただろう）。とはいえ、現存する領土の代替としてならば、世界各国も同情心あるいは罪悪感から受け入れるかもしれない。

第二の条件は永久的住民で、将来は、いくつかの島嶼国では「核となる住民、法的根拠となる住民、管理を行う住民」によってこの条件を満たすことになるかもしれない。これはまさに、ハンス島についてのストロング軍曹の構想を拡大したようなものだ。第三の条件、すなわち政府に関しては、想像に難くない。インドのダラムサラに置かれたチベット亡命政府がその好例だ。最後の条件である独立は、「国際社会によって実質的に認められています」と彼女は述べた。ある国を国連から除名するには、3分の2の賛成が必要だ。「大多数の加盟国が小さな島国を消滅させることに賛成するとは思えません」。マーシャル諸島が姿を消したあとも、世界がその存在を認めようとするならば、同国はいつまでも存続できるような方策を見出すことができるだろう――少なくとも書類の上で存続する方策は。

別の発言者は、「在外国家（nation ex situ）」という概念を持ち出した。すなわち、気候変動に関して今後間違いなく提起される訴訟（その一部はきっと、ここに列席している弁護士が起こすだろう）で得られた賠償金を受け取り、離散した島民に分配するために、消滅した国が信託統治主体として事実上存在することを認めようというのだ。

青いネクタイを締めた、頭の禿げかかったマーシャル諸島共和国大統領は、講堂前列の席で前屈みになって、攻撃に備えるかのように両のこぶしをぎゅっと握りしめていた。同国の外務大臣が立ちあがった。「国をそっくり移転するというやり方は、この会場にご臨席の多くの国連大使の母国にとってと同じく、われわれにとってもきわめて受け入れがたい」と明言した。カーボヴェルデ大使もこれに賛意を示した。「多くの人々は、犠牲にされる土地は叫び声も上げずに消えいくとお考えでしょう」という大使の声が轟いた。「だが、いいですか、われわれは叫んでいるのです！」次いでモルディヴ大使が、端的にこう指摘した。問題は、「国連加盟国の地位ではありません。たしかに、こうした島国が姿を消し、それに伴って数百万の国民がいなくなっても、世界は歩みを続けるでしょう。しかし、人類の文明はその程度のものだったのでしょうか？　不都合になった国家や国民は、ダーウィンの適者生存の原則よろしく、見捨ててしまっていいのでしょうか？」

議題はその他の難題へと移っていった。続いて取り上げられたのは、海洋法によって、領海が当事国の海岸線を基準に決定されている現況下、島嶼国がその漁業権や海底の鉱物資源に対する権利を保持できるのか、という問題だった。ある国が海面下に没し、もはや海岸線を持たなくなった場合、そうした権利はすべて失われるのだろうか？　これついては、オーストラリアのある教授が、大きな身振り手振りで眉根を寄せつつ、誰よりも説得力ある解決法を提示した。島嶼国は国内法を修正して、海岸線を決定する際には、実際の陸地の境界線ではなく、地理座標のみを利用すればいいという。海岸線は新たな法律によって定期的に更新されると、その法律に規定しておいて、「2度と更新しなければいいのです」と彼女は述べた。そのあとは、各国がそれに異を唱えないよう願うのみだ、と。

コロンビア大学の災害専門家クラウス・ジェイコブは、高潮に対するニューヨークの脆弱性についての研究で、ハリケーン「サンディ」襲来後にちょっとしたメディアの寵児（ちょうじ）となる人物だが、この日はマーシャル諸島の首都が存続できる期間と、そのためのコストについての研究を発表した。

彼は次のように説明した。計画立案のために、「リスク」は年間費用のかたちで査定する。その費用は、年間の危険確率×資産価値×その資産の脆弱性の程度として算出できる。マジュロでは、平均標高が2メートルほどのおよそ9・5平方キロメートルの土地に3万人以上がひしめきあっていた。「いいですか」と彼は言った。もっとも大きな損失を生むと見られるのは、「ときおり起こる大きな出来事ではなく、些細な出来事の積み重ねなのです」。海面が1メートル上昇すると、マジュロは毎年平均で、町のすべての建物やインフラの総額の1～10割を支出しなければならないだろう――これは壊滅的な数字で、訴訟でいかに多大な賠償金を得ようとも、貧しい国にはまず調達不可能な額だ。「私の見解では、唯一の道はマジュロの人口を減らすことです」と彼は結論した。「そして管理保全を担当する者だけを残しておくのです。そうすれば、1000年後には（これは海面の高さがもとの位置まで低下するのに要すると見込まれる期間ですが）、国民も帰還できるでしょう」

会議がもっとも紛糾したのは、気候変動難民のための新たな立法が必要なのか、あるいは、既存の難民法を拡充できるのか、はたまた打つ手はないのか、という問題だった。「気候そのものを移住の理由として認めることは難しい」と、国際移住機関のある職員は述べた。何千もの（ことによると現人口の10分の1ほどもの）マーシャル諸島民が、アーカンソー州スプリングデイルにすでに移り住んでいるのだという。スプリングデイルには、ファストフードにも製品を納入している世界最大の食肉会社タイソン・フーズ社の本社がある。母国を逃れたマーシャル諸島民は、メキシコ人でさえ嫌がりはじめた食肉処理場での職を求めて、この地にやってきたのだった。ハンセン病を持ち込んだ、結核を広めている、といった謂れのない非難を受けつつも、彼らはアメリカに不可欠な新たなサービスを提供するようになった。すなわち、安価な鶏肉だ。だが、スプリングデイルの話は余談にすぎない。識者たちの議論は、おもに先例に関するものだった。島嶼国の人々にしてみれば、もううんざりだった。

「そうですね、この問題はある出来事を思い起こさせます」と、マーシャル諸島の大臣が口を開いた。「私はかつて、エニウェトク環礁の汚染除去に従事していました。核兵器実験に利用された環礁です」。1970年代後半になって、アメリカは周囲の島々の地表から、放射能に汚染された土壌や瓦礫を除去し、7万2000立方メートル余りの廃棄物をカクタス・クレーターとして知られる核爆弾の残した穴の中に封じ込めた。「アメリカ側は、誰もこの島に来ないよう警告する標識を立てようとしました」と大臣は言った。「そして、何と書いてほしいか、とわれわれに尋ねたのです。私の返答はこうでした。『われわれに訊くまでもない。あなた方がここに捨てたのだ。自らに訊くがいい。そうすれば、その言葉をあなた方の代わりに書いてさしあげますよ』」

大臣は続けた。「そして今度は、国家の消滅についてわれわれに問うのです。国民の消滅について、その文化とアイデンティティの消滅について。どうしたいのか、どこで泳ぎたいのか、とあなた方はわれわれに問う。さあ、私にはわかりません。いつ泳げばいいのか、こちらが教えていただきたいほどだ」

これが、この3日間のパターンだった。島嶼国の憤りに続いて、少なくとも一部の学者からは冷めた無関心が示され、さらなる憤りを誘った。会場内にいた危機に瀕した国々（モルディヴやバハマ、ミクロネシア、ナウル、セントルシア、パラオ、キリバスといった国々）の代表たちは、法律家がこの会合の前提を声高に唱えるたびに、顔をしかめるのだった。学者たちは、想像を絶する問題に対して論理的な道筋をつけようとしているのだと強く自覚しつつ、たいてい慎重を期していたが、それでもときに、両者の乖離（かいり）は明白になった。

ある日の午前、「国家を維持すべき理由についてはおそらく、さらなる検討をすべきなのでしょう」と、オランダの海洋法の専門家が発言した。「多くの問題があるにもかかわらず、こうした国々を存続させることを国際社会に認めさせようとするのならば、その理由や意図、目的を明確にする必要があるでしょう」。そして彼は、会議で議論された複雑な法的解決策に代わる2つの案を、これなら問題はないだろうとばかりに示した。水没の危機にある国々が国外に土地を購入するという案（これはすでに一部の政府によって、表立って議論されている選択肢だ）と、彼がより「現実的」だと考えるもう1つの案、すなわち、より海抜の高い国を含め、さまざまな太平洋の国々を、単純に1つの新たな国家として統合するという案だ。誰も彼もいっしょくたに詰め込んでしまえばいいというのだ。「そうすれば、多くの目的が確実に達せられるでしょう」と彼は得意げに言った。会場は束の間、静まり返った（ことによると列席者たちは、ほかの国々にとって都合がいいという理由でドイツに併合されても、オランダ人は意に介さないのだろうか、と考えていたのかもしれない）が、別の学者が割って入って、彼の誤りを正した。「倫理的見地から申し上げて」と彼女は口を開いた。「答えは明らかではないでしょうか。これらの国々は主権国家であり、なかには長い苦闘の末に独立を勝ち得た国も含まれ、主権を維持することを望んでいるのですから」

海抜以下の土地でGDPの7割を生むオランダ人から見た気候変動

低地国として有名なオランダの人間が、海面上昇についてきわめて実務的な態度をとったとしても、驚くには当たらなかった。過剰な水に対するこの富裕な国の意外な反応は、長いあいだ水不足に直面してきた国々の反応を逆映しにしたかのようだった。旱魃にかけてはベテランとも言えるスペインやオーストラリア、イスラエルといった国々は、気候変動をかならずしも快く思ってはいなかったが、それを契機に海水淡水化プラントの設計改良に努め、今ではそのプラントを喜んで他国に販売していた。洪水対策の権威であるオランダ人も、気候変動をとりたてて憂慮するでもなく、護岸壁を喜んで売るだろう。

オランダの地盤沈下との闘い、さらにはライン川とマース川の河口に広がる低湿のデルタ地帯の干拓史は、中世にさかのぼる。同国の象徴である風車は、揚水機の動力源として利用されていた。テクノフィクス（ハイテクによる問題解決）に対する同国の信念は、見渡すかぎりほぼすべてが人工的な景観に根差している。海抜以下の土地で、同国の人口の3分の2が暮らし、GDPの7割が生み出されている。1997年に、オランダは75億ドル規模のデルタ計画（訳注　1953年の大洪水を契機に始まった大規模治水計画で、ライン川・マース川・スヘルデ川のデルタ地帯を高潮の被害から守ることを目的とする）を完遂した。その堤防やダム、防潮堤は、世界一強大な護岸ネットワークを形成し、どんな防護林や国境バリケードよりもはるかに複雑な驚くべきエンジニアリング事業の成果と言える。

自国以外の世界じゅうの国々が海への不安を抱きはじめるなか、オランダは浚渫会社やエンジニアリング会社から水上建築の専門家まで、自国の水管理に関する専門技術を積極的に売り込んだ。同国にはすでに、大々的に宣伝できる著名な国際的な成功例が1つあった。コロンビア大学の地元で、この法的問題に関する会合が開催されているマンハッタンは、オランダあってこそ、今の姿が見られるのだ。ニューヨークの一部は、当時ニューアムステルダムと呼ばれていたこの地に移り住んだ初期のオランダ人入植者が行った干拓による。オランダ人が母国にとどまっているかぎり、元祖アムステルダムもまた、その姿を保てるだろう。そして、国土が存続することが、最高の宣伝になるのだ。その護岸壁の信頼性の証として、リスク関連のコンサルタント会社のメイプルクロフト社が公表した気候変動脆弱性指数で、オランダはアイスランドやデンマーク、フィンランド、ノルウェーといった北の国々と肩を並べて、リスクが低いとされる下位にランクされ、調査対象となった170か国中160位だった。

この法的問題に関する会議に先立って、私はオランダに足を運んでいた。この豊かな国にとって、気候変動がバングラデシュやマーシャル諸島の場合といかに異なるのかを理解するためだ。アムステルダムでは、ニューオーリンズからジャカルタ、ホーチミン、ニューヨークまで、河川デルタ地帯に位置し、危険にさらされている世界じゅうの都市が一堂に会する初めての会合と銘打たれた、「アクアテラ」という会議が開催されていた。そこで私は、われわれは「新たなビジョン」のためにここに集った、と開会の辞で宣言されるのを聞いた。「テーマは、適応であり、事業開発であり」と演説者は続けた。「チャレンジとチャンスであり、価値の創出であり、連帯であり、起業家たることであります！」

ケニアやインド、コロンビアなどから「切りたて」の生花が毎日届き、世界最大の生花市場で競りにかけられる、フローラ・ホランド所有の90万平方メートル超の建物の所在地、ナールトウェイクの町では、私は月並みながら、最新の浮遊式温室の1つを見学した。海抜1メートルほどの古都デルフトでは、堤防に入った亀裂を埋めて、ハリケーン「カトリーナ」襲来時にニューオーリンズを水没させてしまったような堤防の決壊からオランダを守るために、「スマート・ソイル」なるものが開発されている研究室を訪ねた。「バクテリアを使って接合剤を作り出すという発想です」と、官民合同の研究機関デルタレスのある教授が説明してくれた。「自然界では100万年かかるところを、1週間で砂岩を作り出せます。1000億のバクテリアをもってすれば、どんなものにも触媒作用を及ぼせます」。バクテリアには尿素が与えられ（教授によれば、「よく食べる」そうだ）、遺伝子組み換えによって、触媒作用の向上が図られていた。スマート・ソイルは、輸出にも向いていた。のちに私は、「緑の長城」の代替案として、スウェーデンの建築家がこの技術の利用を提案するのを目の当たりにすることになった。サハラ砂漠にバクテリアを投入して、砂をそのままその場で固め、気候変動難民を収容できる「砂漠化防止建築」を造ろうというのだ。

補強された海岸線から1時間ほど離れた、緩やかに連なる丘陵と農地のただなかに、オランダが水との闘いで負けを自認している場所があった。だがこの場所でさえ、適応する余裕のある国にとっては、気候変動の持つ意味合いがいかに違うかを示す好例となるだろう。

オーフェルディーップは、マース川の中央にある5平方キロメートル余りの涙形の干拓地だ（干拓地は「ポルダー」という呼び名でも知られている）。オランダはときおり、ヨーロッパ諸国の排水路とも称され、マース川の場合、その水流はベルギーとフランスから提供される。ヨーロッパの気候が変化するにつれて、しだいに激しさを増す雨により、マース川の水量は増大が見込まれる。水位の上昇に対して、オランダはこれまで、つねに堤防の嵩上げによって対処してきたが、中央政府は試算に基づき、それももはや継続不可能と判断した。そこで、「川のために場所を空ける」と呼ばれるプロジェクトで、オーフェルディーップ・ポルダーを含む40か所を、より発展した価値の高い地域を守るために、犠牲にする（大部分は氾濫原として無防備なまま放置する）ことになった。オーフェルディーップの18軒の農家のなかから、気候変動、少なくとも気候変動に対する懸念が集団移住の明白な理由とされる、世界初の避難民が誕生することになった。

ある朝、私はこのプロジェクトの地元責任者とともに、オーフェルディーップと河岸を結ぶ橋を渡り、ある酪農家が所有する家の前に車を停めた。髪を逆立たせるヘアスタイルのにこやかなその酪農家の男性は、32年前、このポルダー初の赤ん坊として生を受け、今では彼自身の赤ん坊と2歳の娘とともにそこに腰掛けていた。女の子は私に、シリコン製のカラフルな粘土の塊を差し出した。自分の家は取り壊されると彼は言った。牛小屋と一緒に。だが、彼は満足だった。一家は、政府の援助によって盛り土で嵩上げした土地に移るものの、ポルダー内に残ることを許された9世帯のうちの1つで、そこでなら酪農場を拡大する余裕も出てくるはずだった。残る9世帯は、数百万ユーロの補償金を手にしていた。補償金を元手に、ノールト・ホラント州によりよい土地を購入する者もいれば、南部に農地を買う者もいた。ある家族は、政府から補償金を受け取ると、カナダへと移住した。そこでは空いた土地がいくらでもあり、年を追うごとに気候もよくなっていた。「彼はすでに90頭もの牛を飼っているんですよ」と、酪農家の男性は話した。

オーフェルディーップの下流にある「川のために場所を空ける」プロジェクトの対象地では、川底で暮らすウナギに似た茶色い魚である在来種のドジョウの住みかも、浚渫工事によって脅かされていた。オランダの環境保護基準を満たすために、4人の生物学者と2台の油圧式クレーン、1台のトラクターから成る一団が、1日10時間、週5日活動し、6週間かけて1636匹のドジョウを移動させたばかりだった。彼らはこの任務を果たすために、まったくもってオランダ人らしいエンジニアリングの才能を発揮した。灌漑用水路をおよそ60メートルごとに堰き止め、区域ごとにほぼすべての水を抜いたうえで、防水ズボンを履き、網を手にした作業員たちを送り込む。そして最後に、水路から汲みあげた大量の泥を乾いた地面に空けて、そこからドジョウを手作業で選り出したのだ。

「川のために場所を空ける」プロジェクトの責任者に、オーフェルディーップの18世帯すべての移転にどれだけの費用が充てられたのか尋ねたところ、ほぼ1億4000万ドルとの返答だった。偶然にもこの額は、数百万ドルの違いはあるにせよ、気候対策のためにオランダがそれまでに公約していた発展途上国向け支援の額に等しかった。「川のために場所を空ける」プロジェクトの予算総額は30億ドル近く、これは世界じゅうのすべての気候関連基金がこれまでに提供した資金の総額よりも多かった。

「沈む国」にビジネスチャンスを見出した若き建築家

私はある朝、海辺に戻り、ロイヤル・ダッチ・シェル社の本社から10キロメートル足らずのところで若い建築家に会った。彼のターゲット市場は、マーシャル諸島のように海に沈みはじめる国が増えるにつれて、拡大していた。

建築家のコーエン・オルトゥイスは当時、39歳にしてすでに、その先進的なビジョンにより称賛を得ていた。ＣＮＮやＢＢＣは好んで彼の言葉を引用し、彼は以前、「タイム」誌の選ぶもっとも影響力のある100人の投票で、122位にランクされたこともあった。残念ながら、トップ100入りは逃したものの、人気キャスターのケイティ・クーリックやウサマ・ビン・ラディン、R&Bシンガーのメアリー・J・ブライジよりも上位だった。「私たちには慣れ親しんだ生活があります」とオルトゥイスは言った。「そしてその生活を、まったく変わることなく今のとおりに維持しなくてはならないと私たちは考えます。しかし、母なる自然への対応を変えることができれば、気候変動も自然の1つの作用にすぎない——1つのチャンスなのです。思うに、気候変動は問題だとの見方に囚われている人が多すぎるのです。むろん問題もありますが、気候変動によって私たちの生活がどのように改善されうるのかという点に注目してみようじゃありませんか」

オルトゥイスは、ウェーブのかかった豊かな髪の、背の高い男性で、いかにも建築家らしい服装をしていた。黒のアンダーシャツに黒のVネックセーター、暗い色のジーンズに革のブーツといったいでたちだ。話をしながら彼は、オフィスの大きな窓から外を眺めた。オフィスは運河をわずか1メートル足らず下に見る赤レンガの建物だった。

「私たちは幸運にも、多彩な解決策に囲まれたこの国に居あわせています」と彼は言った。かつて「ここは、何も描かれていないキャンバスのような国でした。私たちはそこを道路や住宅、橋で埋め、今も埋めつづけています。この絵が完成することはけっしてありません」。オランダは海水や河川、降雨との多面的な闘いで勝ちを重ねてきた。「わが国の解決策に他国が関心を寄せる大きな理由は」と彼は続けた。「多くの都市、多くの大都市——そう、大都市のじつに9割近くが——水辺に位置しているからです。河川や海、デルタ地帯の間近にあるのです。ニューヨーク、東京、シンガポールなど、枚挙に暇(いとま)がありません。そして、どこもみな同じような苦境にあります」

オランダは長年、守勢を保ってきた。堰を築き、ポルダーの水を抜いた。だが、オルトゥイスの構想は、端的に言うと、攻勢に転じるというもの、つまり、水を遠ざけようとするのではなく、水面上に浮遊式の世界を構築しようというものだ。オルトゥイスは、自身が率いる開発企業ダッチ・ドックランズ社とともに、ハウスボートではなく、幹線道路や集合住宅、公園、空港、教会やモスクといったインフラを持つ浮島を設計した。彼が思い描くのは、人口10万人のデルフトと同規模の浮遊式ハイブリッド・シティだった。「私たちは、気候変動世代の一員なのです」とオルトゥイスは熱を込めて語った。「建築家や創造性に富んだ人こそが、この新世界をデザインすべきでしょう。過去に倣うばかりの人たちもいますが、必要なのは新しいアイデアです。それこそが、私たちのモチベーションであり、責務なのです——やるしかないのです！　私たちがやらなければ、ほかの誰がやるでしょう？　それを実現するのは、私たちなのです！」

浮遊式の土台を実用化するには、おなじみの揺るぎない地面と同じ感覚が得られるものにしなくてはならなかった。堅固であることがカギなのだ。これは、土台を大きくするほど実現も容易になる。「今そこからご覧になっている風景と何一つ変わらぬものになるでしょう」と、オルトゥイスは窓の外を示して言った。彼は紙を1枚取り出して、黒いマーカーで何やら描きはじめた。「ハウスボートの場合、ここが私の家です。ですが、車は離れたこちらに停めて、歩かなくてはなりません。子どもたちも外で遊ぶことはできません。しかし、浮島であれば、子どもたちは外で遊べますし、私もそこに車を停められ、樹木さえ生えています——それこそまさに、私の望むことなのです！」

ちょっとした幸運と有能な弁護士たちに恵まれれば、未来のハイブリッド・シティの一部は、オルトゥイスが特許を持つ浮遊式土台の上に築かれることになる。土台は発泡体とコンクリートから成るモジュール式の連結ユニットで、一連の国際特許によって保護されるだろう。

オルトゥイスの設計は、輸出に打ってつけだ。「水没の危機に瀕した島は世界各地で見つけられます」と彼は私に言った。「この問題を抱えた島国は、相当数にのぼります」。ツバルにしろキリバスにしろ、いくつもの環礁を護岸壁で取り囲んで自国を救済することは期待できない。マーシャル諸島の場合と同じく、その規模と費用は想像を絶する。だが人工島には、(将来も国連加盟国の地位を維持できるか否かについて、法律家が何を言おうとも)望みを託せた。

それから1か月あまりのちに、オルトゥイスは初めてモルディヴ諸島を訪れる予定になっていた。インド洋に1000キロメートル近くにわたって広がる1000以上の島と26の環礁から成る、世界でもっとも標高の低いこの国は、絶好の対象と思われた。同国の指導者たちは、気候変動の脅威を固く信じており(コペンハーゲンでの会議に先立つデモンストレーションとして、スキューバダイビングの装備を身につけ、水面下2メートルの海中で閣議を開いたほどだ)、同国はAOSIS加盟国のなかでは比較的豊かで、富裕層や有名人らが人目を避けて休暇を過ごす場所になっていた。そして経済が観光に立脚していることから、モルディヴはすでに、気候変動の影響を実感していた。石油会社と同じくホテルチェーンも、ほかの多くの産業よりも投資期間が長く、20~30年に及ぶことも多い。そのため、浸蝕されていく海岸に広がるビーチ・リゾートなどに資金を注ぎ込もうとはしないのだ、とオルトゥイスは言う。

オルトゥイスには、特許出願中の解決策があった。浮遊式ビーチだ。彼はパソコン上に図面を開き、既存の島にそのビーチを接合してリゾート生活を拡充する方法を説明してくれた。特許申請書の堅苦しい用語によると、このコンクリートと発泡体による設計は、「砂をはじめとする浜辺の素材を用いて形成したビーチを積載した浮遊式の土台」を含み、「この人工ビーチには、少なくとも部分的には水面下に沈む弾力性の高いマットが使用されるという特殊性がある」。知って驚いたのだが、そのカギとなる技術はなんと、バクテリアにより生成された人工砂岩だという。そう遠くないデルタレスで開発されているのと同類のスマート・ソイルだ。その市場は、沈みゆく島嶼国だけにはとうていとどまらない、とオルトゥイスは言った。「ドバイには、たえず浸蝕の進んでいる海岸線が、何百キロメートルにもわたって伸びています」。私は束の間、尿素を餌とする遺伝子操作されたバクテリアが作る砂浜を世界じゅうのエリートたちが歩きまわる姿が目に浮かぶような気がした。

次いでオルトゥイスは、ダッチ・ドックランズ社が以前、ドバイで開発を受注した案件をパソコン上に表示した。「水上の箴言（フローティング・プロヴァーブ）」として知られるそのプロジェクトは、ムハンマド・ビン・ラシド・アル・マクトム殿下（訳注　アラブ首長国連邦副大統領兼首相で、ドバイ首長国首長）発案になるかの有名な人工島群、パーム・アイランドの一端を成していた。パーム・アイランド本体の建設も、オランダの浚渫・干拓企業が一部を担っていた。「フローティング・プロヴァーブ」を構成する89の浮島は、殿下自身が物した詩を描き出す予定になっていた。「水面（みなも）に書き記すは　洞見の士を要す／馬に乗る者みなが　騎手にあらず／大いなる志士は　さらに大いなる困難に立ち向かう」

金融危機以降、この事業を含め、ドバイの多くのプロジェクトが中断を余儀なくされた。航空写真を見ると、地球を模した人工島群として一時期名を馳せた開発事業「ザ・ワールド」は、構成する島々が海面下に沈みかけ、すでにその形状を失いつつあった。だがオルトゥイスには、ドバイのにわか景気とその後の不況は、いい結果をもたらした。彼は資金を得て自らの構想を築きあげられたのだし、建設が再開されようとされまいと、ドバイ以外にも海はいくらでもあるという自信があったからだ。

ダッチ・ドックランズ社のホームページにはほどなく、「グリーンIP」の見出しの下に、浮遊式の庭園やソーラーパネル、さらには水冷式のモスクの画像が掲載されることになる。同社は「アフォーダブルH_2O住宅」なるものを売り込みはじめた。これは、法律家の困惑に対する建築家からの解決策だ。さらに、ザーンダムにある浮遊式の拘置所の写真がキャプションなしで掲載されていた。そして、オルトゥイスのパートナーであるポール・ヴァン・デ・キャンプの言葉の引用もあった。「われわれはモルディヴの大統領に申しあげたのです。われわれならば、みなさんを気候変動難民から、気候変動革新者に変えられます、と」

ダッチ・ドックランズ社とモルディヴ政府はまもなく、浮遊式の別荘からマリーナにいたるまで、さまざまなものに関する契約に署名することになるのだった。「グリーンスター」は、店舗やレストラン、会議場などを備えた、面積18万5000平方メートルを超える浮遊式のガーデン・アイランドで、もともとドバイ首長国のために設計されたものだったが、名称を変えて再利用され、モルディヴを象徴する建築物となる予定だ。その宣伝文句には、「緑に覆われた星形の建物は、気候変動を打破するモルディヴの革新的な道筋を象徴しています」とあった。「これは、気候変動や水管理、持続可能性に関する会議を開くには、まさに最高の会場となるでしょう」

帰り際、オルトゥイスは下の階にある私的なシアター・ルームに私を案内してくれ、そこで豪華な革張りの椅子に身を沈めて、2人でダッチ・ドックランズ社のコーポレート・ムーヴィーを観た。オルトゥイスがプロジェクターの電源を入れると、姿は映らないものの、ヨーロッパ風の発音の、歯切れのいい男性の声が、スピーカーを通して聞こえてきた。「われわれは持てる思考能力の10パーセントしか用いていないと言われています」。リズムを刻みはじめたBGMの電子音楽に合わせて抑揚をつけながら、その声が言った。「そして、生命や暮らしを維持する地球の能力の30パーセントしか活用していないこともわれわれは知っています。そう、今こそそれをそっくり変えるべきときです――そして、その役を担っているのはオランダ人なのです」。画面には、荒れ狂う青い海がいっぱいに映し出された。「水とともに、そしてその大半を海抜以下の土地で暮らしてきた何世紀もの歴史から、われわれはこの水に囲まれた環境をコントロールするために必要なことのいっさいを身につけました」と声は続けた。浮遊式の幹線道路、モスク、さまざまな地区、集合住宅の映像が、次々に目の前に浮かんでは消える。「大海原のかぎりない広がりを前にしてもなお、われわれはその支配者であり……そのすべては研究され、検証され尽くして、羽ばたきのときを待っているのです。そこで、みなさんのコミュニティで活用されていない広大な水域について考えてみてください。そして、ダッチ・ドックランズ社とともに、その水域の活用を始めようではありませんか。なぜなら、何もないところでは、どんなことも可能ですから」

「この最後のフレーズが、私は非常に気に入っていましてね」とオルトゥイスは言った。「なにしろ、こうした水域はいくらでもありますから」

「低地のシリコンヴァレー」を夢見るロッテルダム

オルトゥイスのオフィスの南に位置するヨーロッパ最大の港で、この大陸に輸入される石油の大半の玄関口となっているロッテルダムは、気候変動に対するオランダの心構えを示すショーケースに変貌しつつあった。ある朝、都市計画者（おもにアメリカ人）10余名の一団とともに、地元の役人たちとオランダの多国籍企業アルカディス社の案内によるツアーに参加した。アルカディス社は、33億ドルの総収入と2万2000人の従業員を誇るエンジニアリング企業で、その社名は古代ギリシア神話に登場するこの世の理想郷アルカディアに由来する。同社のシンボルは、陸上でも水中でも生息できる動物、ファイアーサラマンダーだ。私たちの一団には、ピート・ディルケ国際水利計画部長というアルカディス社の上級幹部が同行してくれた。「私は、気候変動への適応策を武器にして、アメリカで確たる地位を獲得することを目指すオランダの懸命な取り組みを先導している者の1人です」と、ディルケは私に告げた。「世界を見据えたロッテルダムの志を、ニューヨークやニューオーリンズ、サンフランシスコといった都市と結びつけることに力を注いでいます」

「ロッテルダム気候耐性ツアー」と銘打たれたこのツアーは、北海のほとり、オランダのデルタ計画のかなめのマエスラント可動堰、すなわち、港の入り口に建設された巨大な高潮防壁から始まった。防壁は扇形をした左右2つの浮遊式の可動部分から成り、ＢＯＳの名で知られるコンピューターシステムが3メートル以上の高潮を予測し、ＢＥＳという別のコンピューターシステムに堰の閉鎖を実行するよう命じると、堰は閉鎖されて、所定の位置まで沈むのだった。この防壁は、可動式の建造物としては世界屈指の規模を誇っていた。鋼鉄製の各開閉アームの長さは、自由の女神像の高さの2倍にもなる。マエスラント堰の建設と設置には、6年の月日と5億ドルを要し、ついに完成を見たときには、同国のベアトリクス女王（当時）がじきじきに足を運んで、落成式が執り行われた。それ以来、実際に堰が閉鎖されたのは、２００７年の1度きりだ。この堰は1万年に1度の規模の高潮を除けば、どのような荒天にも耐えうるように建造されたが、気候変動はこの計算を狂わせる可能性があるという話だった。

ツアーに参加した都市計画者たちは慌ただしげに、開放されている開閉アームの写真を撮ったり、マエスラント堰の全景を撮影できるアングルを求めて、小高い場所に登ったりしていた。だが、それは不可能だった。なにしろ大きすぎるのだ。ビジターセンターでは、案内者の1人に先導されて縮尺模型を見学し、当然のごとくみな感心しきりとなったところで、センターをあとにして街の中心部へ向かった。ホーランド・アメリカ・ライン社の旧本社だった由緒ある建物の近くで水上タクシーに乗ると、私たちはほどなく、かつては造船所だった16平方キロメートル以上の広さがある場所に着いた。そこは今では、ヨーロッパ最大級の研究開発エリアになっていた。

「ロッテルダムが目指すのは、新しい未来が創造される地となることです」。私たちが水上タクシーから埠頭に上がって合流すると、港の再開発責任者はそう言った。私たちは彼のあとについて、かつてロッテルダム造船所（ＲＤＭ）が所有していた壮麗な建物に入った。「ＲＤＭ」はもはや、ロッテルダム造船所（Rotterdamsche Droogdok Maatschappij）の略称ではありません、と彼はきっぱりと言った。ＲＤＭは研究（Research）、設計（Design）、製造（Manufacturing）を意味し、この場所は世界的な諸問題の解決を目指す研究機関や工業大学の革新的なキャンパスとして再編されているそうだ。近隣の建物では、学生たちがゼロ・エミッションのゴーカートや水素燃料バス向けのコンヴァージョンキット、さらにはサスティナブル・ダンス・クラブ（ダンスを踊る客の足さばきが、持続可能（サスティナブル）な照明の電力源になるという）などの開発を進めていた。

「ここはウォーターテクノロジーとクリーンテクノロジーの中心地になるでしょう――低地のシリコンヴァレーというわけです」と彼は続けた。「海面上昇が続いていても、人は集まってくるはずです」。サンフランシスコ湾岸地帯（ベイエリア）から来た都市計画者が手を挙げた。「ですが、シンガポールや上海、シリコンヴァレーのような別の場所でなく、なぜここに投資するのですか？」と彼は質問した。再開発責任者は笑みを浮かべた。「それは、脅威をチャンスに変えようとしているからです」と彼は答えた。「われわれは国際社会に向けてメッセージを送っているのです。もしこの場所に出店していただければ、足元が濡れるようなことはけっしてないと保証いたします、と」

気候変動への適応と水管理の知見に関して世界で指導的な立場に立つことを決意したロッテルダムは、「デルタ都市連携」と称するネットワークを創設し、会議を主催したり、世界6大陸に散らばる加盟都市に対して、専門家の派遣や専門技術の提供を加速したりしている。港の向こう岸には、気候に特化したこのロッテルダムのキャンパスの一翼を担うよう説得されたシェルやＢＰ、ＩＢＭ、アルカディスをはじめとする企業が並んでいた。「キャンパスはやがて、水に浮かぶことになる可能性が高いでしょう」とある役人が私たちに言った。港の残りのうち、ある場所は浮遊式の街区に、またある場所は浮遊式の研究所になり、RDMの学生たちがかつてはホーランド・アメリカ・ラインの看板だった客船SSロッテルダム号に暮らす日が来るかもしれない。「浮遊式の拘置所さえあるんですよ」と言う者もいた。

オランダ以外でもすでに、いくつかのイノベーションが自発的に生じていた。ニューオーリンズでは、ブラッド・ピットが設立したメイク・イット・ライト財団とロサンジェルスに本拠を置く建築事務所モーフォシスが、「フロートハウス」をお披露目することになる。この住宅は、洪水の水が近隣地区を壊滅させるような事態になった場合、支柱上で3・7メートル余り上昇することができる。同じようなデザインを推進しているのが、「浮体式基礎プロジェクト」という取り組みを主導するある教授だ（その教授の研究分野は、「高層建築に対する風荷重の研究、風により運ばれる破砕片の空気力学、ハリケーンによる建造物被害の緩和戦略、さらには19世紀の神秘主義的・宗教的スラブ主義哲学に見出される20世紀初頭のロシア前衛建築の起源」だという）。

とはいえ、護岸壁や高潮防壁といった都市規模の防衛策となると、アルカディス社のような企業は、自分たちの力が必要とされると思わずにはいられなかった。「ニューオーリンズの惨状を受けて、アメリカでは、数多くのオランダ企業に2億ドル相当の仕事が発注されています」とは、ロッテルダム港のパンフレットの1つに掲載されたピート・ディルケの言葉だ。アルカディス社は、ニューオーリンズ地域だけで71のプロジェクトを手がけ、そこには小型版マエスラント堰とも言うべき、幅60メートル余りのシーブルック水門の一部も含まれた。さらにディルケは、過去半年のあいだに4回もニューヨークを訪ねたという話だった。

ディルケと私は、帰りの水上タクシーに同乗した。「当然のことですが、わが社の基礎になっているのは、何世紀にもわたって海との闘いを続けてきた非常に小さいながらもきわめて勇敢な国であるという、オランダに対する評価です」とディルケは言った。「気候変動はチャンスをもたらしています。新たな挑戦のときなのです」。そこで彼は、オランダの有名なスピードスケート大会である11都市スケートマラソン「エルフステーデントホト」(訳注 同国のフリースラント州の11都市を巡るスケートマラソン。コースとなる全長200キロメートル以上に及ぶ水路全体に厚い氷が張った厳冬にのみ開催される。前回開催は1997年)に言及して、アイススケートが屋内スポーツになりつつあると嘆いた。「なんとも妙な世界になってきたじゃありませんか? さらにおかしな話があります。オランダでは今、素晴らしいスキーが楽しめます。南部のランドグラーフというところにある、屋内スキー場で。誰もが馬鹿にしていたんですよ、2年前にスキーのワールドカップのシーズン開幕地に選ばれるまでは。ですが、アルプスにはまったく雪がないときに、ランドグラーフにはありました。ワールドカップのあと、いったい何が起こったと思います? オーストリアとスイスのチームがすぐに、翌年のトレーニング期間の予約をしたんです。オランダでですよ! 今から数年後、スキーは屋内でしかできなくなり、山から雪が姿を消すという、そんな世界を想像してみてください。しかも、私たちはすでに、そうした状況に適応しつつあるように思われます。それも当然です」。ディルケは口元に笑みを浮かべた。「私たちはもう適応しつつあります。頭では理解しはじめているのです」

オランダ企業はすでに、ヴェネツィアやニューオーリンズ、ロンドン、サンクトペテルブルク（島嶼国よりもはるかに多くの資金力のある大都市）で、高潮防壁建設の一翼を担っていたが、その視線はしだいにニューヨークに注がれるようになっていた。そこでの仕事は複雑だが、大きな利益が見込まれた。「ニューヨークは、1つの堰では封鎖できません」とディルケは言った。「水門はイーストリヴァーに1つ、ニュージャージー側に1つ、それからヴェラザノ・ナローズに1つ必要です。ケネディ空港も守ろうとするのであれば、ジャマイカ湾付近にも水門がいります。ニューヨークには4つの穴がある。幸いそれだけですけれどね」

これは、ハリケーン「サンディ」がカリブ海の南で形成され、北上を始める3年前のことだった。この直前にはアメリカ土木学会（ASCE）が、ニューヨークに建造する高潮防壁の設計案を初めて検討するための会議を開催することを発表したばかりだった。その会議でアルカディス社の案を紹介するために、ディルケはほどなくニューヨークへ向かうことになっていた。「今から胸が躍るようです」と彼は言った。私は彼についてニューヨークへ行くことにした。

ニューヨークに防潮堤を売り込め

前回とは別の行政区、別の講堂で、海面上昇に関する新たな会議が開かれた。今回はアッパー・マンハッタンの堂々たるコロンビア大学ではなく、ブルックリンのダウンタウンにあるニューヨーク大学ポリテクニック・インスティチュートの見るからに慎ましい環境で行われた。そこは、保険会社がクライアントとの契約をひそかに打ち切っていたゴワナス運河のほとりからほど近いところにあった。

ＡＳＣＥ主催の「対洪水」会議では、女性トイレに並ぶ列よりも、男性トイレの列のほうが常時はるかに長いという珍しい光景が見られた。会場には、当面見込みなしとの雰囲気が漂っていた。料金を支払ってまで出展した人はたった1人しかいなかった（主催者たちは、「出展品をどうぞご覧下さい」と懸命に呼びかけていた）。出展者はテキサスから来た精力的な男性で、主催者が提供する冷めきったスパゲッティの食事を待つ列に並んでいる年嵩の男性たち全員にパンフレットを振り示していた。出展者の考案した「フラッドブレイク」は、ゲートが自動的に立ち上がって水の浸入を防ぐというじつに巧妙な装置で、ガレージを浸水被害から守るには十分な大きさがあったが、マンハッタンを守るには、残念ながらまるで足りなかった。

会場内では、学者たちがニューヨークに対する脅威の高まりについて説明していた。それはバングラデシュとの唯一の共通点で、当地における海面上昇のペースが世界平均よりも速いことだ。過去1世紀のあいだに、海面は約30センチメートル上昇していた。ニューヨークはより強大なハリケーンに見舞われるようになっていたので、このペースは、2倍に加速する恐れもあった。半分が空席の部屋で市の職員は、８２５０億ドルにも相当する80万２０００棟の建物と、そこにある５６００億ドル相当の動産が危機に瀕していると訴えた。また別の講演者は、とりわけ危険度が高い地域として、クイーンズ地区のブリージーポイントを挙げた。この一帯は２０１２年のハリケーン「サンディ」襲来の際に、高潮と火災によって破壊され尽くすことになる。学者たちに続き、エンジニアや建築事務所などが高潮防壁の設計案を次々に競いあうようにして提示した。アルカディス社のチームも、自社案の売り込みを行った――それはテキサスから来た出展者に比べて控えめではあったが、はるかに効果的だった。

ヴェラザノ・ナローズに対してディルケが提案したデザインは美しかった。「ニューヨークの新たなランドマークとなるだろう」と同業者の1人は評した。それは、マエスラント堰と、やはりオランダのデルタ計画の名だたる2つの防潮堤、すなわちハーテル防潮ゲートとイースタンシェルド防潮ゲートを組み合わせたものだった。この水門は、全長397メートル、幅56メートルという世界最大級の船舶、エマ・マースク号が通行できる一方で、世界でもっとも多くの資金があふれる場所、ウォール街を6・7メートルの高潮から守ってくれる。ニューヨーク全体を完全に海から遮断するために必要な残りの3つの防潮堤を別にしても、この設計案にはごくおおまかに見積もって65億ドルを要するとのことだった。これは、オランダの「川のために場所を空ける」プロジェクトの総額の2倍以上だ。アルカディス社のプレゼンテーションでは、水門の機能を目まぐるしく紹介するアニメーションと、明るい青空の下で水門によって守られた、安全な未来のニューヨーク湾を上空から描き出した素晴らしいショットが示された。プレゼンテーションが終わったときには、聴衆のエンジニアたちから珍しく喝采が上がった。

ヴェラザノ・ナローズを利用して高潮からマンハッタンを防衛する構想はどんなものであれ、どうしてもある欠点につきまとわれた。必要悪とでも言うべきもので、ディルケはそれを率直に認めた。誰もが知ってのとおり、堰き止められた水はただ消え失せるわけではない。どこかよそへと流れていく。高潮がヴェラザノ・ナローズの堰に押し寄せてきた場合、そこで跳ね返りに相当する水文学的な現象が生じて、どこか別の場所を襲うだろう。スタテンアイランドのアローチャーやミッドランドビーチ、ブルックリンのバスビーチやグレーヴゼンドをはじめとする移民の多い地区は、ヴェラザノ・ナローズ沿岸の海抜すれすれの場所に位置し、市の中心部に比べて貧しく、より大きな高潮被害を受けることが予想されていた。マンハッタンは救われるだろうが、こうした地域は水に浸かる可能性が高かった。

２０１２年10月下旬に、ニューヨーク市をハリケーン「サンディ」が襲ったとき、堰はまだ存在しなかったので、将来どんな事態になるかが垣間見られる程度だった。スタテンアイランドでは、4・8メートルの高潮によってミッドランドビーチやオーシャンブリーズ、オークランドビーチといった地区が水没し、23人が死亡した。これはニューヨークの区のなかでもっとも多く、犠牲者の大半はヴェラザノ・ナローズ南部に集中し、そのほとんどが溺死だった。ロワー・マンハッタンでは、地下鉄のトンネルや発電所に海水が押し寄せ、街は暗闇に包まれた――ただ1か所を除いては。マンハッタン島の最南端にほど近いウェストストリート２００番地に建つゴールドマン・サックス本社は、大量に積み上げた土嚢に周囲を守られ、補助発電装置のおかげで、夜通し照明がついていた。

荒れ狂う大西洋の彼方のオランダでは、アルカディス社の株式が5・6パーセント値を上げ、その年は通年で43パーセントの上昇を記録した。

第11章

地球温暖化の遺伝学

――デング熱の再来で盛り上がるバイオ産業

BETTER THINGS FOR BETTER LIVING

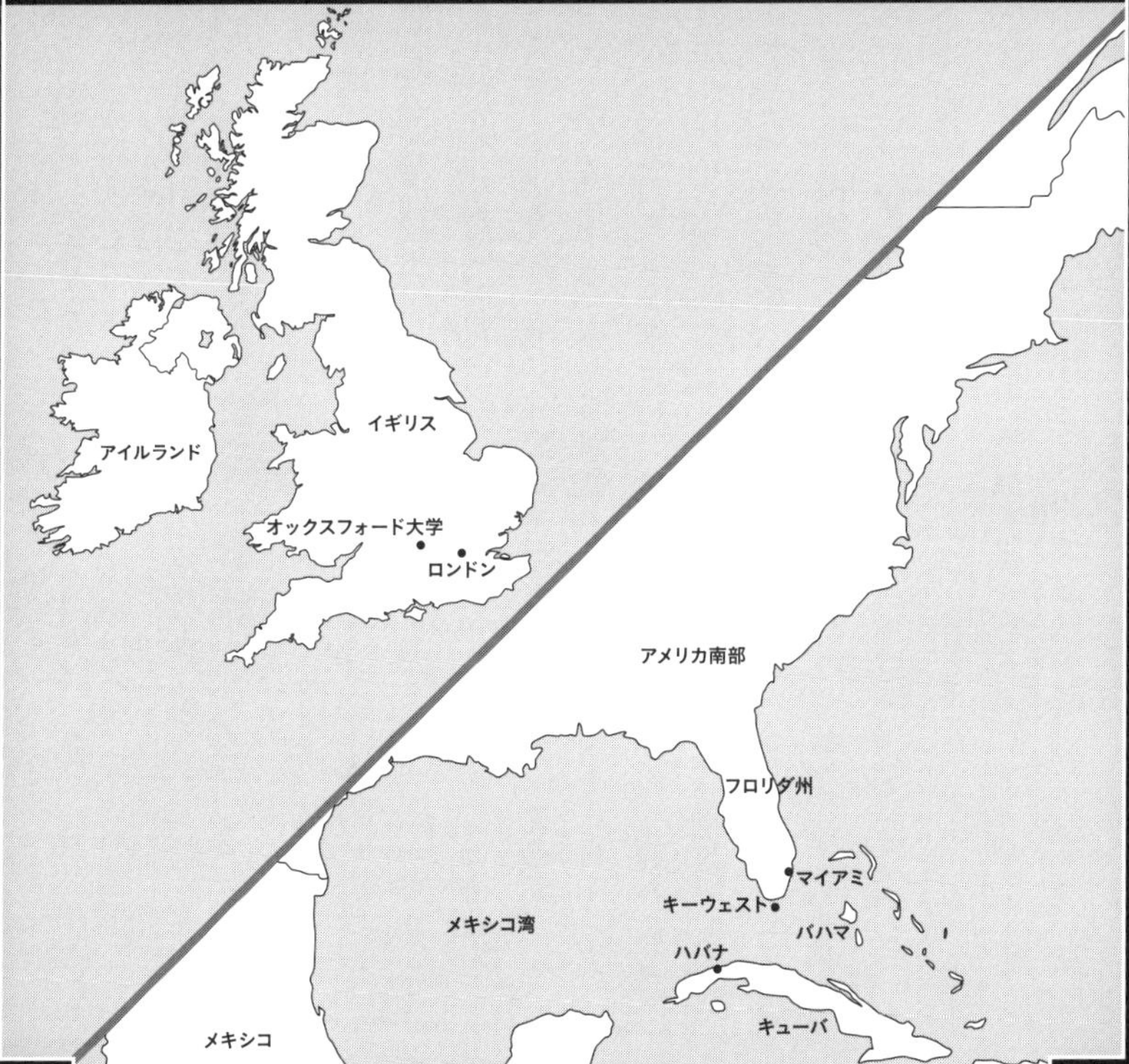

デング熱と蚊におびえるアメリカ最南端の町キーウェスト

今やデング熱の主な媒介者としてその名を知られるネッタイシマカ（学名*Aedes aegypti*）は、わずかな水があれば繁殖する。バケツや花瓶、カップ、庭先の置物、詰まった側溝など、私たちが屋外に放置しているさまざまな物に雨水がたまると、そこに卵を産みつけるのだ。デング熱を根絶するためにもっとも有効だと実証されている方法は、こうした物を片づけるか、たまった水を捨てつづけることで、そのために、公衆衛生機関の職員たちは精根尽き果てそうになりながらも、家から家、庭から庭へと駆けまわって奮闘している。私たちの暮らしにプラスチック類が入り込んでくるほど、それが放置されて蚊の繁殖場所となり、デング熱の蔓延を食い止めるのはますます難しくなる。

デング熱には今のところワクチンがなく、ネッタイシマカが吸血活動を行うのはおもに日中なので、蚊帳（かや）もほとんど役に立たない。都市化、交易のグローバル化、飛行機による移動の増加も影響して、近年デング熱は世界的な拡大を見せており、報告された症例数は１９６０年代のじつに約３０００倍に増えている。１００を超える国々で毎年1億もの人が感染し、死者も2万２０００人にのぼる。ネッタイシマカは暑い気候が好きで、動物よりも人間を圧倒的に好む。私たちが呼吸するたびに吐き出す二酸化炭素に引き寄せられる。産業による二酸化炭素の排出量の増加にともなって、その生息可能領域が拡大していくと見る科学者も多い。

ネッタイシマカがアフリカ原産であるのに対して、同じくデング熱を媒介しうるヒトスジシマカ（学名*Aedes albopictus*）はアジアを原産地とする。アメリカでは現在、28州で2種の蚊の一方あるいは両方が確認されており、なかでももっとも顕著なのがフロリダ州だ。２００９年、アメリカで75年ぶりにデング熱が集団発生したのが、ミュージシャンのジミー・バフェットと作家アーネスト・ヘミングウェイの聖地キーウェストだった。アメリカ本土48州の都市では最南端に位置し、もっとも年間平均気温が高い、楽園のような町だ。ニューヨークで発症した患者が発症前に観光でキーウェストを訪れていたことが判明し、その後、旧市街の静かな一画が感染源として浮上した。その年には27人、翌年には66人の患者が確認されている。アメリカ疾病対策予防センター（ＣＤＣ）の調査チームがランダムに血液サンプルを採って調べたところ、キーウェストの全住民の５パーセント、数にして１０００人以上がデング熱の感染歴を持ち、その多くは明瞭な症状が現れない無症候性だったと推定された。デング熱にかかると、軽い場合には頭痛や発熱、発疹、歯肉からの出血、関節や筋肉の激しい痛みといった症状が出る。いわゆる「デング出血熱」と呼ばれる重症になると、鼻血が出たり皮下に紫色の斑点が現れたりし、死に至る可能性もある。

キーウェストはまた、アメリカで初めて遺伝子組み換え（ＧＭ）蚊を野外に放つことを検討している町でもあり、現在、政府の認可が下りるのを待っている。イギリスのオキシテック社の看板商品で、特許で守られているネッタイシマカＯＸ５１３Ａは、たとえるなら「トロイの木馬」かもしれない。ＯＸ５１３Ａは遺伝子組み換えによって「自滅遺伝子」を組み込まれ、次世代が長生きできないようにプログラムされたオスの蚊だ。これを数百万匹という単位で自然界に放ち、野生種のメスと交配させることで、デング熱ウイルスを伝播（でんぱ）する蚊の集団の根絶を狙う。

遺伝子組み換えは、気候変動に対する適応のロジックを、さらに一歩進めたものと言っていいだろう。生活を営む場所や方法ではなく、生命そのものを、穏やかながらも、人の手によって変えようというのだから。

私がキーウェストを訪れたのは、この地がもっとも蒸し暑くなる8月だった。ある日の朝、フロリダ・キーズ蚊防除局の検査官ジョン・スネルは、エアコンを最強にしたピックアップトラックで、私を旧市街でもっとも標高の高い場所（海抜にして約5・5メートル）まで連れていってくれた。車を停めた近くには、昔からの共同墓地が広がっていた。ヤシの木が点在する、広さ約7万7000平方メートルの敷地内には、身長1メートルほどの体でサーカスなどで活躍したエイブ・ソーヤー「将軍」が願いどおり標準的な成人用の広さの敷地に埋葬されている墓や、心気症だったウェイトレス、B・パール・ロバーツの「だから言ったでしょ、病気だって」という本人の言葉が記された墓石、黄熱病の原因が蚊であると判明するより数十年前の19世紀初頭に黄熱病の患者たちの看護にあたったエレン・マロリーが眠る墓などが並び、多くの観光客が足を運ぶ。

最初の墓地は1846年の巨大なハリケーンで破壊されたため（ハリケーンのあと、遺骸があちこちで木に引っかかっていたという）、現在の墓地は新設されたものだが、それでも十分に古く、スネルにとっては担当区域の中でもっとも手を焼く場所となっていた。ここにはキーウェストの存命者人口の4倍にあたる10万近くの人が眠っており、それだけ多くの生花が供えられることになるからだ。「花入れの水との闘いには、際限がありません」とスネルは言う。「長いあいだ、置きっぱなしだと思えるものは、かまわず水を捨ててしまいます。けれど、新しそうなものには、1つひとつに幼虫駆除剤の錠剤を半分ずつ入れていくんです」。1か月に使う錠剤の数は200個に及ぶという。

キーウェストには、一般家庭を戸別に回って調べている検査官がスネルを含めて8人いる。デング熱の発生によって、検査官の数は2倍に増えた。目の周囲をすっぽりと覆うラップアラウンド型のサングラスをかけ、白い襟つきシャツを着たスネルは、手にはスキーストックを改造して作った、水をさらう道具を持ち、幼虫駆除剤と料理用のプラスチック製の大きなスポイトの入った黒いウエストポーチをつけて車を降りた。スネルの任務は40街区ほどの１１００軒の家からネッタイシマカを駆除することで、仕事の忙しさは季節によってかなり差がある。気温が高い時期は、蚊が成虫になるのが早まるだけでなく、デング熱ウイルスの潜伏期間も短い。検査官たちにとって、感染源も病気も撲滅できる期間はきわめてかぎられてくる。「冬の乾燥した時期は、比較的楽ですね」とスネルは言った。そうした時期は、2週間のうちに蚊の幼虫を処分すれば、なんとか間にあう。だが気温と湿度が高い夏には、猶予は4日間しかない。

「目下の悩みの種はこれですよ」。私たちが崩れかけたフェンスの近くに来たときスネルは言った。「キーウェストには差し押さえ物件が多いんです。いったん差し押さえられてしまうと、銀行がプールや庭の管理などをしてくれるわけではありませんからね。いっさいがそのまま放置されてしまうので、事態は悪くなる一方です」。荒れ果てた庭は、ネッタイシマカにとって絶好の繁殖場所となる。フロリダ州は、アメリカ国内でもネヴァダ、アリゾナ、カリフォルニア、ジョージアなど、いわゆるサンベルト地帯と呼ばれる温暖な地域の他州と並んで、担保として差し押さえられる物件の割合がきわめて大きい。富裕層が集まるキーウェストでさえ例外ではない。

一方で、フロリダ州の住宅所有者保険の保険料率はハリケーン「カトリーナ」で壊滅的な打撃を受けたルイジアナ州に次いで高く、保険会社が海岸近辺に居住する人への保険の販売を停止したり、州内から撤退したりするのにともなって、今も上昇を続けていた。住宅を購入する際には暴風保険と、連邦危機管理庁（ＦＥＭＡ）傘下の部門が運営する連邦洪水保険制度にも加入が義務づけられており、そちらのほうが基本契約より高額である場合が多い。ちなみに暴風保険を扱っているのは、なにかと批判の的となっている、フロリダ州営のシチズンズ・プロパティ・インシュアランス社だけだ。かつてフロリダ州が「最後の砦」として設立した保険組合を起源とする同社は、州内から撤退した民間企業の保険事業を吸収して、今では州最大の保険会社となっている。カリブ海の海水面は、ほかの海よりわずかに遅くではあるが上昇を続けており、キーウェスト（西半球ではもっとも長期に及ぶ海面水位の測定記録を継続している）は、１８４６年並みのハリケーンにいつ襲われてもおかしくない。

スネルは鍵のかかった門に両手をかけて軽々と跳び越えると、敷地の中に入っていった。私もあとに続いた。フェンスの向こうには木製のデッキと1本のヤシの木、小さな水泳用プール、そしてジャクージ（ジャグジー）があった。ここに来ると、急に息苦しいほど暑くなった。「秒速10メートルという強風のときでも、こうした庭にはまったく吹き込んでこないんですよ」とスネルは言った。デング熱との闘いのために、彼はこの家のジャクージを無断で借用して魚を養殖していた。蚊の幼虫を食べてくれる、カダヤシという小さな魚だ。楽園に点在する裏庭を見まわりながら、スネルはいつも貯水槽や鳥の餌入れの中にこの魚を放していく。キーズの住民たちは昔から、家の下に貯水槽を置いておく習慣があり、これが蚊の温床ともなっている。現在、残っているだけでも貯水槽の数は350を超え、井戸も250近くある。科学者によれば、ネッタイシマカの繁殖する家が2パーセント未満なら問題ない。デング熱を媒介する可能性はないと考えられる。だがその夏、キーウエストの2地区で、その割合が5割近くにまで達した。スネルが庭を入念に見てまわり、蚊がいないことを確認したあと、私たちは再びフェンスを跳び越えた。道沿いには、パステルカラーの家が立ち並んでいるが、どれもシェードを下ろしている。持ち主たちは夏のあいだ、キーウェストを離れているので、人っ子一人見かけなかった。

今後デング熱がどのように広がっていくかをモデル化するのはきわめて難しい、と蚊防除局のスネルの上司マイケル・ドイルは私に言った。考慮すべき要素が多すぎるのだ。気候変動の影響を考えれば、話はいっそう複雑になる。巨大な嵐が起こると、瓦礫に雨水がたまって蚊が繁殖する。現にケイマン諸島では2004年のハリケーン「イワン」の後、ネッタイシマカの爆発的増加が確認された。だが逆に旱魃だからといって人々が蓋のない容器に水をためはじめれば、危険性は同じぐらい高まる。

「一概に、気温が上がればネッタイシマカがあちこちに増え、単純に北に広がっていくとも言いきれません」とドイルは言った。「天候によって人がどう行動するかも関係するんですよ。ものすごく暑い日には、誰でもなるべくエアコンの効いた部屋で長時間過ごしたがるでしょう？　それだけ外で蚊に接触する機会が減るわけです」。家族や近親とコロラド州からキーウェストに移ってきたばかりのドイルは、コロラドでウエストナイル熱ウイルスとの闘いを経験していた。ウエストナイル熱もまた、蚊が媒介する病気で、気候変動と関連を持つ。すでにドイルの義母は、キーズで借りた家には蚊が多い、とこぼしていた。そこでドイルの新しい部下たちは、問題を根絶すべく特別チームを準備していた。

オキシテック社のGMネッタイシマカOX513Aを放たなければならないほどデング熱の脅威が深刻であることを連邦政府の規制当局が認めるまでのあいだ、蚊防除局はスネルたち検査官にGM蚊とは別の種類の空中支援を行わざるをえなかった。噴霧装置を装備したベル206ヘリコプターを使って月に2回、旧市街の約15～18メートル上空から建物の屋根や観光客のレンタカーに殺虫剤を散布するのだ。使用されるベクトバックはバチルス・チューリンゲンシス（Bt）という自然界の真正細菌から作られた殺虫剤で、ドイルによれば、蚊の幼虫を殺すものの、ほかにはほとんど影響を与えないという。ワックスをかけたばかりの車にこの殺虫剤の滴がかかると、こぼれたミルクが乾いたような跡が残る。

私は、ヘリコプター散布が見られるように訪問の時期を選んでおいた。ドイルと翌日の明け方に落ちあうと、1対の殺虫剤の散布航跡を追って旧市街を車で走った。ヘリコプターは4平方キロメートル近くをカバーしなければならないので、搭載している100ガロン（訳注　1ガロンは3・8リットル弱）のタンクでは、0・8平方キロメートルほどに散布しただけで薬剤を補充することになる。パイロットは5回の飛行をできるだけ迅速に済ませようとした。風が強くなったり湿度が下がったりすると作業が台無しになってしまうし、ただでさえぎりぎりの予算なのに、ヘリコプターの超過時間分が蚊防除局宛てに請求されたりしたら困るからだ。私たちのSUVは、電柱や屋根や電線に部分的に遮られた散布航跡をちらちらと見ながら、ゆっくりと裏通りを進んだ。ルター派の教会の反対側の、交通量が多い道路沿いに低木が並ぶ開けた場所に向かっていったときだけは、ヘリコプターが高速で行きつ戻りつしているのがはっきりと見えた。

車から降りて日差しの中に出ると、ドイルは苦労話を始めた。コロラドで行われた駆除作戦では、バックパック式の噴霧器を背負って、森じゅうに殺虫剤を手動で噴霧していったという。「13個のバックパックを背負った13人の男たちが、みんなひっかき傷だらけ、泥だらけになって。23万平方メートルほどもやったんですよ！」ヘリコプターが教会の上空で大きくきれいな弧を描いて旋回すると、こちらのほうに猛スピードで戻ってくる。私たちはSUVの中に引っ込んだ。通りをホームレスの男が自転車を押して歩いていた。男は空を凝視すると、口と鼻を古いTシャツでふさいで歩きつづけた。

デング熱がキーウェストを襲ったのはちょうど、保守的なフロリダ州議会が地元の各自治体の課税権限を抑え込んだときだった。蚊防除局は2011年から2012年にかけての会計年度で1200万ドル近くを支出するが、1000万ドルに満たない額しか得られないことになる。手元の資金は底を尽きかけていた。それに、同じ空中戦でも、ヘリコプターはGM蚊よりもずっと高くついた。そういう理由もあって、蚊防除局はGM蚊が承認されることを心底願っていた。オキシテック社も、是が非でも承認してもらいたがっていた。同社はすでにロビー活動費として13万ドルを、ワシントンに本社を置くマッケナ・ロング&オルドリッジ法律事務所（ときおりモンサント社の仕事も引き受ける）に支払っていたが、まだ成果は出ていなかった。

世間がどう反応するかについての配慮は、ほとんどなされていないようだった。私がフロリダ州に着いたとき、迫りつつあるGM蚊OX513Aの大群についての広報活動は、それまでのところ地元のゲイビジネス団体への説明会が1回あっただけだ（まもなく、フレンズ・オブ・ジ・アースその他の反遺伝子組み換えキャンペーン団体から攻撃を受けたあとに、「重要なお知らせ　オスのGM蚊の放出試験」のニュースは、蚊防除局のウェブサイトのトップページで大きく扱われた）。説明会では蚊防除局代表の女性が、オキシテック社の何十万匹もの「不妊化した」蚊を、6か月にわたって毎週放出する予定だと説明していた。人を刺す蚊はメスだけだが、放出されるのはオスだった。検査と殺虫剤とOX513Aを組み合わせれば、自生のネッタイシマカの個体数を「ゼロ、あるいはほぼゼロにまで」減少できる。その後、低レベルの放出を継続すれば、年間20万〜40万ドルの費用で個体数を抑えつづけられる。むろん防除局の職員は総出で活動を続けることになるが、デング熱を根絶するためには、同局は自然自体を、少なくともある種の自然を、利用せざるをえないのだ。オスの蚊は「メスを獲得するのが人間よりもうまい」のだと、彼女はゲイビジネスのオーナーたちに、きまり悪そうに説明した。

「遺伝子組み換え蚊」で蚊を殺す

——賛否両論渦巻くオキシテック社の研究

オキシテック社の創立者であるルーク・アルフェイは、「肝心なのは、十分な数の野生のメスの蚊を、遺伝子を組み換えたオスと交尾させることです。量と質の問題ですね。質で重要なのは、そのオスはセクシーだろうか、元気だろうか、健康だろうか、幸せだろうか、といったものです」と言った。蚊の場合、こうしたことの判断は、間接的な基準から下せるという。生存期間は簡単にわかったし、元気のないネッタイシマカはすぐに死んでしまった。大きさは重要だった。小さな蚊はエネルギーの蓄えも少ないからだ。対称性も関係するかもしれない。異性を引きつける人間には対称性がある。「カイリー・ミノーグだって左右対称の顔をしているでしょう？」とアルフェイは、私がイギリスに彼を訪ねたときに述べた。だが、メスが野生種でなく遺伝子を組み換えたオスを受け入れるかどうかを実際に知る唯一の方法は、実地試験をすることだったし、だからこそキーウェストのような遺伝子組み換えに寛大な場所にデング熱が広まったことは、オキシテック社にとって非常に価値があったのだ。

アルフェイもオキシテック社も、デング熱と気候変動との複雑な関連を過度に強調することはなかったが、オキシテック社のウェブサイトを訪問すると、地球温暖化こそがデング熱の世界的な蔓延の主要因だとする天然資源保護協議会の報告書にアクセスできるようになっていた。オキシテック社のサイトでも温暖化の影響に焦点を当てていて、「流行病学」という欄には、「気候変動が進み、旅行や交易のグローバル化にともなって、デング熱は現在の熱帯地域外に広がることが予測される」と書かれている。どんなに控えめに言っても、気候変動は世界の人々がオキシテック社の製品を買うさらなる動機になりうるのだった。

アルフェイのオフィスは、オックスフォード大学から20キロメートル近く離れた工業団地の端にあり、手入れの行き届いた芝生と低木に囲まれ、野ブドウの蔓で覆われたレンガ造りの建物の2階に入っていた。オフィス自体は簡素で、ほとんど装飾もなく、書類が散らばっているだけだった。

47歳のアルフェイは、背が高くて元気そうで、そこそこ左右対称の顔をしていた。オキシテック社は秘密主義だと見られて活動家に激しく非難されていたが、このオックスフォード大学元教授は、私には熱心に知識を披露し、午前中を費やして自分の最高の発明の背景にある科学について説明してくれた。

彼はその発明を「ＲＩＤＬ」と呼んだ。「release of insects carrying a dominant lethal（優性致死遺伝子保有昆虫放飼法）」の略だ。米国特許（出願番号１１７３３７３７「優性致死遺伝子システムを保有する非人間の多細胞生物に関する発明」）によって保護されており、アルフェイの説明では、昔からある虫駆除のやり方を実施する新しい方法だという。

１９５０年代に、昆虫学者は不妊虫放飼法（ＳＩＴ）を開発していた。これは、実験室で育てたショウジョウバエやツェツェバエを、放射線照射後に放出するものだ。これらのハエは野生のメスと交尾するが、子孫を残すことはできなかった。だが残念ながら、蚊はＳＩＴを使うにはあまりにも弱く、放射線照射によって死んでしまった。そこでアルフェイは、自滅の働きを蚊の遺伝子に組み込む方法を探した。バクテリアの一種である大腸菌と単純ヘルペスウイルスのＤＮＡ断片どうしを結合させた、合成ＤＮＡのテトラサイクリン調節性トランス活性化因子（ｔＴＡ）が有効だとわかると、すぐにネッタイシマカへの導入を始めた。従来のＳＩＴと違ってアルフェイの手法では、作成された蚊は実際には生殖能力がないわけではなかった。交配することはできるし子孫を残すこともできるが、その子孫は汎用抗生物質であるテトラサイクリンを解毒剤として与えられないと、幼虫の段階で死んでしまう。オキシテック社の蚊の飼育所には、多量のテトラサイクリンが用意されていた。だが自然界には、理論上はそのようなものはない。

アルフェイはＲＩＤＬを試すためのある研究で、ＯＸ５１３Ａと組み換えをしていないオスを別々のケージに入れて、「野生種」のメスを投入した。ＯＸ５１３Ａは不器用だった。授精させたメスの数は、組み換えをしていないオスの場合の半分強だけだったのだ。精液を出し尽くしてしまったからかもしれないし、ライバルたちとは違って野生種のまだ交尾をしていないメスとすでに交尾を済ませたメスとを見分けられなかったからということもあったようだ。だが、短いながら３日間という時間枠で見ると、組み換え蚊も、組み換えをしていない蚊も、同程度の成果をあげた。投資家にしてみれば、希望の光が見えてきたように思えたかもしれない。オキシテック社は、自生の個体数と張りあうほど多くの組み換え蚊を作成して放出しなければならないだけではなく、かなりの頻度でそうしなければならないことになるのだ。おおざっぱに言って１人につき週に20匹の組み換え蚊が必要だと、アルフェイは述べた。論文には、「人口５００万人の都市で、毎週１億匹のオスを放出することに相当する」と書いている。マイアミか、マドリッドか、アーメダバードか、べロオリゾンテか、発展途上国の多くの第２都市を念頭に置いてのことだろう。

遺伝子組み換えに慎重な人たちにとって、ＧＭ生物を野外に意図的に放出することは、すでに栽培作物となっているものを最適化するよりもはるかに恐ろしく思えるかもしれない。この作物の最適化を、活動家の怒号を浴びながら行っているのが、世界最大の種子企業であり、遺伝子工学の最先端を行く巨大アグリビジネス企業モンサントだ。だが、遺伝子組み換えのワタやトウモロコシといった、モンサント社製のもののような製品は、従来の品種を競争によって駆逐するようにデザインされている、とアルフェイは指摘した。それらは生きるように作られていた。一方オキシテック社の製品は、自滅するように作られている。「政治的に言えば、自らを限定するもののほうがずっとましです。取り締まる人たちに言うことができますから。放出をやめれば全部いなくなります、とね」と彼は私に語った。

それでも、オキシテック社がフロリダから580キロメートルほど南のケイマン諸島で行った最初のネッタイシマカの実地試験は非常に議論を呼ぶものだった。マレーシア、ブラジルでの実験と、キーウェストのほかにもパナマ、インド、シンガポール、タイ、ヴェトナムで計画されている実験に先立って行われたケイマン諸島での試験では、まず地元の科学者たちが、（ある人が「ふるいにかけるような方式」と呼んだものを用いて）オスとメスの幼虫を大きさによって（メスのほうが大きい）手作業で分けた。99・55パーセントの精度で分別することができ、300万匹のOX513Aが16万平方メートルほどの区域に放出された。別の言い方をすれば、放出された蚊の約0・5パーセントにあたる1万5000匹近くの蚊が、実験についてほとんど知らない地元の島民を刺しかねないGM蚊のメスだった、ということになる。

だが、2011年後半に発表された結果は見事なものだった。半年後に自生のネッタイシマカの数は8割減少したのだ。「大成功です」とアルフェイは、アメリカ熱帯医学衛生学会の総会で宣言した。彼はその場でこの実験を初めて公表して、世界を驚かせた（のちにブラジルのバイア州で行われた試験では、自生の個体数が96パーセント減少することになる）。

試験を前に、ケイマン諸島の当局が島民に対して行ったわずかな広報活動（パンフレット配布、地元のテレビ局での5分間のスポット放送1回)では、遺伝子組み換えに関していっさい触れていなかった。蚊は繰り返し「不妊化したオス」と表現された。アルフェイ自身が、批判されるまで使った言葉だ。2010年のオキシテック社とケイマン諸島の科学者による共同のプレスリリースには、「不妊化したオスと交尾した場合、メスは子どもを産まない。したがって、次の世代の個体数が減る」とあった。アメリカ合衆国農務省とドイツのマックス・プランク研究所の研究者たちは、ほどなくオキシテック社の論文と規制当局への報告書を調査し、ただの数値としては見過ごせない問題を指摘した。実験室では、遺伝子組み換えされたオスと野生のメスのあいだに生まれた幼虫の3・5パーセント弱が、テトラサイクリンがなくてもどういうわけか生き延びたというのだ。1億匹の蚊の3・5パーセント弱というのは大きな数だ。「メスがtTA」――大腸菌とヘルペスウイルスのDNAを結合したもの――「を人間に注入する可能性があると懸念される」と彼らは述べている。

アルフェイは、批判的な人々が示した懸念の1つを素直に認めた。ネッタイシマカが一掃されると、ヒトスジシマカ(通称「タイガー・モスキート」)がその生態系の隙間を埋めるかもしれないということだ。「どちらも存在する場所では、一方を消滅させるともう一方を少し増やしてしまう可能性を想定しなければなりません。ですが、デング熱の媒介生物としては、ヒトスジシマカは影響力がずっと小さいです」と彼は言った。場合によっては、オキシテック社によるネッタイシマカ撲滅作戦は、図らずもヒトスジシマカ撲滅作戦に発展してしまうかもしれない、と彼は言う。いわば、昆虫学版の『終りなき戦い』(訳注　異星人との果てしなく続く戦争を描いた、ジョー・ホールドマンのSF小説)だ。実際、オキシテック社のRIDL技術によるプロトタイプ第1号、OX3688はヒトスジシマカの系統で、ヒトスジシマカがアメリカ市場全体に広がったときに開発された。そして今や「製品最適化」の段階にあった。

ビル・ゲイツ、数多の遺伝子組み換え研究に金をばらまく

GM蚊にとって飛び抜けて重要な支持団体は、資産335億ドルという世界最大の慈善団体ビル&メリンダ・ゲイツ財団だ。同財団はその創立者と同様、テクノフィクスを重視している。ビル・ゲイツは2012年の年次書簡で「イノベーションがカギだ」と宣言したが、構造的な問題があることも認めている。利益を得ることが動機ならば、発展途上国の問題を先進工業国が解決することはめったにない。「民間市場は多くの領域で、それもとりわけ、金銭的に豊かな人のために、素晴らしいイノベーションをする。メリンダと私の財団が重点を置くのは、利益を出す機会はあまりないが、困っている人への影響がとても大きい領域でイノベーションを推し進めることだ」と彼は書いている。

ゲイツ財団は巨大なので、単独で世界の補助金の優先度を決定しているように見えるかもしれない。財団がとくに力を入れている2つの対象は、蚊が媒介する病気と、農業だ。2005年には、オキシテック社や多くの公立大学が参加している、蚊の遺伝子組み換えコンソーシアムへ1970万ドルの補助金を与えた（その補助金はOX513Aに対してではなく、特許で保護されていないオープンソースの蚊の種類に対して使われた）。また、デング熱ウイルスを攻撃する細菌にネッタイ

シマカを感染させようと試みている、アジアとオーストラリアのグループにも1300万ドルを、長期間行き詰まっている国際的なデング熱ワクチンイニシアティブにも6200万ドルを提供した。さらに、グラクソ・スミスクライン（GSK）社との共同研究に5億ドル以上を提供して、待望のマラリアワクチンの開発を急がせた。熱帯の貧しい人々の病気の治療ではほとんど利益があげられないため、多くのデングワクチンの候補と同様、マラリアワクチンの開発は長年顧みられなかった。デング熱と同じく、マラリアは世界じゅうに広まりつつあった。「保健衛生にかかわるグローバルなコミュニティにいる私たち全員が地球温暖化の潜在的な影響に気づいていると言っていいと思います。とくに、媒介生物によって感染する病気については」とゲイツ財団のリップ・バルー博士が言っている。彼は以前GSKに勤めていて、30年来のワクチン推進派だ。

農業において、マラリアワクチンでのGSKとのパートナーシップに匹敵するのは、ゲイツ財団とモンサント社との共同研究だ。モンサント社は気候変動に対応した作物の開発競争で目覚ましい躍進を遂げており、GSKと同様、上場企業であるため、ゲイツ財団との共同でなければ貧しい人々向けの商品開発を正当化できなかった。モンサント社は年に110億ドルの収益があり、その株式はドイツ銀行の気候関連のファンドからゲイツ財団自体まで誰もが持っている。モンサント社はゲイツ財団が資金を提供しているアフリカ農業技術基金の協力企業で、同基金はサハラ砂漠以南の5か国向けの耐乾性トウモロコシの開発用に4000万ドルの補助金を受けていた。2009年、この大陸初の品種が南アフリカ共和国の太陽の下で試された。2年後のクリスマスの直後、アイオワ州、インディアナ州、ネブラスカ州でモンサント社のMON87460（やはり遺伝子組み換えされた、耐乾性トウモロコシ）の使用に関する規制がひそかに解除された。ただし、そこには1つ問題があった。合衆国農務省は、MON87460の耐乾性は既存の品種とほとんど変わらないことに気づいていたのだ。「従来の品種改良技術によって生産される同等の品種も容易に入手可能」と環境評価に書かれている。

遺伝子組み換え反対派の活動家たちは2008年以降、モンサント社と、彼らがほかの「遺伝子の巨大企業」5社と呼ぶ、BASF、デュポン、バイエル、ダウ、シンジェンタによる地球温暖化への準備を継続的に監視してきた。オキシテック社の上級社員の多くはシンジェンタ社出身だ。活動家たちは「非生物的ストレス耐性」（極端な温度への耐性、旱魃への耐性、環境中の非生物で不都合なものへの耐性）に関係する特許が少なくとも2195件申請されていたことを突き止めた。

気候に関する特許競争で圧倒的強さを見せていたのはモンサントとBASFで、この2社は2007年以来提携して、「史上最大のバイオテクノロジー共同研究開発プログラム」を実施していた。これは最終的に25億ドルをかけた、ストレス耐性トウモロコシ、大豆、小麦、ワタ、セイヨウアブラナの開発事業となった。モンサント社はすでに化学薬品（難燃剤フォスチェック、除草剤エージェント・オレンジ（訳注　いわゆる枯葉剤のこと）、殺虫剤DDT）の製造から撤退していた。それは、同社の科学者たちが世界で初めて植物の細胞の遺伝子を組み換えるという飛躍を遂げた1982年以降の数十年間になされたことだ。

しかしBASFと提携を発表したころには、モンサントが一大帝国を築くもとになった特許（除草剤ラウンドアップと、それに耐性のある穀物に対する特許）は切れはじめていた。モンサント社には新たな躍進が必要だった。そこで同社はまったく新しいことに取り組もうとしていた。「雨水1粒当たりからどうすればより多くの食べ物を絞り出せるでしょう?」と、「ニューヨーカー」誌、「アトランティック」誌、「ナショナル ジオグラフィック」誌に掲載された同社の人目を引く広告が問いかけた。

モンサント社とBASF社は、1つの植物で有益な遺伝子の配列を特定すると、複数の植物に適用できる特許を申請することが多かった。2009年後半にBASF社に付与された特許がその典型だ。米国特許(出願番号7619137)は「特許請求の範囲……単離されたポリヌクレオチドで形質転換したトランスジェニック植物細胞」で始まる。そのような細胞は以下のいずれでも見つかっている。「トウモロコシ、小麦、ライ麦、燕麦、ライ小麦、イネ、大麦、大豆、ラッカセイ、ワタ、ナタネ、セイヨウアブラナ、キャッサバ、コショウ、ヒマワリ、マンジュギク、ジャガイモ、タバコ、ナス、トマト、ソラマメ、エンドウマメ、アルファルファ、コーヒー、カカオ、チャノキ、ヤナギ、アブラヤシ、ココナッツ、多年草、飼料作物」

「植物の生態について知れば知るほど、将来の進歩への道が開けます」と、モンサント社の広報担当サラ・ダンカンは私に言った。生物のすべてのDNAの配列を決定するゲノミクスの分野から、バイオテクノロジー企業は一種の「不動産地図」を手に入れた。2005年、イネは穀物では最初に、すべての植物では2番目に配列が決定された。ヒトのゲノム配列が大まかにつかめてから5年後だった。それは比較的単純なもので、穀物ゲノムを解読するいわばロゼッタストーンであり、イネで学んだことはもっと儲かるトウモロコシと小麦に応用できる。2006年時点でイネのゲノムの4分の3がすでに米国特許出願で取りあげられていたのは、そのためだ。そして、気候変動に対応した巨大事業になりつつあったＢＡＳＦ社とモンサント社の共同研究においてイネがモデル作物に選ばれたのも、そのためだった。

３５００種以上いる蚊のなかで、2番目にゲノムが解読されたのはネッタイシマカだった。２００２年、最初に解読できたのはガンビエハマダラカで、サハラ砂漠以南のアフリカできわめて有害なマラリアの運び屋の1つであり、ゲイツ財団の重要なターゲットだ。研究者が、ガンビエハマダラカが悪臭に引きつけられることを発見すると、世界でもっとも豊かなゲイツ財団は、人の足やリンバーガーチーズのような匂いのする罠を試すために77万５０００ドルを費やした。注目すべきことに、ゲイツ財団は世界の二酸化炭素排出量削減を支援するためにはこれまで1セントも使っていない。「当財団が地球温暖化に取り組む最良の方法は、貧しい農民が温暖化に適応するのを手助けすることです」と財団の農業戦略の要約に記されている。

遺伝子組み換えをしたイネの茎は護岸壁とは大違いに思えるが、テクノクラートにとっては同じで、私たちによってプログラムされる度合いがしだいに高まる世界に対する新手のパッチ、新手のソフトウェア・アップデートなのだ。

バイオテクノロジーが儲かる理由を尋ねに「遺伝子組み換え工場」へ

私が到着したときベルギーは冬だったが、ＢＡＳＦ社とモンサント社の共同研究の重要な部分の

1つである、2400平方メートル余りの温室の中は赤道直下のように暑かった——ドイツ銀行がウォール街に設置したテントのようだ。もっともアナコンダはいなかったが。気温は28〜30℃で湿度は70パーセントだ、とマルニックス・ペフェロエンがセーターを脱ぎながら私に言った。都会暮らしの私の鼻には醸造所のような匂いがした。

イネが、それぞれバーコードと無線ICタグがついた透明なプラスチックの鉢に植えられ、3万ルクスの電灯の下に整然と並べられていた。温室にはほとんど人がいなかったが、吊るされたスピーカーからは人工的で構成過剰なユーロポップがつねに鳴り響いていた。私たちは、「ウォーキング・プラント・システム」と呼ばれるものに近づいていった。コンベヤーベルトが建物の中をあちらへ、こちらへと走っており——「車に使われているのと同じベルトです」とペフェロエンは言った——苗が片側からもう一方へガタガタと運ばれ、自動装置が、通り過ぎる苗の列からいくつかの鉢をつかみ取る。5万鉢以上のイネがあり、花が咲くまで3、4か月間ここで育てられる。水分の量を測る探針と栽培開始日を示すタグが取りつけられている。乾燥ストレスのレベルは植物自体を見ればわかる。色がダークグリーンならば健康的で、ライトグリーンならば乾燥している。「私たちはたいてい、開花期に乾燥状態にします」とペフェロエンが言った。「けれども、つねに水分が少ない状態に保つようにもできます」。夏には、午後6時以降は温室のブラインドが下ろされ、「完全なブラックボックス」になるという。ジャポニカ米は外界から閉ざされ、アジアの田園地帯でと同じ、11時間半しか日光を浴びられないことになる。実験を完全なものにするために、苗を温室のどこに置くかはコンピューターがランダムに決める。苗のなかには気候変動に対応している遺伝子を持たない対照群が含まれていて、遺伝子組み換えで強化された苗とともに不快な――おそらく、もっとひどい――経験をする。

コンベヤーベルトをたどっていくと、温室の奥の隅に丈の高い箱があった。ARIS（自動イネ画像システム）という「画像キャビネット」で、植物向けのMRI（磁気共鳴画像法）装置のようなものだ。苗はそれぞれ週に1度このキャビネットに運ばれて、特製の透明な鉢の側面からなど、7つの違った角度から画像を撮られる。目的は「生長パラメーター」の測定だった。画像上では、画素（ピクセル）の総面積がバイオマスの総量を表す――「データはピクセルから抽出するんです。ピクセルからね」とペフェロエンが興奮気味にうなずきながら言った。根の生長具合は、植物の下部を撮影した画像に映る線の数と幅で判断される。苗は1時間に800個、1日に7000個という恐ろしく速いペースでこの装置を通過し、1つずつ数秒間光を当てられ、それが済むと人工の稲田に戻された。ペフェロエンによると、画像は1枚につき3メガバイトだそうで、1日に約5万枚の画像を撮るとなると、データ量は1日に15万メガバイトにのぼる。そこで彼らは、全画像をBASF社のコンピューターに送って解析してもらうために、インターネットの通信量が減るのを待つ。そして、ベルギーじゅうが寝静まってから、夜のうちに数回にまとめて画像を送信していた。

ベルギーのゲントはバイオテクノロジーの発祥地の1つで、1980年代初期に、科学者たちはこの地で、植物に細菌を感染させることで遺伝子を導入するという方法を編み出した。BASF社の子会社であるクロップデザイン社を私が訪れたときは、すでにバイオテクノロジー産業がたいへんな成長を遂げており、私は3か国のメディア担当者3人と会うことになった。ドイツ、アメリカ、ベルギーそれぞれの担当者は、からし色の壁に囲まれた部屋でからし色のテーブルに私を何時間も釘付けにし、パワーポイントを使ったプレゼンテーションをこれでもか、これでもかとばかりに見せてくれた。

ドイツ人担当者はGM作物に関する統計を披露した。それによると、「化学会社」のBASFが遺伝子組み換えに積極的に参入する前年の1997年には、作付けされた面積は全世界で10万平方キロメートルだった。2011年には、それが162万平方キロメートルになった。除草剤耐性(これまではこの業界に富をもたらしてきた形質)の価値は2020年には1億ユーロに届かないと思われる。一方、クロップデザイン社が「固有の収量（訳注　理想的な条件下での作物の収量）」と呼ぶものを決める形質（乾燥耐性、耐塩性、ストレス耐性）の価値は、20億ユーロになっているだろう。

ベルギー人担当者は、ノーマン・ボーローグが1960年代に「緑の革命」で成し遂げたことについて説明した。それは作物の栽培密度だ。「40年前と今のトウモロコシを比べてみると、個々の違いはそれほどありません。大きく違うのは、私が子どものころはトウモロコシ畑を走りまわったり、トウモロコシ畑に家を建てたりできたという点です。今のトウモロコシ畑には、とても入る隙間などありません」。モンサント社は最近、トウモロコシ、大豆、ワタの収量を2倍に増やすと宣言した。

やがて部屋にクロップデザイン社のCEOが入ってきて、次のように説明してくれた。私が見せてもらっているのは、クロップデザイン社が商標登録している「トレイトミル」のプロセス（「遺伝子の選択から特許申請までのルート」）の一部だそうだ。温室で作られた将来有望な作物は、アメリカやブラジルに送って実地試験をしたり、ドイツにあるBASF社の別の子会社に送って、操作したすべての遺伝子でアミノ酸の変化を克明に記録したりする。同社はこれまでにアミノ酸の変化1つにつき1件、計15万件の特許を申請した。「作物に有効なデータが確認できたときだけ特許申請しています」とCEOは言い添えた。彼らはすでに、収量が5割多く、種子が3割大きくなる形質を特定している。

あふれ出てくる専門用語から、このシステムに対するCEOの誇りがはっきりと伝わってきた。「トレイトミルは生産形質を開発するための、もっとも大きく有効な作物ベースのプラットフォームです」とCEOは顔を輝かせながら言った。「しかも知的財産権が保護されているんです!」

神の御業を身につけた人間の「現在地」

ネッタイシマカの標準的な飛翔範囲は、遺伝子組み換えがされていようといまいと、およそ100メートルで、ルーク・アルフェイのオフィスからオキシテック社の蚊の飼育所までの距離は少なくともその2倍あった。私はまだOX513Aを見ていなかったので、アルフェイと私は短いランチをとる前に、工業団地を抜けてぶらぶら歩いていった。デング熱には流行する時期とそうでない時期のサイクルがあるのを、アルフェイがあらためて教えてくれた。「人が本当に注目するのは、ヒトスジシマカがアメリカで発生したようなときや、最近はキーウェストでデング熱が発生したときだけです」。重要なのは、かならずやってくる小康状態のときに、撲滅しようという決意を揺るがせないことだ。

飼育所の中では、白衣に身を包んだ職員や大学院生が顕微鏡をのぞいていた。ある部屋では、遺伝子組み換えをしたネッタイシマカの幼虫が赤く光っているのを接眼レンズで見せてもらった。「ここで遺伝子組み換えをしたものにはすべて、このように蛍光マーカーで色がついています」とアルフェイが言った。オキシテック社が組み入れたサンゴとクラゲの遺伝子のおかげだった。アルフェイがドアを押し開け、私たちは特大のクローゼットのような部屋に入った。内部は常時28℃になるように設定されていた。バグドーム社製の昆虫用ケージが20余り、カビ臭い壁沿いにぐるりと置かれていた。頭上の電灯がブーンという気の散るような電子音を放っていた。片側には、蚊でいっぱいの湿気を帯びたこの部屋で1日じゅう過ごさなければならない気の毒な女性従業員が1人立っていた。ここは夕焼けが見られないことを別にすれば、湿気や蚊の多さはキーウェストやケイマン諸島にまあまあ似ているように思えた。

オキシテック社はここで週に200万匹の蚊を生み出している、とアルフェイが言った。水の入ったトレイを1つ見せてもらうと、そこには幼虫が数十匹と、すでに蛹(さなぎ)になったものが2、3匹いた。泳ぎまわる様子はごく小さなオタマジャクシのようだった。「明るいところでは片隅に集まって身を寄せあっています。見えますか？　暗いところではくつろいでいるんですよ」。アルフェイが見せてくれた30センチメートルほどの細長い紙には、おおよそ4万個の乾いた卵がついていた。乾燥した卵は長持ちするので、じゅうぶん世界各地に送り届けられる。水に入れて温めれば、蚊が誕生する。「うまく同時に孵化(ふか)させることができます」。アルフェイは小さなプラスチック製のカップを見せてくれた。彼によると、カップをほぼ満たしているのは100万個の卵だという。コーヒーの粉末のように見えた。

OX513Aの成虫は、バグドーム社のケージ1つにつき数百匹ほどが、内側にしがみついていた。飛んでいるときには、羽音はほとんど聞こえなかった。ネッタイシマカはほかの種と違って耳障りな羽音を出さない。また、気温の上昇がその分布域に影響を及ぼす可能性があると見てよさそうだった。つまり気候変動と同じで、目の前にやってくるまで人は気づかなかった。そして気づくとそれを阻止しようとして、馬鹿げたことをあれこれやってみるのだった。このときふと目に留まったのが、ケージの下の「死刑執行人」で、手に持って蚊を叩くテニスラケット形の虫取り器だった。蚊が逃げ出したときの保険として用意されている。

「ここでやっているのは最適化です」とアルフェイが言った。オキシテック社は、卵をまだ熱帯地方には送り出していなかった。「とにかく飼育プロセスを改善したいのです。さもないとコストに押しつぶされてしまいますから。ケージに成虫を入れておくには何匹がいいか、どれぐらいの期間ケージで飼うか、餌はいつどうやって与えるか、といったことです」。オキシテック社は差し当たり魚用の餌を与えていた。「金魚にやるような餌です」とアルフェイは言った。「でも、ドライイーストや犬用のビスケット、キャットフードなど、水中に有機物を入れておけば、何でも餌になります」。遺伝学が画期的な発展を遂げたとはいえ、この事業にはこうした平凡な側面もある、と彼は言う。「どうやって安く、しかも元気で健康でセクシーなオスの蚊を大量に作り出すか、です」

これは、人新世という時代に似つかわしい問題だった。神業のような力があたりまえになり、うんざりするほどにさえ感じられはじめていた。アメリカでは、GM作物は出現してから20年にもならないが、今ではほぼ完全に市場に浸透している。アメリカで作付けされたワタの94パーセント、大豆の93パーセント、トウモロコシの88パーセントが、遺伝子組み換えされたものだ。20余りの他国にも広がっており、世界のGM市場の価値は7500パーセントも急上昇した。この数字は気温とともに上がりつづけるだけだろう。というのも、世界には乾燥耐性の遺伝子操作をした作物だけでなく、GM種子をなんとか購入できる中国、ナイジェリア、インドネシア、ブラジルなどの農民が新たに何百万人も出現しようとしているのだ。そうなると真の先駆者は、モンサント社でなくオキシテック社かもしれない。

科学者たちは、新たな気候変動の現実に適応するため、作物ばかりか細菌や野生動物まで変えようという発想に引かれはじめている。2012年には、ニューヨーク大学教授S・マシュー・リャオが論文で、人類そのものを小さく設計し直し、資源をあまり消費せず、排出も少ない子孫を作ろうという提案をした。その数か月後、自然界の保全のために「絶滅種の再生」や「合成生物学」を利用することについての初めての会議が、ナショナル ジオグラフィック協会と野生生物保護協会によって開催された。植物の根の生長を促すGM細菌を創り出せたら、サヘルはサハラ砂漠にならずに済む。ホッキョクグマは絶滅せずに済む。すでに幹細胞の操作は可能になっている。失われたゲノムももう再構築できる。クローンも作れる。北極海の氷が消滅して何かの種が消えても、私たちにはそれを蘇らせる能力がすでにあるのだ。

私たちの未来に待ち受けていそうなことに比べれば、アルフェイの蚊は単純明快だった。この部屋のOX513Aはすべて、アルフェイが創り出したたった1匹の先祖に由来するものだ。第1号の誕生は10年前のことで、以来ずっと、この事業はGMプログラムというより繁殖プログラムという方向で進んできた。「蚊の肛門からDNAを注入して遺伝形質転換を行っていると言うと、人はすぐに、何百万もの蚊に1匹ずつ注入しなければならないのだと思ってしまい、それではけっして経済的に見あうことがないと考えるのです。これは正しいようですが間違っています。注入は1度しかしないのですから」

アルフェイがそのプロセスをわくわくした様子で説明するのに、私はなんとかついていこうとした。2002年、アルフェイが合成DNAを作ったあと、1人の技術者が小さなネッタイシマカの卵を大量に並べ、全部同じ方向を向かせた。「それから特製のレーザーの針でDNAを卵に注入します。卵の後極に形作られる細胞はGMラインの前駆体で、この小さな卵が成虫になるときに、精子や卵子になります。もしもあなたのDNAをこの細胞の1つにでも入れることができ、それが染色体の中に吸収されれば、非常に効率は悪いですが、成虫が作り出す精子か卵子の一部に、あなたのDNAが取り込まれます」

話をしているアルフェイの首に、脱走してきた蚊が止まった。アルフェイは考えもせずにそれをぴしゃりと叩いた。古臭いが恐ろしく効果的なやり方だった。

第12章

テクノロジーですべて問題解決
——気候工学信奉者たちの楽観的な未来

PROBLEM SOLVED

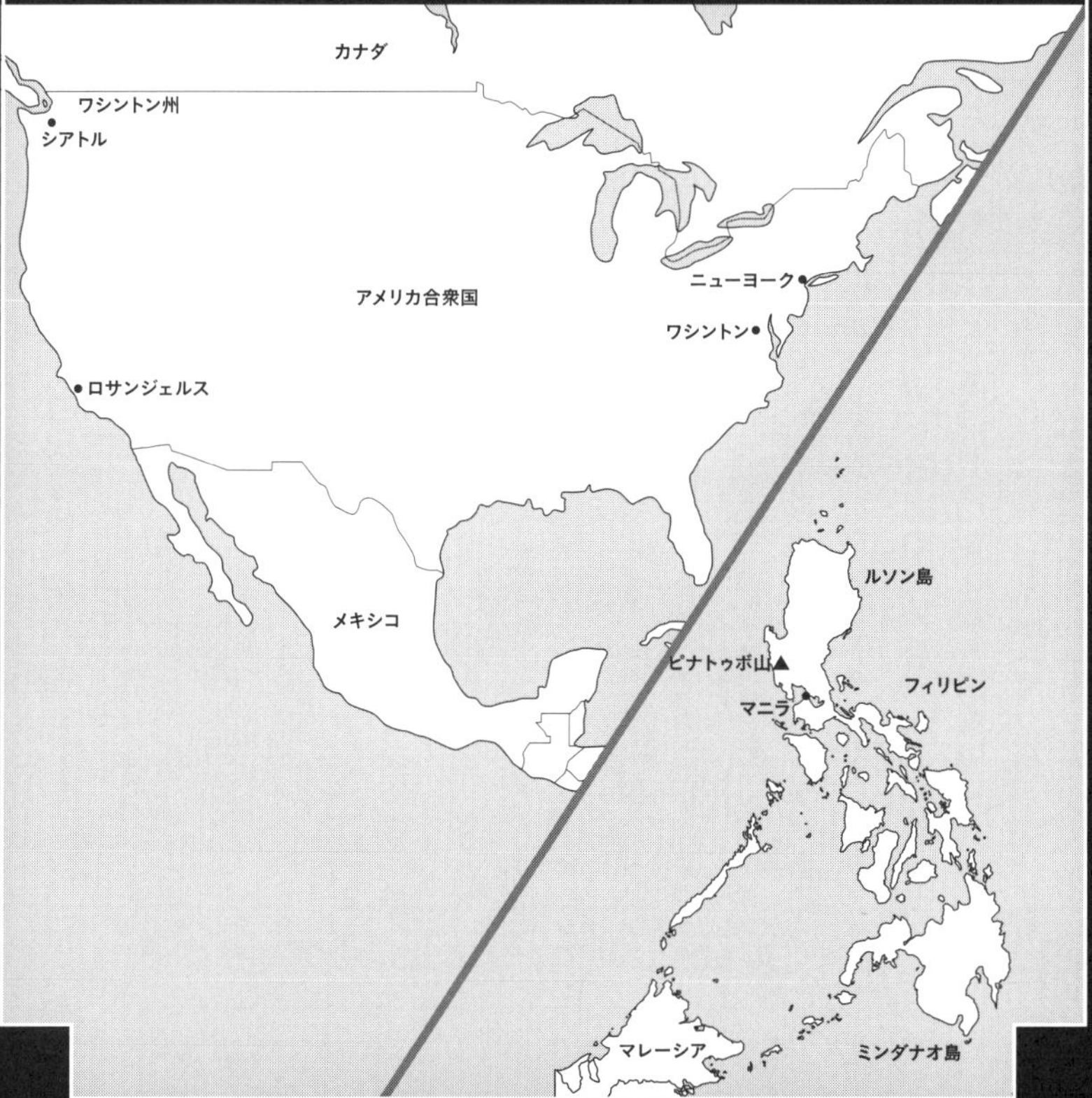

ゲイツ、ホーキング博士も認めた未来学者ネイサン・ミアヴォルド

ネイサン・ミアヴォルドの新しい研究所は表示もなく、外からはごく平凡に見えた。広さ約2500平方メートルで、もとはハーレーダヴィッドソンのサービスセンターだった。場所はシアトル郊外の工業地域で、近くには配管用具の流通業者と福音主義のブルースカイ教会があった。駐車場に並んでいる車のなかには、数えてみると同数（3台ずつ）のプリウスとメルセデス・ベンツがあり、入り口近くには、テクノロジー系のブロガーや地元のテレビ局のクルーが、ここで行われるテープカットのために続々と集まってきているのが見えた。

私たちはミアヴォルドが着く前に中に通された。するとすでに、白衣をまとった研究所の科学者と発明家たちが何人か、市松模様の床の部屋のあちこちに散らばって自分の持ち場にさりげなく立っていた。まだレーザーはまったく見えなかったし、レーザーで撃ち落とされるはずの蚊も見当たらなかった。ここで開発中で、特許を取るという噂の、気候変動の解決策も目にできなかった。

ミアヴォルドが現れたとき、その横にはワシントン州の後任上院議員マリア・キャントウェルがいた。ミアヴォルドはあごヒゲを生やし、髪はくしゃくしゃで、盛んに手振りを加えて少年のような笑顔を振りまき、一方、上院議員はいかにも落ち着き払った感じだった。ミアヴォルドはダブダブのカーキ色のパンツをはき、ジャケットは着ているがノーネクタイといういでたちなのに対し、キャントウェルは黒のパンツスーツを着ていた。このメディア向けイベントが奇抜なのは、ミアヴォルドがキャントウェルを個人的に案内するツアーという体裁をとっていることだった。したがっ

て私たちメディアは2人の周囲に群がりつつも、趣向を台無しにしないように、必要な場合にはお互いのカメラに写らないよう礼儀正しく後ずさった。

「こちらはフィリップです」と、ミアヴォルドは最初の持ち場にいた白衣の青年を紹介した。「プリンストン大学で博士号を取ったばかりです」。フィリップは彼らに、マダガスカルのマラリア流行をモデル化したソフトウェアを見せた。ミアヴォルドによると、この研究は、蚊が媒介するマラリアを撲滅するためなら何でも試みるビル・ゲイツとゲイツ財団に、費用の一部を負担してもらっているという。「ビルはわが社への出資者の1人です」と、彼は言った。「この取り組み自体は、言ってみれば無料奉仕ですが、そこから大きな利益のあがる副産物も出てくるでしょう――いいことをして、うまくやるんです」

マイクロソフト社では、ミアヴォルドは未来学者で最高技術責任者だった。ケンブリッジ大学では、スティーヴン・ホーキングの下で理論物理学を研究していた。彼はマルコム・グラッドウェルの人物評で取り上げられ、TEDトークの人気者であり、2438ページ、23・6キログラムの『モダニスト の料理（*Modernist Cuisine*）』という料理本の著者でもある。テクノロジー界で称えられると同時に恐れられてもいる人物だ。

この研究所の派手な開所式には、彼がマイクロソフト退社後に始めたビジネス、インテレクチュアル・ベンチャーズ（IV）という50億ドルの投資会社への批判に対する反論の意味があったと、ツアーに同行した私たちは理解していた。IVは「パテント・トロール」だと非難されていた。パテント・トロールとは、ひそかに特許を買い占め、自分では何も作らず、その特許を使って、自社の知的財産権が侵害されたと判断すればいつでも、ベライゾン、インテル、ノキア、ソニーなど、実際に何かものを作っている会社からライセンス料を搾り取る会社のことだ。そのビジネスモデルは、訴えるぞと脅すことだと批判されている。開所式の時点で、IVの保有する特許は知られているだけで2万7000件あったが、外部のコンサルタントたちは、1000社を超す関連ペーパーカンパニーに、もっと多くが隠されていると信じていた。また、IVが特許法改正に反対するロビー活動にかける費用は、年間100万ドルだ。だが、ミアヴォルドは新聞・雑誌の記事やインタビューで、「怪物（トロール）」というレッテルに異を唱えた。IVは10億ドル以上の特許使用料を稼いできたが、ツアーの時点では誰も訴えたことはなかった。そしてこの研究所は、IVが独自の特許（彼によれば「年に500〜600件ほど」）を創造していることの証だった。

フィリップのコンピューターがある一角から、ミアヴォルドはキャントウェルと私たちを会議室に案内した。そこには1台の長テーブルに沿って11脚の椅子が置かれていた。部屋の四隅に薄型のモニターが吊りさげられてあり、4つとも同じ映像が映っていた。スローモーションで羽ばたきしている蚊がレーザービームで撃たれ、らせんを描いて落ちて画面から消えるまでだ。「私たちがさまざまな科学者と集まって意見を出しあい、新しいアイデアを引き出すのがここです」とミアヴォルドは言った。「この立派なテーブルと椅子は、差し押さえ品の競売で買いました。世間一般では、私たちが行っているような活動は縮小しつつありますが、私たちはこのような、長期にわたって何かに賭けるという活動を広げようとしています」

次の部屋で、彼は、安定した電力供給を常時得られない場所で何か月もワクチンを冷蔵しておける一種の超絶縁冷蔵庫について説明した。「コカ・コーラの自動販売機のようなものです」と彼は言った。それから私たちはゴーグルを着け、「とても恐ろしいレーザーです。ゴーグルをつけずに、残っているほうの目で光線を見ないでください」という注意書き（訳注　この警告は、不注意な人はすでに片目を失っているという前提のブラックジョーク）のついたドアからぞろぞろと中に入った。この部屋でIVは、血液検査ではなくレーザーを使ってマラリアを検査する方法を開発していた。これまた、ゲイツ財団が助成するプロジェクトだった。隣の部屋では昆虫が飼育されていた。バグドームの飼育ケージなどを備え、オキシテック社で見たのとよく似た、蚊でいっぱいの小部屋だった。「ここで自前の蚊を育てています。もし議会に性根を入れ替えてやりたい人がいたら、この部屋でドアをロックして会議を開くといいですよ」とミアヴォルドがキャントウェルに言った。白衣を着たドクターが1人、そばに立っていた。「彼女は蚊の研究で博士号を取得しました」と彼は言い、その背後を指し示した。「ほら、干しブドウがあります。餌にはだいたい干しブドウをやることになっています」

まもなくカメラが回る前で、ミアヴォルドはキャントウェルに、自分の料理の本からインスピレーションを得たという、液体窒素に漬けて瞬間冷凍した、冷気が湯気のように立っているレモンの冷菓を勧めた。もっとも、メイン・イベントは蚊を落とすレーザー銃だった。私たちは一部試作段階の、飛翔中の蚊を捕捉するカメラのズームレンズを取り囲んだ。これで蚊の飛翔パターンと、羽ばたきの頻度、速度が分析できた。敵と無害なもの——蚊とマルハナバチ、血を吸うメスと無害なオス——を区別できるようにしようというわけだ。完成すれば、テレビゲームか冷戦時代の戦いのように低出力のレーザーがスクリーン上で蚊を射程に捉えて追跡し、次により強力なレーザーが撃ち落とすことになる。キャントウェルは、10ガロン（訳注　約38リットル）サイズのガラスケースの中の蚊に照準を合わせるところを見ようと梯子を登った。ロックオンするたびにグリーンの閃光が走った。「だいたい2秒に1回撃ってるわ」と彼女は言った。「1分に約50回撃てます」とミアヴォルドが訂正した。

レーザー銃はフォトニック・フェンスと呼ばれ、レーガン時代のスターウォーズ計画（衛星軌道を周回する原子力X線レーザーがソ連のミサイルを撃ち落とすもの）とそっくりなのは、偶然ではなかった。この計画は宇宙物理学者ローウェル・ウッドが考案したものだったのだ。彼はミアヴォルドの長年の友人で、IVの提携者であり、かつてローレンス・リヴァモア国立研究所（LLNL）でスターウォーズ計画のリーダーだった。絞り染めの服を着たウッドは、LLNLの共同設立者エドワード・テラーの弟子だった。テラーはマーシャル諸島で水爆実験を行って「水爆の父」と称された人物で、映画『博士の異常な愛情』に登場するドクター・ストレンジラブのモデルの1人でもある。かつてウッドとテラーは、スタンフォード大学内にあるリバタリアン保守主義のシンクタンク、フーヴァー研究所の研究員だった。

1990年代、ウッドとテラーは他者に先駆けて、気候変動を逆行させるための地球規模のエンジニアリングを真剣に研究した。この研究はやがて気候工学と呼ばれるようになった。彼らの考えは、「第21回地球危機のための国際セミナー」に寄せられた論文で説明されているが、火山を模倣することだった。二酸化硫黄その他の煙霧質（エアロゾル）を成層圏に散布する方法を見つければ、1991年のピナトゥボ山の噴火直後に似た状態にできるだろう。つまり、エアロゾル粒子が太陽光を遮り、地球の気温が下がる。インテレクチュアル・ベンチャーズ社が、ハリケーンを止める方法、北極圏を再凍結する方法、気候を操作して「正常」に戻す方法といった気候工学の諸技術の特許取得をすでに始めていたことは、研究所の開所イベントの時点では、まだほとんど推測の域を出ていなかった。ミアヴォルドはそれについてはキャントウェルに何も言わなかったが、その少しあとで、隙のない広報担当者2人に監視されている短い会話の中で、噂は真実だ、と私に言った。

ツアーは灰色に曇った空の下の駐車場で終了した。白いテントの中で、ベンチャーキャピタリストたち、ワシントン大学の教授たち、著名な自然写真家のアート・ウルフなど、一群の名士たちにシャンパンとサーモンが振る舞われた。ウルフは、自身も写真集を出版しているミアヴォルドの友人だった。ミアヴォルドとキャントウェルが赤いリボンの前に立ち、カメラの準備ができると、彼は、ハサミで「リボンを切るのはつまらないから、別の方法を考えました」と告げた。1人のスタッフが大きな赤い起爆ボタンの載った車輪つきの台を押してきた。ほかに2人が耐火性の手袋を着け、消火器を持ってそばに立った。「発射準備はできた?」とミアヴォルドは尋ね、それからカウントダウンを始めた。「5、4、3、2、1」。キャントウェルがボタンを押し、リボンがパッと燃えあがり、人々が盛大に拍手した。

気候を操作したいと思った男たちの歴史

気候変動は新たな口実ではあったが、発明家たちが気象をなんとかしたいと考えるのは今に始まったことではない。1946年7月、化学者でノーベル賞受賞者のアーヴィング・ラングミュアが運営するゼネラル・エレクトリック社の研究所の研究者の1人が、気候工学の先駆けである人工降雨のための雲の種まき(クラウドシーディング)を偶然発明した。彼が霧箱の中にドライアイスのかけらを落とすと、霧は即座に無数の氷の結晶に変わったのだ。「気象の制御」とラングミュアはノートに走り書きした。研究所の職員の1人に、バーナード・ヴォネガット（小説家カート・ヴォネガットの兄）がいた。バーナードは、ヨウ化銀のほうがドライアイスよりも種結晶（雲の湿気を雪片や雨粒に変えて空から降下するようにさせるもの）としてなおさら効果的であることを発見し、やがて特許を取得することになった。ゼネラル・エレクトリック社の広報課で働いていたカートは、1963年に発表した小説『猫のゆりかご』（伊藤典夫訳、早川書房、1979年）で、水を凍らせる架空の種結晶「アイス・ナイン」について書いている。

1946年11月、ラングミュアの研究所は初めて雲の種まきの実験を行った。バークシャー山地上空の雲に3キログラム弱のドライアイスペレット（ドライアイスを粒状に加工したもの）をまき、5キロメートルほどの筋状に何本も雪を降らせたと見られ、成功を収めたという見出しが世界各地の紙面を飾った。5年もたたないうちに、ほとんどがヨウ化銀を用いた商業ベースの人工降雨が、アメリカの1割ほどの地域で行われるようになった。ほどなくしてウォルト・ディズニーは、ドナルドダックの『マスター・レインメーカー』という漫画を制作している。この作品では、ドナルドは赤いプロペラ機で雲に突入する。「なんてこった！」とドナルドは叫ぶ。「種をまきすぎた！」今や多くの科学者が（とくにアメリカでは）、雲の種まきに大きな効果が見込めるとは思っていないが、現代の雨乞い師たちは、イスラエル、インド、セネガル、サウジアラビアなど50以上の国々で腕を揮ってきた。

雲の種まきは魅力的であると同時に危険でもあった。雲の種まきがうまくいくとすれば、今や私たちは気象を思いのままにできるのだから。歴史家ジェイムズ・ロジャー・フレミングの『気象を操作したいと願った人間の歴史』（鬼澤忍訳、紀伊國屋書店、２０１２年）によると、チェルノブイリの惨事のあと、ソ連当局は近づいてくる放射能の雲からモスクワを守るためにこの手法を採用した可能性があるそうだ。ヨウ化銀をまく爆撃機がベラルーシで雨を降らせ、現地では子どもの甲状腺癌の罹患率が50倍に跳ねあがった地域もあったという。最近では、中国の気象調節局が２００８年のオリンピックに先立ってロケット弾発射装置を北京郊外に設置し、パレードのときに雨を降らせるかもしれない周辺の雲を１つ残らず打ち払った。アジアのほかの場所では、雲の種まきはもっと邪悪な目的で使われた。ヴェトナム戦争中、アメリカは機密扱いの「ポパイ作戦」で雨を武器にして、５年にわたって季節を乱し、ホーチミン・ルート上のモンスーンを長引かせたのだ。

ラングミュアの大発見から1年後、彼の研究所は、年間75万ドルをかけた陸・海・空軍主導の機密プログラム「プロジェクト・シーラス」に携わった。研究所は１９４７年から１９５２年にかけて、森林火災を鎮火する作戦を含む２５０以上もの実験を行った。もっとも大がかりなものは初期に行われた実験の1つで、1947年10月、研究者たちは、キーウェストを襲って南フロリダを抜けてまもないハリケーン「キング」を、大西洋に再び出ていこうとしていたところで封じた。彼らはハリケーンの目に爆撃機を飛ばし、約36キログラムのドライアイスを投入した。するとハリケーンはUターンしてジョージア州のサヴァナ付近に再上陸し、死者1名、2300万ドルの損害をもたらした。その年、ラングミュアはロスアラモスのエドワード・テラーを訪ね、この冷戦支持者に、自分の雲の種まきが引き起こした損害を自慢した。気象の制御は、やがて彼が「ニューヨーク・タイムズ」紙に語るように、「原子爆弾に匹敵する強力な兵器になりうる」。知られているかぎり、それがハリケーン調節の最初の試みだった。そして、のちにミアヴォルドのIVがほかの手段を使ってそれに取り組むことになる。

私が初めて人工降雨を目撃したのは、オーストラリアのマレー＝ダーリングの旱魃のときだった。水力発電による電力をシドニーに供給しているスノーウィー山脈の貯水池が枯渇し、地元の民営化された電力会社スノーウィー・ハイドロが切羽詰まっていた。クーマの町にある指令センターは、照明を落とした暗い部屋で、コンピューターと大学院生でいっぱいだった。院生たちは、ずらりと並んだ8台のモニターで寒冷前線の動きを追跡し、ヨウ化銀の発生装置を起動させる信号を送信しようと待ち構えていた。発生装置は13基あり、太陽電池式の樹木のような金属製の塔で、自然保護区域のあちこちに隠されていた。

この地方の最大のリゾート、スレドボーでは、リフトの経路に沿って、スノーウィー・ハイドロ社がスキーヤーのために行っている自社の仕事を大げさに宣伝するのぼりをすでに掲げていた。「この冬、雲の種まきで降雪改善」。スキー場の経営者は、スロープ脇に人工雪製造機（気温が上がるほど、標高の低いスロープでは欠かせなくなる）を増設するよりも、人工降雪のほうがどんなにいいか、と私に語った。オーストラリアじゅうで唯一耳にした不満の声は、この山々の反対側160キロメートル余りの距離にある、乾ききった農業の町の男性が発したものだった。彼はこう言った。「雲の種まきの問題は、どの地域に雨が降ってしかるべきかを人が決めている点だ」

気候工学の特許取得は何を意味するのか？

インテレクチュアル・ベンチャーズ（IV）社の主席特許弁護士ケイシー・テグリーンは、開所式の数か月後、自分のオフィスに私を案内してくれた。ドアが閉まるとき、廊下に絞り染めの生地がちらりと見えた。色鮮やかな服を着たローウェル・ウッドがサンダル履きで走り過ぎるところだった。

私はIVが発明したものについてミアヴォルドにさらに聞く前に、どうやって発明するのか聞きたいと思っていた。そしてテグリーンはその標準的な手法についての説明を自ら引き受けてくれたのだ。登山家でトレイルランナーであり、また、フリスビー競技のプレイヤーでもある40代後半のテグリーンは、同社が「発明セッション」と呼ぶもののコーディネーターだった。「発明セッション」は、選り抜きの科学者、医師、エンジニア3～10人を会議室に8～16時間缶詰にし、「興味深く、明確に提示された、大きな問題」に取り組んでもらうプロセスだ。会議室で行われていることを的確に表す言葉がない、とテグリーンは言う。「ブレインストーミングのようでもあり、物理学や工学の授業のようでもあります。口論しているようにも見えます」と彼は私に語った。1つの部屋に最も優秀な人材を集めて進められる、シナリオ・プランニングが思い出された。

2003年に行われたIV初の発明セッションのテーマは、デジタルカメラだった。今では月に最大5回、セッションが行われ、手術技法からメタマテリアル（訳注　人工的に作られた物質で、電磁波に対して自然界の物質とは異なる応答を見せるもの）まで、あらゆる事柄に取り組んでいる。「たとえば、テーマとして地球のアルベド（日射の反射率）を取りあげたとしましょう」とテグリーンは言った。「その場合に私たちが選ぶ発明家は物理学者や物質科学者だったりするかもしれませんが、たいていはローウェルやネイサンのような、物事を多元的に考えられる博識家タイプの人間です」。年に3、4回、気候工学のためだけのセッションが持たれており（テグリーンの話では、気候工学はIVのほぼ設立当初からミアヴォルドの関心を引いたという）、それとは別に、年に10回ほどが少なくとも間接的にそのテーマに触れていた。

自由形式のセッションは通常、私が研究所で見た会議室で行われ、ビデオやマイクで一言一句記録され、形になりつつある発明がテグリーン率いる63人の特許グループに伝えられていた。特許グループには20人余りの弁理士が含まれ、その大半が、航空宇宙工学やコンピューターサイエンス、生化学、数学など、それぞれの専門分野で博士号を取得していた。飛行機で到着して1日か2日滞在する発明家たちには十分な食事（インド料理、ファストフードのエゼルズ・フェイマス・チキン、最初のころには、屋外でのバーベキュー料理）が提供された。また、時間に見あったそこそこの報酬も支払われていた。特許取得に結びつけば、その分け前もＩＶから与えられた。「でも、報酬をまったくもらえなくてもやるんじゃないでしょうかね」とテグリーンは言った。「きっとやると思いますよ。私たちとともに発明をするのが好きな人たちは、面白い問題を議論したがるのです」

通例、彼は自由に会話をさせておく。「もしみながより優れた馬車の鞭を発明する方法について話しだしたら、方向転換させるかもしれません。何せ馬車の鞭の市場は１５０年前にすたれてしまったのですから。でも、アイデアの種がどこから生まれるかなんて、確かでさえないこともあります。２人の人間が雲から降水させる技術についてあれこれ議論を始めたとしましょう。ところが突然、雲の水蒸気をイオン化させるもっと優れた方法を検討していたりするのです」

テグリーンの部屋の窓辺で妙な物音がした。この窓は木々や運動競技施設ベルヴュー・クラブのそばの駐車場を見下ろす格好になっている。１羽のハシボソキツツキが窓ガラスに映った自分の姿を攻撃していた。「やつはいつもそこに居座って窓の左側を叩くのですよ」とテグリーンは説明し、私のほうに向き直って言った。「セッションは新たな領域に移ることもありますし、それでかまいません。私たちは来年の製品を開発しようとしているのではないのです。通常、きわめて頭脳明晰な人たちに一連の良質な問題を提供すれば、そうした問題はまた、彼らが別のアイデアを思いつくきっかけになります。たとえば水から波エネルギーを得る方法を思いついたら、有益なアイデアにつながることがあるかもしれません」

特許権の存続期間は通例20年であり、ＩＶの投資家たちは長い目で見ることを期待されていた。彼らの出資金は２つのファンド、すなわち、「アジア発明開発ファンド」に5億９０００万ドルが、そしてより規模の大きな「発明投資ファンドⅡ」に23億ドルが10年以上預けられているという。投資家のなかには、自らも特許戦争のための資金をため込んでいるアマゾン、アップル、インテル、マイクロソフト、ソニーなどのテクノロジー企業や、ロックフェラー財団、ウィリアム&フローラ・ヒューレット財団、また、ブラウン大学、スタンフォード大学、コーネル大学、テキサス大学などの、今日だけでなく未来の世代のためにも資金を運営する各大学の基金が含まれている。目先の利益よりも大きな潮流のほうが重要であり、気候工学は、ＩＶが開発し特許を取得している発明の対象として不相応ではない。ナノテクノロジー、半導体、原子力エネルギー、医療機器、農業の進歩が報われるのはずっと先のことかもしれない。その一方で、同社は収益を生み出してきており（２０１１年までには、20億ドルを上回った）、収益の一部はテクノロジー企業との特許ライセンス契約によるもので、紛らわしいことに、それらの企業にはＩＶ自体への投資家も含まれていた。この契約によって訴訟が不要になったとはいえ、提訴されるかもしれないという恐れがこれらの企業を契約に駆り立てたと言っていいだろう。

ＩＶは近々、「土砂や岩石など大量のものを移動させることに関して」発明セッションを開くだろう、とテグリーンは私に言った。「物体の下や周囲、内側にあるものや、非常に量が多くて遠くにあるものと、どうやって取り組むかということです」。ミアヴォルドは最近、ビル・ゲイツ、ウォーレン・バフェットとともにカナダのタールサンドの採掘を見学するヘリコプターツアーに参加していた。年間60億ドルのタールサンドを採掘するコングロマリット、キーウィット・コーポレーションの招待だった。同社はオールアメリカン運河のコンクリート化にもかかわっている。

ミアヴォルドは、タールサンドを採掘する際の副産物であり、そのころIVが特許を取得していた気候工学の構想の主要材料でもある硫黄が、いくつもの山になって積みあげられているのに目を留めた。「黄色い大きな硫黄の山がいくつもできていて、高さは100メートル、幅は1000メートルもありそうでした！」と彼はのちに『超ヤバい経済学』（望月衛訳、東洋経済新報社、2010年）の著者2人に語っている。「そして硫黄はメキシコのピラミッドのように段をつけて積まれているんです。だからあの硫黄の山のどれか1つの片隅に小さなポンプ施設を置けば、それで北半球の温暖化問題はまるごと解決できるでしょう」

IVの公式の見解では、同社は利益のために気候工学の研究を進めているのではないとのことだった。気候工学に対するIVの関心が公になったのち、同社ホームページのよくある質問と回答集には、「インテレクチュアル・ベンチャーズは主力ビジネスとして新しいテクノロジーを発明しますが、私たちはこの気候テクノロジーの発明で利益を得ることを見込んでも意図してもいません」との文章が掲載されていた。

あの朝テグリーンは自分のオフィスで、例のハシボソキツツキが再び窓に向かってくる前に、会議室での自由形式のセッションが終わったあと、発明家たちのアイデアがどうなるのかについて、説明してくれた。「セッションのあとで、選別格付けと呼ぶプロセスを進めます。私たちはアイデア分類専用のコンピューターシステムを用意しています。毎週、弁理士や事業開発者、サポート・スタッフを交えて電話会議を4回開きます。会議はこんな具合です。『では、気候工学のアイデアを検討しよう。まず1つ目のアイデアだ。これは、すでに検討されたもののなかでナンバー1だったアイデアより優れているだろうか？　いや、そこまで優れてはいない。ではナンバー2のものと比べるとどうだろう？　これにも劣る。ではナンバー3とでは？』ＯＫだということになると、それをストックされているアイデアのなかのナンバー3にして、これまでナンバー3だったものをナンバー4に下げ、ナンバー4はナンバー5に……という具合になります。アイデアをランク付けするわけです」

「より優れている」とは何を意味しているのだろうか？　テグリーンはこう語った。「ランク付けに際しては、じつにさまざまな要因を検討していきます。十分な特許権保護を受けられるかどうか。そのアイデアはライセンス契約を結びやすい業界のものかどうか。商業的に意味はあるだろうか？そのアイデアに基づいて特許権を取れるような、より広範なコンセプトはあるだろうか？　特許申請のための技術サポートにかかる費用は多額だろうか？　このように、いろいろな要素の組み合わせで決まるのです」

　特許の申請には高額な費用がかかり、通常多大な時間を要する。ＩＶの発明家たちがひねり出すアイデアは年に何千、いや、おそらく何万にものぼったが、そのほとんどが1度もトップの座を取れなかった。選別格付けをすれば、たいていもっとも商業化の可能性が高いアイデアだけが最後まで残ることになる。「もし、ある分野で最上クラスに入るアイデアがあれば、私たちはそのアイデアを特許出願する準備を始めます」とテグリーンは言った。ここに至るまでのすべての手順は理解できたものの、彼らがなぜわざわざ気候工学の特許を申請するのか、という疑問は私の頭の中に残ったままだった。

「地球を冷ます」アイデアとテクノロジーを探す

気候工学、または少なくとも気候工学の研究を支持する人たちは、たいがい3つのカテゴリーに分類できる。暴走する気候変動を心底恐れている科学者、炭素排出量削減の義務化を心底恐れている自由市場の支持者、そしてその両方を支持する資本主義者や資本主義式慈善活動家だ。この3者全部に会うには、2つのワシントンを訪ねさえすればよかった。首都ワシントンとワシントン州だ。

どちらのワシントンでも、科学者たちは会議や会合、委員会や研究所のあいだを飛びまわっていたが、なかでもスタンフォード大学のカーネギー研究所のケン・カルデイラは多忙を極めていた。彼は気候変動モデルの専門家として有名で、「海洋酸性化」という新語は彼が造った。エドワード・テラーとローウェル・ウッドとは反対の政治的立場にあったカルデイラは、冷戦支持者のこの2人がピナトゥボ・オプション（訳注　成層圏に硫酸エアロゾルを散布して太陽光を反射する割合を増加させ、地球の温度を下げようとする考え方。360、361ページを参照のこと）を提案した際には、断固として気候工学に反対した。

その後彼は、あらためてさまざまな数字を検討してみた。気候変動が世界に及ぼす影響についておそらく誰よりも深く理解していたカルデイラは、ほどなく連邦議会議事堂のあるキャピトル・ヒルに足繁く通いはじめ、IVでも主要な発明家となった。ただし、彼の動機が金儲けでないのは明らかだった。自分が関係した、ある気候の特許について、「利益のうちの自分の取り分は、その

100パーセントを非営利の慈善事業とNGOに寄付する」ことを約束していたのだ。

世界の炭素排出量が増加するにつれて、気候工学は正式に認められるようになっていった。バラク・オバマが大統領に選出されたのち、イギリスの王立協会とアメリカの科学アカデミーのものを皮切りに、トップレベルの科学委員会が開かれはじめた。さらに、イギリスとアメリカの下院での気候工学に関する公聴会、国防高等研究計画局（DARPA）が主導する非公開の会議、連邦政府監査院と議会調査局による調査、アメリカ気象学会とイギリス気象庁による政策綱領の発表、イギリスの機械技術者協会による設計コンペ、アシロマでの倫理会議、ランド研究所による報告書、2009年にコペンハーゲンで開催された気候会議の際の併催イベント、限定した実地調査に対するイギリス政府からの財政的支援、新語（「気候修復」）に対するワシントンの超党派政策センターの支持、気候変動に関する政府間パネル（IPCC）の2014年の報告書における一節などがあとに続いた。研究論文や委員会やシンポジウム全般で多数を占めた意見は、気候工学を展開していくべきだというものではなく、慎重に検討すべきだというものにとどまっていた。

ただもっとも見込みのある構想はあいかわらずピナトゥボ・オプションで、これは現在、「太陽放射管理（SRM）」として知られるアイデアの一部となっている（このSRMもカルディラの造語だった）。最初に火山噴火を世界の気候と結びつけて考えたのは、おそらくベンジャミン・フランクリンだろう。パリに駐在中の1783年に、8か月にわたってアイスランドの一連の火山が噴火を起こし、北半球の気温が急激に下がった。「ヨーロッパ全土と北アメリカの大部分がずっと霧に覆われていた」とフランクリンは記している。「そのため、地面は早くから凍りついた。そして初雪は解けずに残った。そのせいで気温はさらに下がった」

別の有望なSRMの構想は、イギリスの2人の教授ジョン・レイサムとスティーヴン・ソルターが提案したもので、彼らはのちにIVに協力している。その手法とは、風力で動く無人船を公海で航行させ、この船で海水の滴を噴きあげて海上の雲が増えるように雲の種をまくと、結果として海洋の反射率（アルベド）が高まる、というものだった。雲の上部に当たって跳ね返る太陽光がぐっと増え、地球の温度は下がるだろう。

気候工学支持者の2つ目のカテゴリーに入る自由市場主義者は、科学者が慎重に分けて考える研究と実用化の違いにはしばしば無頓着だった。彼らにもやはり首都ワシントン周辺で会えた。「実際に何が起こっているかといえば、それは環境保護主義者と財産擁護主義者のあいだの根本的な争いなのです」と、ある人物が私に言った。彼はヴァージニア州にある小さなシンクタンクで働く弁護士だったが、ときに公然と気候変動懐疑主義へと方向転換するこのシンクタンクは、のちに、著名な気候学者であるマイケル・マンの電子メールへのアクセスを求めて訴訟を起こしている。気候科学は税金の支援を受けた詐欺であることを曝露したかったのだ。「私たちが争っているのは文化を操作するのか環境を操作するのかということで、それはつまり、温暖化の緩和か気候工学かという争いなのです」

ニュート・ギングリッチは2012年の大統領選挙への出馬の前に、これと同じ考えを表明している。彼が気候に関する法案を上院でつぶそうとしていたときに支持者たちに宛てた手紙にはこう書かれていた。「推定1兆ドルのコストを経済に背負わせるかわりに、気候工学なら年間たった数十億ドルで、地球温暖化問題と取り組めることを約束します。一般のアメリカ国民にペナルティーを科す代わりに、科学的なイノベーションに報いることで温暖化問題に取り組むという選択肢を持てるのです。私たちのメッセージは次のようなものであるべきです。アメリカ人の創意工夫をかき立てよう。環境保護主義者には口を出させるな」

ギングリッチはアメリカン・エンタープライズ公共政策研究所（ＡＥＩ）の上席研究員だった。この研究所は保守思想の黒幕団体で、長年にわたってミルトン・フリードマンからディック・チェイニーに至る、あらゆる保守派の拠り所となっている。部外者は今もなお、ＡＥＩが気候変動に否定的なことを非難している。同研究所はエクソンモービルから資金提供を受け、京都議定書に反対するロビー活動を行い、ＩＰＣＣを批判する論文を書いた科学者には1万ドルを提供してきた。だが気候変動は実際に起こっている、とＡＥＩの気候工学プログラムの共同責任者は２００９年に私に語った。今や２つの疑問が残っていた。何か手を打つことを望むか？　いくらなら喜んで払うか？

「ここにギャップがあります」と彼は言った。「アメリカ人が高いコストを負担するとは思えません。唯一の答えが気候工学なのです」。もう1人の責任者は、ほぼ10年間、市場本位のやり方で炭素排出量の削減に取り組んだのちに、ＡＥＩで働くようになった。「私は精一杯頑張ったのですが、結果は完全な失敗でした」と彼は言った。「経済的に合理性のあるプランでも、すべて失敗するだろうと確信するようになりました。では、これからどうなるのか？　今後、私たちは多くの適応をしていくでしょう。しかし同時に、適応には限界があるのも事実です。だから規模の大きな適応が必要になるでしょう。それが気候工学です」

私はまたしても、保守思想に起こっている微妙な変化を目の当たりにしていたわけだ。気候変動の科学的信憑性そのものをめぐって争いを続けるのは難しくなりつつあったが、気候変動に対して何をすべきかについての争いは、まだまだ終わらないのだ。

ワシントン州シアトルには、IVだけではなくワシントン大学もあった。そのため新生の気候工学分野の著名な人物が、講演やセミナーのためにやってきた。また、シアトルには資金源もあった。ビル・ゲイツだ。ゲイツはネイサン・ミアヴォルドを介してローウェル・ウッドに会い、ウッドを介して、ケン・カルデイラと知りあった。2006年以来、ゲイツは自分の基金とは無関係に、ただしテクノフィクスに焦点を絞るという基金の方針には則って、カルデイラともう1人の優秀な気候工学研究者から気候工学に関する特別の講義を受けてきた。そしてこの2人が、気候工学のもっとも基礎的な研究にさえ資金が足りないことを嘆くと、2007年以降ゲイツは資金を提供してきた。その非公式の援助には結局、「気候とエネルギーの革新的研究基金（FICER）」という正式な名称がつけられ、現在に至るまで、さまざまな会議や研究プロジェクトのために510万ドルの資金が提供されている。

ゲイツの資金のおかげで、気候工学の歴史に最近転機がもたらされた。ジャーナリストのジェフ・グッデルは気候工学に関する自著『地球の冷まし方（*How to Cool the Planet*）』の中で以下のように書いている。カルデイラ、ウッド、AEIの共同責任者の1人、十数人の上級研究員らが参加した、2008年のアメリカ地球物理学連合の会議の際にもたれた数々の個人的なディナーの席で、「会話の焦点が『私たちにはできるか？』や『するべきか？』から『どのように、、、するのか？』へと変化したときが転機だった」。

１９６０年に設立されたジェイソンズは、アメリカ政府のさまざまな部門（ＤＡＲＰＡ、海軍、ＣＩＡなど）のために極秘の問題を解決してきたエリート科学者たちの非公式のクラブだ。そのジェイソンズをモデルにした新しい民間非営利組織のノヴィムグループが開いたワークショップで、２００８年にカルディイラらの一流の科学者も、「どのように？」という問題に取り組んだ。実は、ワークショップの参加者の多くがジェイソンズに所属しており、研究会はジェイソンズのかつての代表者、物理学者のスティーヴ・クーニンが主導していた。当時ＢＰの主任科学者だったクーニンは、ほどなくオバマ大統領の下で科学担当エネルギー次官に就任する。クーニンは研究会の人々に向かってこう言った。「大統領に呼び出され、気候変動の緊急事態が起こったと言われたら、あなたはどれほどすばやく対応できるだろうか？　また、何をするだろうか？」ギリシア神話の英雄イアソン（訳注　英語読みでは「ジェイソン」）にちなんで名づけられたクラブ、ジェイソンズに所属するこれらの人々が、難題に挑戦した英雄イアソンと同じように、今度は世界を救うという難題を解決するよう求められていた。２００９年、ノヴィムグループの幹部役員が私に、「気候工学の分野への投資に関心のある富裕層の会合に来週ちょうど招待されたところです」と電話で語った。彼は、個人名は明かしたがらなかったが、「でも、なかにはあなたが知っている人たちもいますよ」と言った。のちに私は、世界の気温記録に関するノヴィムの研究が、ビル・ゲイツのＦＩＣＥＲから10万ドルの資金提供を受けたことを知った。偶然の一致かもしれないし、そうでないかもしれない。

その後ゲイツは同様に、雲を分析調査するリーズ大学教授に15万ドル、レイサムとソルターが開発した自動的に雲を発生させる船のための、海水噴霧装置の実験室での試験を行う、サンフランシスコのベイエリアの発明家・起業家に30万ドル、硫黄やその他のエアロゾルを成層圏に注入するさまざまな方法を比較検討する最初の体系的な研究に10万ドルを提供することになる。無人機メーカーのオーロラ・フライト・サイエンス社が行ったエアロゾルの研究では、ロケット、飛行船、ガルフストリーム社のジェット機、空中に吊るしたパイプ、マーク7（アメリカの戦艦で使われる口径約40センチメートルの艦砲）などによって送り届ける方法を調査した。安上がりなのはジェット旅客機ボーイング747を使う方法だったが、その最高高度は、太陽放射管理（SRM）には十分ではなさそうだった。新しいモデルの飛行機が必要かもしれない。まもなく、さまざまな気候工学関連の公開討論会や報告の場で、これまたシアトル関連の名前が挙がった。ボーイング社だ。ボーイング社を代表していたのは、同社の主任科学者と、イリノイ州とカリフォルニア州に本拠を置く、防衛と宇宙関連の開発部門ファントムワークスのバイスプレジデントだった。ファントムワークスは「可能性のある新しい市場に取り組む」ことを最大の任務としていた。

「真珠のネックレス」と「ドーナツ」——超天才発案の2つの方法

ミアヴォルドのオフィスは、ケイシー・テグリーンのオフィスパークのオフィスから800メートルほど離れた別のオフィスパークに建つ、ベージュの建物の中にあった。インテレクチュアル・

ベンチャーズ（ⅠⅤ）の研究所からは5キロメートル弱だ。魅力的とは言えないかもしれないが、少なくとも広々とはしていた。

彼のオフィスに行くには、受付、彼が撮ったパタゴニアの分離しかかった氷河の美しい写真、彼のコレクションの100台近い年代もののタイプライター、ジュラ紀の恐竜アロサウルスの骨格らしきものの前を通る（ミアヴォルドは趣味として、著名な古生物学者ジャック・ホーナーと恐竜の化石を探している。彼の資金と意欲のおかげで、世界のTレックス（ティラノサウルス）の標本は5割増しになった）。オフィス自体の内部には、2人乗りコンパクトカー「スマート」ほどの大きさの、有史前の魚の頭の復元模型があり、その隣にはオレゴン州アムプクオー川へフライフィッシングに行ったときのミアヴォルドの写真が飾ってあった。写真は、ミアヴォルドが、釣ったばかりの15センチメートルほどのニジマスを指差して、熱狂的な愛好家らしくうれしそうに歯を見せて笑っている瞬間を捉えたものだ。その日その川で釣りあげられたなかでいちばん小さなニジマスなのは間違いない。私が入っていくと、彼は3台のコンピュータースクリーンに囲まれ、コカ・コーラゼロを大事そうに抱えて、木製の机に向かって座っていた。シャツの裾を半分だけパンツにたくし込み、テバのサンダルにソックスを履いていた。

ちょうどこのころミアヴォルドは、会社の気候工学関連の発明について公の場で語りはじめたところだった。「このプロジェクトがうまくいく理由は興味深いです」と彼は始めた。「太陽は、地球の1平方メートル当たりに平均で340ワットの熱を放射します。放射強制力というのは、二酸化炭素によって閉じ込められた余分な熱の量のことですが、それは今日1平方メートル当たり2ワットそこそこです。ところが、もしそれが倍になると、1平方メートル当たり約3・7ワットになります。それでも太陽からのエネルギーのおよそ1パーセントなんです！　ですから、これをおおざっぱに考えると、地球温暖化はその1パーセントの積み重ねと言えます。1ドルごとに1セントという感じで」。SRMについておおざっぱに考えると、その1セントを跳ね返していることになる、と彼は言った。「もし光を1パーセント暗くすれば、解決できるではありませんか！」

暗くするのに使うものとして硫黄エアロゾルを選んだのは、たまたまだったという。ナノ粒子か極小の鏡でも同じ効果が得られるかもしれないが、硫黄のほうが安全に思われた。それこそ火山が噴出するものであり、すでに自然界にたっぷり存在しているからだ。彼は次のように話した。「自然なものですし、現に何十億年も前から存在しています。ですから、ある程度までは、目に見える結果以外、心配する必要がありません」。ピナトゥボなどの火山は、その基本的な考え方が正しい証拠を提供してくれている。そこでIVの見解では、主な問題は、火山の噴火なしにどうやってエアロゾルを大気圏の高いところまで持っていくか、だ。ミアヴォルドは続けた。「以前に目にした計画よりも実用的と思えるものがほしかったのです。成層圏まで運ぶ、もっと安価で気の利いた方法はないだろうか、と」

2006年にローウェル・ウッドがローレンス・リヴァモア国立研究所を退職し、ミアヴォルドと一緒に働くために北へ移ったとき、成層圏に送り届ける方法として考えられていた大砲、硫黄を添加したジェット燃料などは、ミアヴォルドに言わせると、「ある種ルーブ・ゴールドバーグ的な方法（訳注　普通簡単にできることを、からくりを用いて複雑に実行する手法。ゴールドバーグは機械文明を揶揄するために考案して発表した）」だった。

「おまえがループ・ゴールドバーグうんぬんなどとは、自分のことを棚に上げて、と言う人もいるでしょうが、まあ、それはともかく……想像してみてください。何千もの大砲が空に向かって毎日、日がな一日、火を噴いているところを。まったく正気の沙汰とは思えません。そのうえお金がかかる。年に何十億ドルも、です。とはいえ、比較の対象にされるようなほかの多くの事態と比べると、その何十億ドルでさえはるかに安い。私たちがもし何の介入もしないで地球温暖化が起こったら、どれほどの農作物が打撃を受け、どれほど経済が損害を被るか考えてみてください。それに、私たちは状況に対処するために行動を起こさなければならなくなります。例を挙げると、海岸に面した都市、たとえばイタリアのヴェネツィアなどの住民は護岸壁を築くか、引っ越すかしなければなりません。そうなると途方もなくお金がかかります」

一連の発明セッションで、ＩＶはＳＲＭを行う新しい方法を２つ考え出した。ミアヴォルドは言った。「さて、その後はとんとん拍子に進んで、別の種類の気候工学を利用して別の方法を考え出しましたが、放射管理のためだけでも、これまで提案されたうちでもっとも実用的なシステムと思えるものを考えつきました」

１番目の方法は、バルーンをいくつもつないで支えたホースで硫黄を成層圏まで送り込むというものだった。名づけて「真珠のネックレス」。「その名前は私が思いつきました」とミアヴォルドは言った。「２番目の方法――実はこちらのほうを最初に思いついたのですが、もう１つのほうが優れているのでこちらを２番目と考えることにしました――は、25キロメートルの高さの、膨らませて使う大煙突を作り、石炭火力発電所の排出物を成層圏にためるというものです」。石炭が燃えたときの主な副産物である二酸化硫黄が成層圏より低いところで排出されると、酸性雨を引き起こす。そのためアメリカでは１９７０年代からクリーンエア法により石炭火力発電所には厳しい制限が課せられている。ＩＶのアイデアは、費用のかさむ二酸化硫黄浄化装置をお払い箱にしてしまうようだ。

ミアヴォルドは次のように語った。「ローウェル・ウッドが膨らむ大煙突を考え出しました。彼はまず、『環状体（トロイダル）バルーン』というふうに説明を始めました。最初は誰も理解できませんでした。専門的に言うと、それは環状体、つまりドーナツ形なのですが、中心軸の長さが25キロメートルもあるので、ドーナツと考えるのはなんとも奇妙です。よほど頭がひねくれていなければ、そんなふうに考えられないでしょう。でも、ローウェルの頭は普通ではありません！　彼はとても独創的な考え方をするんです」。温かい空気は上昇し、大煙突を断熱するのは可能で、計算ではうまくいくように思えた。だが、その方法には不確かな点が多かった。「たとえば、これまで25キロメートルの高さの、膨らませて使う大煙突を作った人などいません」とミアヴォルドは言った。発明家たちは検討を続けた。

「ホースをただそびえ立たせて膨らませればいいではないか、といった感じだったんですよ」とミアヴォルドは言った。「でも圧力を考えると難しい。そこで、なんてことはない、ポンプをたくさん用意すればいいということになりました。１００メートルごとにポンプを設置すれば、じつに単純な話だ、と」。ミアヴォルドの会社の従業員2人が、最近ＮＡＳＡによるスペース・エレベーターのコンテストで90万ドルを獲得した。プレスリリースによると「レーザーを動力源とする彼らのロボットは、上空で停止飛行をするヘリコプターから吊るした長さ９００メートルのケーブルを7分半弱で上った」という。

ミアヴォルドは言った。「スペース・エレベーターの開発に取り組んでいる人なら百も承知していることですが、ロープは長くなればなるほど強度が必要です。どんなロープでも長くなりすぎるとそれ自体の重量に耐えきれずに切れてしまいます」。ポンプ１つと飛行体１つでＳＲＭを行うのは技術的に可能かもしれないが、「真珠のネックレス作戦」のほうがはるかに優っているようだった。「上空までずっと細切れに支えられているので、長すぎるホースの構造上の問題は解消するでしょう」と彼は言った。しかも、高さが25キロメートルにも及ぶ煙突と異なり、すべての部品がすでに存在していた。ただし、噴霧のメカニズムには改良の余地があるだろう。

当初の、「ドーナツ」と「真珠のネックレス」についての議論のあと、ＩＶのチーム（常連のウッド、ミアヴォルド、カルデイラ、テグリーンほか多士済々）は、さらに6回にわたる発明セッションでアイデアに磨きをかけた。未来の姿を描いた画像を数多く載せた18ページの研究論文を最終的に公表したとき、彼らはその発明を、「成層圏（ストラトスフェリック）シールド（略してストラト・シールド）」と呼んだ。初期の試みは、北極圏（気温がもっとも急速に上昇し、氷が解けて消滅しつつあり、地面や海面がむき出しになるスポットが生まれている）に集中することができるとし、気候工学界では「ヤームルカ（訳注　ユダヤ教徒の男性用の帽子）方式」と通称されるこの方法を提案した。二酸化炭素の倍増に起因する世界的な温暖化を逆転させるためには、気候モデルによると、毎年２００万～５００万トンの二酸化硫黄を成層圏に注入する必要があるという。だが、北極圏だけに絞れば、概算で20万トンだ。

ⅠⅤは、毎年10万トン、毎分7トン、春にのみ稼働する（冬の北極圏はそもそも光が差さない）ポンプ場を北極圏に点在させる構想を練った。液体の二酸化硫黄を30キロメートル余りの高度までホースで送り、そこで一連の噴霧装置が100ナノメートルのエアロゾル粒子の霧を噴出させる。その研究論文によると、平均気温は3℃弱下がり、海氷の量は産業革命以前程度に戻るだろうということだった。ポンプ場1か所の概算費用は2400万ドルで、これには輸送と組み立ての費用が含まれる。さらに年間の稼働費用が1000万ドルかかる。これは、ニューヨークの防潮壁やシアトルの護岸壁たった1か所と比較したとしても、事実上ただのようなものだ。

この発明は海洋の酸性化に対してはほとんど効果がないだろう、と私が指摘したところ、ミアヴォルドもただちに賛成して、「たしかに。でも私たちはそれにも解決策があると思っています。まずは海洋の酸性化ですけれど、その現象自体については、ここのスタッフのケン・カルデイラが初めて論文にまとめました。けれどこの件に触れる前に、私たちの考えたハリケーンの抑制手段について話さないと」と言った。ミアヴォルドの説明によると、カルデイラとウッドがスタンフォード大学で主催した初期の気候工学会議に、スティーヴン・ソルターが姿を見せ、ほどなく彼を誘って、白い雲で反射率を高める彼の構想（これはⅠⅤではなくソルターが特許を持つ）を含むいくつかのプロジェクトに関してⅠⅤと連携してもらうことになったそうだ。「だが彼は、もう1つ素晴らしいアイデアを持っていました」とミアヴォルドは言った。「それで私たちはその改良にとりかかりました。そして今では、ハリケーンを弱めるすごくクールな方法がわかっているんです」

「ソルター・シンク」は、ほかのハリケーン抑制計画（ニューメキシコ州にある会社、アトムオーシャン社のものも含む）と同じように、ハリケーンは海洋の熱からエネルギーを得るという事実に基づいてデザインされた。ハリケーン「サンディ」が発生する前がそうだったように、海面温度が高いほど、暴風雨の規模が大きくなる。逆に、海面温度が低いほど暴風雨の規模は小さくなる。「これを知っていると、地球温暖化がなかったとしても、役立つことでしょう」とミアヴォルドは言った。「でも、地球温暖化のせいでこうした暴風雨はますます勢力を強める可能性がとても高いのです」

ＩＶのアイデアは、海面の温かい水を水温の低い深部にポンプで送り込んで最上層部の水温を下げるというものだった。つまり機械で海をかき混ぜるということだ。シンク自体は、水に浮かんだ巨大な輪で、直径が90メートルにもなり、中古タイヤでできていて、海面下に数百メートルも伸びるチューブ（彼らは「排水管」と呼んでいる）がついている。ＩＶの研究によると、メキシコ湾でカテゴリー4の大型ハリケーンの進路に７００ものソルター・シンクを配置すると、そのハリケーンは実質的に消滅するだろうということだ。

ある発明セッションで、ウッドにひらめきの瞬間が訪れた。この攪拌（かくはん）プロセスは、海洋の酸性化対策にも応用できるかもしれない。問題となる酸濃度は、ほとんどの水生生物が生息している、海面に近い上部のものだった。「それで海洋の酸性化に対処することが可能だと考えたんですよ」とミアヴォルドは言った。「酸性化が起こりそうな海に、ソルター・シンクをたくさん設置したら、上部をかき混ぜることになり、上部をかき混ぜたら、酸性化を効果的に抑えることになる。この構想の効果はまだ１００パーセント証明されたわけではありませんが、ケンや共同研究者たちがモデリングを進めているところです」

2009年の後半、コペンハーゲン気候変動会議の少し前に、IVはハリケーンの抑制に関する論文を発表した。それには気候工学に関する企業方針も含まれていた。この研究は世界のためのものので、IVの投資家のためのものではない、と。その論文によると「成層圏シールドのような気候工学のほかの発明と同様、インテレクチュアル・ベンチャーズはソルター・シンクの建造や配置をただちに実行することを提唱しているのではありません。実際、わが社の見るところ、このテクノロジーの開発を支援するビジネスモデルが今あるわけではありません。しかし、この発明を公表することで、少なくとも壊滅的な暴風雨の一部に対しては、実際的な防衛策をとりうるかもしれないと主張したいのです」。

のちに私は、ハリケーンの抑制に関するさまざまな特許出願書を目にした。それらは、ミアヴォルドの名によるものだった。併せて、ゲイツ、ソルター、レイサム、ウッド、カルデイラ、テグリーンなどさまざまな人たちの名もあった。そのビジネスモデルは「ただちに」実行できるものではないかもしれなかったが、ともかく存在した。

出願書は、ソルター・シンクの仕組みを説明したうえで、架空のハリケーン抑制企業がどうすれば個人向けの保険を売れるかについても述べていた。特許出願中だったある計画では、「環境の変化を起こす設備」は、要求に応じて所定の場所に設置されるだろう――ただし「1人でも利害関係者がいて……1回でも支払いがある」場合だ。また別の計画では、ハリケーン抑制企業は「少なくとも1人の利害関係者に暴風雨による損害の可能性について警告し……少なくとも1人の利害関係者に被害を軽減するコストと可能性について情報を提供し……少なくとも1回の支払いを受ける」ことによって、潜在的な顧客を呼び集められるだろう。IVは、地球温暖化の時代のための新たな保険（ファイアーブレーク・スプレー・システムズ社の基本的なビジネスモデルだが、山火事や森林火災ではなく、ハリケーンにのみ適用される保険）の特許を取ろうとしていた。

排ガス削減も再生エネルギーも役に立たない

――気候工学支持派の言い分

ミアヴォルドとIVの気候工学に関するアイデアが世界に向けて最初に紹介されたのは、『超ヤバい経済学』の中だった。著者のスティーヴン・レヴィットとスティーヴン・ダブナーが気候科学について持っている見解と、排ガス削減の代替案として気候工学を支持している事実からは、どうやら彼らはIVの科学者以外の科学者にほとんど話を聞いてこなかったことがうかがえるので、2人の著書は激しい批判を受けた。ミアヴォルドも巻き添えを食い、激怒した。「気候変動を防ごうとする運動家のなかには、解決策について広範に議論するのはいっさい回避するべきだという立場をとる人がいます」と、ミアヴォルドは最後に会ったときに口にした。「彼らは自分たちの解決策が唯一だと思っていて、それは、排出削減をして再生可能エネルギーなどへ進むことです。彼らは気候工学という概念を死ぬほど嫌っています。自然を保護し無理をせずに暮らすというイデオロギーに染まっていて、それが時として強い反テクノロジーの態度につながります。もしそのようなイデオロギーを持っていれば、地球温暖化は結局、自分の望むことを人々に納得させる根拠となるのです」

ミアヴォルドは、なぜ気候工学が彼らを戸惑わせるのかわかっていると思っていた。「彼らは、もし安易な解決策があれば、誰もがそれをとるだろう、と言います。それにはこう答えます。あなたたちは少しも進歩していないのではないでしょうか。ぜんぜん。これっぽっちも。非経済的な方策を支援しているドイツやアメリカは税金を無駄遣いしてきています。ドイツは太陽エネルギーの中心地だという考え方は馬鹿げているし、おそらく全体としては、ドイツの太陽光発電の設備は地球温暖化に害を及ぼすでしょう。その可能性は非常に高い。完全に算定したわけではありませんが、太陽光発電プラントを建設するには大量のエネルギーを必要としますし、1日じゅう曇ればろくに役に立ちません」(一方、IPCCは一部計算を始めており、太陽光発電のライフサイクルにおける温室効果ガス排出量はおおよそ、天然ガスの20分の1で、石炭の40分の1とのことだった)

ミアヴォルドはしばらくのあいだ、アメリカン・エンタープライズ公共政策研究所になりかわったかのように、排出削減にお金を費やすのはもっとも有効な策なのか、という疑問を呈した。排出だけに注目するアプローチは「世界の貧しい人々に対して、はなはだ失礼です」と彼は言った。「自分たちは豊かな国に暮らしているから、さまざまな手を打てます。でも、貧しい国の人々は何もできません。あるいは、しようとはしません。アジアでは、中国が自国の工業を発展させたがっているというのに、それをどうやって阻止できるというのですか?」

アフリカにいたってはロジックはさらに明確だ。彼はこう説明した。「アフリカの人たちはぎりぎりの生活をしています。『彼らのほうが気候変動からいっそう深刻な打撃を受けるだろう』と言う人たちがいます。そのとおりです。でももしすでに人々が餓え死にしかけていたら、あるいは、富裕国が気候変動に費やすかもしれない金額と比べるとほんのわずかなお金で軽減されうるマラリアその他さまざまな病気で人々が死にかけていたりしたら、興味深い倫理的問題が浮上します。私たちはどれだけ費用をかけるべきだろうか、という疑問です」

　ミアヴォルドは、気候変動関連の駆け引きの「きわめて差別的な」たとえと称するものを語った。「一部の宗教団体がＨＩＶ／ＡＩＤＳについて知ったときどうなったかに、とてもよく似ています。『ほらご覧なさい。人間が同性愛者にならないように、同性どうしのセックスをしないように、私たちはずっと求めてきました。これは天与の機会です。同性愛に耽る者やドラッグに溺れる者や身持ちの悪い者に神が与えた罰なのです』といった感じでした」。ミアヴォルドにしてみれば、気候工学からの提案に対して、一部の環境保護論者が示すイデオロギー的反応は、「ＨＩＶに対するローマ法王の姿勢にそっくり」だという。「法王は、コンドームは解決策にならないと言いました。信仰に関する法王の不謬性は十分に尊ぶとしても、これまでの経験から考えれば、法王は完全に間違っています。ＨＩＶ感染の救済策として禁欲を説いても効果はありません。実のところ、禁欲ではどうにもなりません。長い目で見ればまったく自分のためにならないとわかっていることに、人間というのは手を出してしまうのですから」

　もし人間が「危険なセックスをやめない」し、「死を招くような食生活をやめない」のなら、気候に悪影響をもたらす排出問題になど取り組めるはずがないと彼は考えたのだ。「あいにく、エネルギーを節約しろと説くのは、クリスピー・クリーム・ドーナツを食べるな、あるいはセックスするな、と禁欲を説くようなものです」とミアヴォルドは続け、さらに一気にまくし立てた。

「それは、『そう、今から40年後とか、100年後の2100年とかには、事態はひどく悪化しているだろう。だから今、エネルギーを消費してはいけないのだ』と言うようなものです。でも今、感染対策をせずにセックスしたら数年のうちに死んでしまうだろうことさえ理解できないのなら、そんなメッセージはとうてい通じるわけがないでしょう。HIVと闘うには禁欲しかないなどと法王が説くのは、道徳的に破綻しています。そんなことを言うなんて、お笑い種(ぐさ)です。セックスよりもひどい罪だと私は思いますね。

この世の中に、気候変動に対して手を打つ気がある国があるとは思えません。間違っているのかもしれないけれど、今現在、世界中の国々は2種類に分けられるんじゃないですか。気候変動が最優先事項だと言ってはいるけれど、これまで何一つしていない国々。それと、畜生め、オレたちは何もしていないじゃないか、と言っている国々。それで、私たちは何をしてきたのか?　何もやっちゃいません。まったく何も。ヨーロッパでは多少、炭素排出量取引をしてはいるけれど、成果が出ているなどと言う人は、いはしません。みんな、見せかけだけのでたらめです。どう考えても楽観なんかできるはずがない」

ミアヴォルドは、コカ・コーラゼロをぐいっとひと口飲んだ。「私たちは気候工学が面白くなりました。すべて言い尽くした、やり尽くしたと思っても、もっと言うことやることがありますから」

テグリーンと会ったあとに私が抱いていた疑問に、ミアヴォルドは促すまでもなく答えてくれた。

もしＩＶが世界のためによかれと思って気候工学を研究しているのなら、どうして特許を取るのか？

「少しばかり、おかしな点ですけれどね」とミアヴォルドは切り出した。「私たちが発明に精を出すのは、そりゃあ、お金のためですから。私たちは企業であり、営利組織です。それに、どれであれ、これらの計画からどうすれば現にお金が得られるか判断するのは至難の業です。誰かがどこかの国で、私たちの計画を実行してしまうかもしれないし、そうなっても、そこに行って特許利用の対価を請求できるかどうかはわかりません。１００万個も作って売るようなものではありません。実際に特許出願をすることを決めたのは、それが私たちの仕事だからでもあるし、特許を取ればその技術を使うかどうかや、いつ使うのかを判断する場に加われるだろうと考えたからでもあります」。

ミアヴォルドの言い分は完璧に理にかなっているように思えた。それでも彼を信じるべきかどうか、私にはわからなかった。

そのうちに、ＩＶは再びマスメディアの槍玉に挙げられることになる。ラジオ番組「ディス・アメリカン・ライフ」によるレポートから、訴訟は起こさないとジャーナリストたちに主張する企業が、どうやら自社の保有する特許を利用して訴訟が起こせるように工作していることが明るみに出たのだ。番組のレポートによれば、複数の関連会社に対して、いかなる利益が得られた場合にもその相当な割合を還元するという条件つきで自社の保有する特許を売却し、実際にはダミー会社であるそれらの関連会社が特許侵害をめぐる訴訟を起こしているということだった。番組のレポーターはＩＶ関連のダミー会社、オアシス・リサーチ社に足を運んだ。人口２万４０００人ほどのテキサス州マーシャル市内にある2階建ての建物に、その無人オフィスはあった。同じ建物にはほかにも無人オフィスがいくつも入っており、それらもやはり特許訴訟にかかわっていた。

こうして、裏に隠れた仕組みが徐々に明らかになっていった。このレポートはＩＶを告発するものだったが、同時に、おそらくは同社の束縛を解くことにもなったのだろう。２０１１年までに、ＩＶは特許侵害の訴訟を公然と、自社の名で起こし、特許侵害という名目でモトローラやシマンテック、デル、ヒューレット・パッカードといった大企業を標的にしてお金を巻き上げようとしていた。

気候工学の発明セッションはやがて開かれなくなった。ＩＶは思いつくかぎりのアイデアを出しきり、特許の出願を終えて結果待ちであり、今後どうなるのかは世の中次第といった様子だった。

「全体として、地球温暖化は私たちの社会が取り組むものとしては、考えうるかぎりでおよそ最悪の問題です」とミアヴォルドは私に語った。「心理的にはほぼ最悪の部類の問題と言ってもいいでしょう。深刻であっても場所が限定され、時間的にかぎりがある生態学的問題なら、私たちはいちばん効果的に対処できます。エクソン・ヴァルディーズ号の原油流出事故や毒性産業廃棄物が漏れ出したラブキャナル事件のような、かぎられた地域にだけ深刻な影響がただちに及ぶ場合は、楽なものです。これは森林火災にも当てはまります。『たいへんだ、これは何とかしなくては！』という感じで」。ミアヴォルドはいったん口をつぐみ、さらにこう言った。「地球温暖化で何が厄介かというと、それは問題の発生場所が限定されていなくて、グローバルである点です。それに、時間的に限定されているわけでもありません。私たちはまったくこの問題に取り組めるようにはなっていないのです」。ミアヴォルドは、気候工学は望ましいのだとことさらに主張する必要はなかった。彼の手にかかると、気候工学がもはや不可避であるかのように思えてくる。私たちにはほかになす術がないかのように。

私はミアヴォルドの理屈には太刀打ちできない気がした。そして気づいた。IVがひそかに利益を得ようとしていたかどうかや、気候工学をもとに金儲けをすることを「見込んでも意図しても」いないというIVの主張が、特許訴訟についての主張と同様に虚偽かどうかは問題ではなかった。もしミアヴォルドの発明の1つが功を奏して地球が救われるのならば、彼がその過程で金持ちになったとしても、まったくどうでもよかったのだ。

では、誰にとっての問題解決なのか？

気候工学のおかげで救われる可能性があるのは何なのかが、ようやく十分に理解できたのは、シアトルでのある1月の午後のことだった。平年よりは暖かいけれど極端に暖かいわけでもなく、平年より雨量が多いけれど大雨というほどでもなかったその日、気候学者アラン・ロボックがワシントン大学でセミナーを開催した。ロボックはラトガース大学の教授で、頭は禿げあがり、ヒゲを生やし、ストライプの入ったシャツのボタンをろくに留めもせずに浮かない顔つきをしていた。

ロボックは、アメリカン・エンタープライズ公共政策研究所（AEI）もミアヴォルドもほとんど触れないような気候工学の問題点に注目した。気温を正常な状態にしても降水量はかならずしも元に戻るわけではない、太陽放射管理（ＳＲＭ）を利用して地球温暖化を逆行させて「正常」に戻しても、降水パターンまで「正常」に戻るとはかならずしも言えない、ということだ。スーパーコンピューターを使った気候モデルによれば、気温の調整と降水量の調整は両立不可能だった。つまり、気候工学の研究者が特定の気温を望むならその方向に地球のサーモスタットを調節すればいい。だが一部の地域に特定の降水量を望むならば、さらにダイヤルを回さなくてはならないか、逆方向に回さなくてはならないこともあるのだ。

ロボックによると、こうなる。気候工学を支持する人たちは火山が概念実証になっている、つまり、硫黄を含んだエアロゾルのおかげで地球が冷却されうるし、しかもそれが比較的無害であるということは火山が証明している、と主張していた。「でも私は学者になって以来ずっと火山を研究してきたので、火山が無害ではないと請けあうことができます」と彼は言った。国立大気研究センターが２００７年に行った調査によると、ピナトゥボ山が噴火した影響でアマゾンの熱帯雨林では降雨量が減り、インドやアフリカにおけるモンスーンに異変が起こり、それが局所的な旱魃を招いたという。さらに、イギリスの気象庁がその後実施した研究から、１９００年から２０１０年のあいだにアフリカのサヘルではとりわけ乾燥した夏が４回あり、そのうち３回は北半球での大規模な火山噴火の直後に見られたことがわかった。

ワシントン大学でのセミナーで、ロボックは次のような事例証拠を示した。ベンジャミン・フランクリンが肝をつぶした１７８３年のアイスランドの噴火によってモンスーンに異変が起こり、インドや中国やエジプトでの旱魃や飢饉につながった。エジプトはとりわけ深刻で、ナイル川が干上がり、人口の6分の1が2年以内に死亡するか逃げ出すかした。「11月の終わりからまもなく飢饉が発生し、カイロではペストが流行したときに匹敵するほど多くの人命が奪われた。通りにはかつて物乞いがあふれていたが、もう1人もいなかった。みな死んでしまったか、町を離れてしまった」。当時、現地を訪れたフランス人がそう記している。

ロボックはプレゼンテーションを進め、世界地図を映し出した。そのスライドに示されていたのは、ヤームルカ方式（北極圏にだけ硫黄の蓋をするという方法で、IVが提示した方法と似ていなくもない）を実行した結果を彼のスーパーコンピューターのモデルで予測したものだ。これはモデルを実行しただけで、可能性のあるシナリオの1つにすぎない、とロボックは断った。だが将来の見通しとしては、学ぶ点が多かった。SRMのせいで世界の最貧地域で帯状に降雨パターンに異常が生じるらしい。スーパーコンピューターのモデルから、次のようなことが考えられた。ストラト・シールドのようなものを造り出せば南太平洋への降雨が減り、このままでは海面上昇によって水没してしまいかねない島嶼国が干上がるだろう。またアジアのモンスーンに異変が生じて、バングラデシュの降雨量がさらに増加し、インドには永続的な旱魃がもたらされるだろう。さらにアフリカでもモンスーンに異常を来し、セネガルや、サヘルの大部分が茶色の帯と化し、炭素排出の影響として予測されていた事態に向けて気候工学までもが加担することになるだろう。

だがこのモデルで、SRMは北アメリカ、ヨーロッパ、ロシア、南アメリカ、オーストラリアの大部分が、工業化以前の気温と降雨量に戻ることを約束してもいた。夕暮れの光景が美しくなりさえするだろうことも、ロボックは認めた。私はシアトル、さらにはアメリカ西部に注目した。私の故郷、妻の故郷、それぞれの家族の故郷だ。ビル・ゲイツとその妻と子どもたちの故郷。ネイサン・ミアヴォルドと彼の妻と子どもたちの故郷。地球上でも私たちが暮らす場所は、いつもと何ら変わらない様子を保ちうるようだ。気温は平年並み、そして降水量も平年どおり。このあたりでは雨量が多いのは事実だが、夏のあいだは日光がたっぷり降り注ぐ。あらゆるものが緑に色づく。まばゆいほどの緑色だ。東にも西にも山々がそびえ、どちらを向いても水がある。夏のあいだ、この地は私にとって世界じゅうのどこよりも居心地がいい。

ワシントンの2人の気候工学者がどちら向きにダイヤルをひねるのか、私には想像がついた。そのとき、私は確信した。一部の人にとっては、これからも万事良好でありつづけるのだ。

エピローグ――気候変動に関する、もっともつらい真実

２０１２年は、このエピローグを書こうと腰を下ろしたところで終わりを迎えた。この年は息子が生まれた年として私の心に永遠に刻みつけられる一方で、世界の終末を予感させた年でもあった。ミシガン州は、３月だというのに気温が24℃に達し、その日に竜巻に襲われた（その爪痕を見てみようと、私は自転車を走らせた。その道筋で花を見かけた。あわてて咲いてしまった道端の花々は、寒さが戻ったら枯れてしまうだろう）。また、アメリカの61パーセントに被害が及んだ旱魃により食料品の価格は高騰し、１６０億ドルに達する作物保険料の負担は、結局納税者に回された。ミシシッピ川は水位が記録的に下がったため、荷船は荷を減らさないと座礁の危険を冒す羽目になった。ロッキー山脈もひどく乾燥し、コロラド州とニューメキシコ州は人々の記憶にあるかぎりで最悪の火災シーズンを経験した。例年なら雪に覆われている３０００メートル級の山々で、炎が上がりつづけた。38もの州、なかでも旱魃によって混乱を来したテキサス州では、蚊が媒介するウエストナイル熱ウイルスが猛威を振るい、１１１８人以上が感染し、41人が死亡した。マイアミ・デイド郡では女性１人がデング熱に感染し、初の現地感染例となった。

この２０１２年、アメリカの人口の３分の１が、少なくとも10日間は約38℃の気温に耐えた。全

米各地の気象観測所では、362か所で史上最高気温が更新された。最低気温を更新した場所はなかった。月間最高気温は2559か所で更新され、1月か6月か11月に、各地でそれぞれの月の過去最高気温を上回った。また、月間最低気温は194か所で更新された。日間最高気温は3万4008か所で更新され、4月19日か8月24日か12月14日に、各地でそれぞれの日の過去最高気温を上回った。そして日間最低気温は664か所で更新された。グランドラピッズ、ガルヴェストン、グリーンヴィル、オールバニー、ビリングズ、ボストン、マディソン、ナッシュヴィル、ルイヴィル、シカゴ、トレントン、リッチモンドその他何百という都市が、これまでにない暑さを経験した。ハワイとアラスカを除くアメリカ全土で、2012年の平均気温は約13℃で、20世紀の平均気温より約1・8℃高かった。この年間平均気温は、これまでの最高平均気温を約0・56℃上回った。

北極圏では、グリーンランドの氷床の97パーセントで融解が観測された日があった。海氷もかつてない勢いで減り、2007年の記録を77万7000平方キロメートル上回った。これはテキサス州に匹敵する面積だ。また、47隻という記録的な数の貨物船が北極海航路を通行した。これは、2010年以来12倍の増加だ。「世界最大の分譲式レジデンス型豪華客船」と銘打つ、全長196メートルの、いわば水に浮かぶゲートつきコミュニティも、昔は危険とされていた北西航路を通行した。その後まもなく、1隻の客船が拿捕（だほ）されたが、それは所有者のオーストラリア人が、15歳のヌナヴトの少女に酒を飲ませた（彼女は氷の解けたボーフォート海に裸同然で飛び込んだ）ことによる。このとき、カナダの騎馬警官隊員は4万ドル相当の酒類と1万5000ドル相当の不法な花火類を押収した。

世界全体の二酸化炭素排出量は3・1パーセント増え、欧州連合域内排出量取引制度（EUETS）下での二酸化炭素の価格は1トン当たり5ユーロを下まわるという記録的安値に迫っており、大気中の二酸化炭素濃度は400ppmという危険な指標にまもなく達することになり、目標の定まらない国連気候変動会議が、1人当たりの二酸化炭素排出量が世界一多いカタールで開催される予定になっていたが、それはただのパーティに終わる。

そして、600億ドルの被害を出したハリケーン「サンディ」だ。このハリケーンのせいで、中部大西洋沿岸の諸州が冠水し、ニューヨークの人々は一刻も早い護岸壁の建設を要望し、オバマ大統領はニューヨークのブルームバーグ市長の推薦を勝ち取り、選挙人獲得数では大差をつけて再選を果たし、第2期オバマ政権で気候変動は重要な位置を占めることになった。かつてドイツ銀行のジャングルテントがあったサウスストリート・シーポートは、約3・6メートルの高潮に襲われたものの、それに屈することなく再建が行われた。

私たちは気候変動を疑う気持ちを捨て、それが現に起こっていることを再び確信する。そこで疑問が湧いてくる。だから、どうだというのだ?

心理学でいう「呪術的思考」とは、思考と現実の行為とは符合する、つまり考えればそれは実現する、信じれば叶う、という誤信を意味する。ことによると、現時点でもっとも呪術的な思い込みは、気候変動が起こっているという確信が深まれば、それを阻止する本格的努力がなされる、というものかもしれない。だが、私がカナダ、グリーンランド、スーダン、シアトルなど世界各地で見出したように、現実がその思い込みをそのまま反映しているとは言いがたい。温暖化の進むこの新しい世界では、新たに石油が見つかり、耕作できるようになる土地が現れ、新型の機械が作られることに私たちは気づきつつある。本書にまとめた記事の取材に費やした6年間に、私が目にしてきたことから言えるのは、気候は私たちが変化するより速く変化している、ということだ。

私たちは手遅れになるまで傲慢さに気づかない

2012年の夏の一時期、私はチュクチ海に面したホープ岬のイヌピアトの村に滞在した。そこは古くからの土地で、この大陸のほとんどどの場所よりも古い。本当にそうなのかどうかはわからないが、イヌピアトの村長は、ここは北アメリカでいちばん古くから人が定住しつづけてきた地だと、ことあるごとに言う。そしてフォード社製の黒いSUVを運転して、容赦なく打ち寄せる波に浸蝕されている砂州へ滞在客たちを案内し、クジラのヒゲを支柱とし、部分的に陥没した芝土の家に連れていく。そこには昔、村長の祖母が住んでいた。

村長の説明によれば、ホッキョククジラを捕獲するために1840年代に初めてヨーロッパ人がホープ岬へやってきたという。かつては、クジラからクジラへ、クジラの噴気孔から噴気孔へと順々に跳んでチュクチ海の浅瀬を渡っていけたものだ、と長老たちが言うほどおびただしい数のクジラがいた。捕鯨者たちは石油業者の先達であり、ある種の魔術師だった。というのも、彼らはホッキョククジラをイヌピアトの人々には考えもつかないものに変えたからだ。それは燃料だ。最初にヨーロッパからやってきた人々は、ホープ岬は活気に満ち、船からは多くの女性、住居、犬なども確認された、と航海日誌に書いた。だがわずかな年月で、クジラは捕鯨者たちの銛（もり）でほぼ捕り尽くされ、クジラを生きる糧としていた人の多くは死に絶えてしまった。家々は無人となり、わずかに生き残った人たちも痩せ衰え、犬もすべて消えた。飢えた人々に食べられてしまったのだ。

その1世紀後、エドワード・テラーがホープ岬にやってくる。そのころの彼は、マーシャル諸島で核実験を成功させたばかりであり、気候工学を提唱するのはまだずっと先のことだった。テラーは原爆に平和利用の道を見出そうという決意を固めており、一連の核爆発によって、この村から南へ30キロメートル余りの地点をアラスカ北極圏初となる、深い水深を持つ港に変えられると判断した。彼はそれを「チャリオット計画」と呼んだ。ほかの科学者たちはただちに、その村の住民の大半は死の灰で死ぬだろうと予想した。だがこの計画がようやく中止に追い込まれたのは、ホープ岬が国民的環境キャンペーンの標的となったあとだった。

村長は現在、ロイヤル・ダッチ・シェルの一新された掘削船団を待ち受けていた。リースセール193のもっとも高額な12か所の石油鉱区は、氷結しないチュクチ海の沖合にある。国内のエネルギー生産を大幅に増やすために、これまでありとあらゆる手を尽くしてきたオバマ政権は、ついにシェルにゴーサインを出した。シェルはそれまで、北極圏の借地権やインフラ整備のために45億ドルを支払っており、計画は阻止しようがないように見えた。

クルック号ともう1隻の掘削船が、ひと通りの改良を施されたのちにアラスカに向けてシアトルのピュージェット湾を出港したとき、私はその航行の様子を見ていた。特別に造られた大型のタグボートでクルック号のそびえ立つような巨大な船体が曳航され、この2隻の掘削船は沿岸警備隊の艦艇によって護衛されていた。シェルの船団はやがて20隻近くに増え、3重の油漏れ対策能力を備え、さらに、北アラスカには何千もの作業員と格納庫や航空機が配置されることになる。シェルのしていることに私もそれなりに懸念を抱いていたが、プランニングに精通した企業（テラーは天才的だったが、頭脳集団としてはそれに劣らず優秀な企業）であれば、うまくやり遂げられるだろうことには何の疑いも持っていなかった。

それから半年もたたないうちに、2012年があと数時間で終わろうとしていたまさにそのとき、世界一未来志向の石油会社が所有する北極海の主要な掘削船は、アラスカのコディアック島に近い岩だらけの海岸線に乗りあげた。その写真は、すぐさま世界じゅうの新聞の第1面を飾った。クルック号は失態続き（錨を投じたまま流されたり、海中での試掘がうまくいかなかったり、環境保護庁の規準に違反したり）であったとはいえ、本格的な融解が始まって以来初めて、アメリカ北極圏における海底油井の掘削を開始し、シーズン終了後にシアトルへと帰還中だった。

ルイジアナ州を本拠とする船員たちはクルック号を曳航して、960ヘクトパスカルのサイクロンに突入した。コディアックの住民に言わせると、そのサイクロンはベテランのアラスカ人船長たちでさえ、安全な港へさっさと避難するほどの威力だったようだ。12メートルの高波の中で引き綱はちぎれ、その後の4日間、救助を試みたり非常用の引き綱を試したりしたが、さらに4回綱が切れ、とうとうその巨大船は甲板を波に叩かれながら座礁したのだった。45億ドルを投じたシェルによる北極海のギャンブルも暗礁に乗りあげた。そして、この会社の頭脳集団に心から感服していた私は、誰にも劣らぬほど衝撃を受けた。

人は、身のまわりにいるもっとも賢い連中（テラーやミアヴォルドのような人々、専門家やエンジニア）に舌を巻くものだ――その人たちしか目に入らないときには。ルイジアナから来たタグボートの船長にとってアラスカはなじみのない土地だったが、世界は私たちの多くにとって、少なくともそれと同じぐらいなじみのない環境へと変化している。そのため、一部のきわめて賢い者たちは信じがたいほど複雑なプランを練って、本質的には初歩的な物理学の問題、つまり二酸化炭素が増えると気温は上がるという問題に取り組んでいる。だが私たちは、単純なやり方の中にも非凡な答えがあるということを忘れてはならない。とかく私たちは手遅れになるまで傲慢さに気づかない、ということをつねに念頭に置くべきだ。

「誰かを犠牲にした利益」に手を伸ばす前に

2012年の夏はシアトルも暑かった。ジェニーと生まれたばかりの赤ん坊と私は、たびたび1階で寝た。というのも、2階はとても暑く、わが家ではエアコンは、これまで必要性などほとんど感じたことがないため、設置していなかったのだ。この夏はこれまでになく頻繁に泳ぎに行き、気分よく過ごせた。前より大きな車を買った。かなり燃費は悪いが、家族全員が乗れる。わが家はシアトルに新しくできたライトレールの路線に近い。改装のときには手抜かりなく十分断熱措置を施し、とても効率のいい暖房装置を入れた。ところが、私たちはこの夏じゅう車を乗りまわし、シェルのガソリンを大量に買った。また、私が何度も飛行機に乗ったのは、二酸化炭素排出量の点から見ればなお悪かった。

ある日の午後、北へ向かって曳航されるクルック号を見たあと、私は「予想市場」のウェブサイト「イントレイド」をのぞき、「気候と天気」というカテゴリーで100ドルの賭けをした。世界的な異常気温や、2012年のハリケーン・シーズンで最後に命名されるハリケーンが「サンディ」であることに賭けてもよかったのだが、私は北極の氷の融解を選び、「北極海の氷の面積は、2012年9月には370万平方キロメートル未満」に賭けた。それはただの戯れだった。誰でも、ことに快適な地域に住む人々は、暇つぶしに気候の乱れに賭けられるのを示そうとしただけだった。ところが、私はあっさり勝ってしまった。

たしかに、災難をだしにして儲けるのはどこか慎みに欠ける気がするが、それ自体は根本的に邪（よこしま）なことではない。私はマーク・フルトン、フィル・ハイルバーグ、ルーク・アルフェイといった正直なビジネスマンや、ストロング軍曹のような善良な軍人や、ミニック・クライストのような政治家を槍玉に挙げるつもりで本書を書いたわけではない。彼らが生きている状況や私たち全員が生きている状況を読者がしっかり把握しなかったために、彼らが謂れなく中傷されるようなことになったとすれば、それは私の書き方が不十分だったということになる。

気候変動に関してもっともつらい真実とは、それが誰にとっても等しく悪いものではないということだ。一部の人（北半球に住む人、豊かな人）は、それを繁栄に結びつける手段を見出すだろうが、それができない人々もいる。また、温暖化の最悪の影響から身を守れる人も大勢いるだろうが、それから逃れられない人々もいる。このような災難から利益を得ることが問題なのは、それが道義的に破綻した行為だからではなく、気候変動は他のさまざまな災害とは異なり、人間によって引き起こされたものだからだ。長年の温室効果ガス排出にもっとも大きな責めを負うべき人々はまた、この新たな現実の中でもっとも大きな成功を見込める人々であり、進む温暖化がもたらす命にかかわる脅威をもっとも感じそうにない人々でもあるのだ。豊かな北の人と、貧しい南の人とのあいだの溝は、歴史的背景や地理的背景に由来し、温暖化によってさらに拡大しており、ますます深いものになりつつある。

環境保護運動家たちは、気候変動の好都合な面（より多くの地下資源が開発可能になり、食品業者は飢饉が多発して利益が増す）に目を向ける人が出てくるという事実に触れたがらない。それは、局地的な恩恵があるという面を示せば、排出ガスを規制せずにいると世界は壊滅的状況になりかねないという実状が伝わりにくくなってしまうからだ。

だが、私があえてその事実に触れたのは、本書の中で言及した人々が重要な問題を明らかにしてくれるからだ。すなわち不公平な世界では、合理的な利己主義は私たちが望むようなものとなるとはかぎらない、ということだ。経済用語を使えば、地球温暖化とは私たちが計上しそこねたただの「外部不経済」ではない。自由市場体制には限界がある。そのため、地球温暖化はじつに深刻な問題となっているのだが、同時に倫理上の善悪もより鮮明になる。私たちは、たんに自分の未来を担保にして借金を重ねているわけではない。たいていの場合は、自らの犠牲者となることもない。共感を頼りに、気候変動に対する自らの反応を形作ろうとするのは、しばしば浅はかだと見なされる。

温暖化の犠牲者は空間的にも時間的にも遠いところにいるし、害をもたらす「弾丸」は目に見えないからだ。だが、北にいる私たちが自ら脅威を感じて、排気ガスや消費を大幅に削減したり、遠い国々へ適応に必要な資金提供を行ったりすることを望むのは、なおさら思慮が浅いと私は思う。

来たるべき世界では、怒りの政治はそれに相応の共感がなければうまくいきそうにない。だから、石油会社に憤りを感じるだけでは足りない――多少の効果はあるかもしれないが。アメリカの上院が気候に関する法案を可決していない理由や、国連が条約を成立させられずにいる理由について、さまざまな事後検討が行われてきたが、その理由は明白そのものだ。豊かな北半球の国々では、依然として人々のことよりもホッキョクグマのことのほうがよく語られ、気候に関する法案や条約の真の支持者層というものが、確立されていないからだ。多少なりとも関心を寄せる人はほとんどいない。まだ今のところは。

本書の執筆作業のなかばまできたころ、私はある人物に事実関係を確認していた。彼は、外国の農地を手に入れたニューヨークの投資銀行家だ。私たちは議論になった。相手は、自分が土地を得る過程で生じたこと――仲買人による一連の詐欺や、小規模農家の土地が、彼らの想像を絶するほど大きな力を持つ者たちに買いあげられた事実――には責任を負えない、と主張した。それは彼の銀行が関与する前に起こった。「それは、こういうことと同じですよ。私がある男からマリファナを買った。その男は別の男からそれを買った。その男はさらに別の男からそれを買った。その男は、あるグアテマラの男から買った。グアテマラの男はそのマリファナを手に入れるために誰かを殺した」と彼は言った。だが、あなたはその経緯を知っていた、と私は言い返した。買う前に、彼はそれがどういう素性の土地かを知っていた。そして、自分の得た利益は誰かを犠牲にしたものであることを知っていたのだ。

気候変動は科学や経済、あるいは環境の問題と位置づけられることが多く、人間の正義の問題と位置づけられることが少なすぎる。これもまた、改めなくてはならない点だ。

今後、富を得られる人は大勢いるだろう。成功に酔いしれる人も多いだろう。そして、世の中はそのまま回っていく。だがそうなる前に、私たちはみな自分が手にしているものの正体をしっかり理解すべきなのだ。

謝辞

ジェニファー・ウーはとても慎み深いからそうは思わないだろうけれど、私たち2人がシアトルで新生活を始めてわずか数週間後には、彼女はいきなり、1冊の本を書きあげるプロジェクトを私とともに担ってくれていたのだ。とにもかくにも彼女がついに結婚を承諾してくれたことと、ほとんど無限の忍耐強さを発揮してくれたことには、とても感謝している。本書は私の初めての著書で、書きおえるまでにずいぶん長い時間がかかった。彼女が本書よりもはるかに誇らしい私たちの最初の宝物を生み出すのにかかった時間が9か月そこそこだったことを思うと、なおさらだ。

初めのころに以下の2人の人物の助言がなかったら、私は自分が追いかけていた物語のスケールを理解できなかったかもしれない。そのうちの1人、私の友人であり「ハーパーズ・マガジン」誌で最初に担当してくれた編集者のルーク・ミッチェルは、私を北極圏への初めての旅に送り出してくれた——そして、私がその旅から戻ると、銃を持ったカナダ人たちの尋常ならぬふるまいは、そこから気候変動やカナダ・アメリカ関係について読み取れるからではなく、人間の本質を明らかにしてくれるからこそ重要であることを理解するのを助けてくれた。そのあと、もう1人、ICMの担当エージェントのヘザー・シュローダーは、温暖化は地球規模であり、全世界の人間が温暖化に影響を及ぼし及ぼされるという、当然とはいえきわめて重要な事実に私が焦点を絞るのを手伝ってくれた。本書の内容は、北極圏よりもはるかに広い範囲を取りあげるものでなくてはならなかったのだ。

ペンギン社のエイモン・ドランは、まだ著書のない私に本を書かせるという賭けに出て、異動してしまうまでのあいだ、計り知れないほど貴重な助言をしてくれた――本人が思っていたよりもずっと大きな力を与えてくれていたのは確かだ。後任の編集者ヴァージニア・スミスは、秀逸なユーモアを交えつつ絶妙な手綱さばきで、いくぶん脱線しがちなプロジェクトをゴールまで導いてくれた。彼女が鋭い洞察力と熱意を持って問題の大小を問わず詳細に調べてくれたおかげで、本書の出来は格段によくなった。また、ケイトリン・フリンが素晴らしい手腕を発揮してくれたおかげで、私たちは刊行まで漕ぎ着けることができた。

取材活動を始めて、最高に恵まれていたと思うのは、ジャーナリストのデイモン・テイバーをリサーチャーとして雇い、1年間仕事をともにできたことだ。働きはじめてまもなく2人とも、私のほうこそ彼の下で働いているべきだったと気がついた。次回は、おそらくそうなるだろう。デイモンは次のもっと大きな仕事に取りかかる前に、取材のための連絡先を見つけ出したり、場合によっては、私が存在すら気づかなかった話を掘り出したりすることによって、本書の多くの章を実現可能にしてくれた。当時彼は貧しくて、文鎮すら買えず、レンガを重石代わりに使っていたのに。まったく。

さまざまな組織の方々が図らずも、あるいは心して、本書が仕上がるまで私の取材活動を支えてくれたり、私たち一家の暮らしが立つようにしてくれたりした。以下の方々にこのうえない感謝を捧げたい。ミシガン州のナイト・ウォレス・フェローズのチャールズ・エイゼンドラス、ビルギット・リーク、メアリー・エレン・ドーティ、パティ・マイヤーズ＝ウィルキンズ、キャンディス・リエパ、メリッサ・ライリー。ナショナル ジオグラフィック協会のオリヴァー・ペイン、ピーター・ミラー、リン・アディソン、スーザン・ウェルチマン、ニック・モット、マーク・シルヴァー、グレン・エーランド、レベッカ・マーティン。ネイション・インスティチュート調査基金のエスター・カプラン。危機報道ピューリッツァー・センターのジョン・ソーヤーとトム・ハンドレイ。コロンビア大学とジョン・B・オークスのご家族。それから、「ハーパーズ・マガジン」誌。同誌は、ルーク・ミッチェルのほかにも、ジュネヴィーヴ・スミスや、ラフィル・クロール＝ザイディ、クリストファー・コックスという優秀な編集者を私の担当にしてくれて、本書の「コールドラッシュ」と「災害で利を得る保険ビジネスの実態」の両章と、「水はカネのあるほうへ流れる」の章の一部になったもともとの文章を書くための資金を提供して、それらを記事として掲載してくれた。「アウトサイド」誌のアレックス・ハードは私の大好きな雑誌編集者の1人で、そもそも彼から依頼された文章が、「独立国家「グリーンランド」の誕生は近い」の章になった。また、「農地強奪」の章の内容は「ローリングストーン」誌に掲載されたのが最初で、そのときの担当者が、優秀な根気強い編集者のエリック・ベイツだ。

目に見えないところでたびたび手を差し伸べてくれた以下の人々に感謝している。デイヴィッド・ファンクとドゥエイン・ファンク、ロナルド・ウーとリサ・ウー、グレイス・ファンクとベンソン・

ワイルダー、ジェイムズ・ウーとマーガレット・ウー、ジェイソン・ウーとコンダー・ウー、ジェイムズ・ハラングとナディーン・ハラング、そして、シアトルやニューヨーク、ユージーン、ベリンハム、アナーバーの友人たち。

何百という人が電話で私と話してくれたり、電子メールでの照会に返信をくれたり、あるいはじっくりとインタビューに応じてくれたりした。その一部は本書に名前が挙がっているものの、ほとんどの人の名は載っていない。それらのすべての人々に心よりお礼を申しあげたい。何人かにはさらにお世話になった。彼らの視点から世界を見てみたいと思い、何日間あるいは何週間も旅に同行させてもらったり、生活に深く立ち入らせてもらったりすることさえあった。また、ミニック・クライスト、サム隊長、ジョン・ディッカーソン、フィル・ハイルバーグ、ポップ・サー、エナムル・ホック、ルーク・アルフェイ、ネイサン・ミアヴォルドの惜しみない助力がなければ、本書を完成させられなかっただろうし、私は執筆経験を実際の半分も楽しめなかったことだろう。私は彼らの言わんとするところをすべて正しく捉えられたことを願っているが、そうできていなかった部分があれば、それはみな私の落ち度だ。

彼らに加えて、特別に感謝をささげたい人々は以下のとおり。ストロング軍曹、デニス・コンロン、ダグ・マーティン、ジョン・フェレル、ミード・トレッドウェル、ピーター・シュワルツ、ロン・マクナブ、マイケル・バイアーズ、スコット・ボーガーソン、マット・パワー、ラリー・メイヤー、アンディ・アームストロング、ブライアン・ヴァン・ペイ、ルチアーノ・フォンセカ、ターシャ・ジェンタイル、ジミー・ジョーンズ・オールマン、アレグザンダー・セルゲーエフ、アルトゥール・チリンガロフ、リュダ・メカーティチェヴァ、ギャリック・グリクーロフ、ヴィクトール・ポセロフ、トリーヌ・ダール＝イェンセン、マーティン・ヤコブソン、ブレンダ・ピアス、デイヴ・ハウスネクト、ジェレミー・ベンサム、アダム・ニュートン、スヴァエラ・コージェダル、ジェフ・ダベルコ、ヴァニー・ヴァインズ、ユリエネ・ヘニングセン、クーピク・クライスト、イェンス・B・フレデリクセン、リッカ・イェンセン・トロル、ニック・ホール、ティム・ダファーン、ギオラ・プロスクロウスキ、モシェ・テッセル、ラフィー・ストフマン、アヴラハム・オフィール、ウィリー・クリューガー、エリック・ギリランド、マルコ・エルナンデス、ジョン・ウィンクワース、ジョー・フリン、ポール・ジョンソン、スージー・ダイヴァー、ギャリー・ウィルズ、ビル・ヘファーナン、トッド・シールズ、レネ・アクーニャ、ステファニー・ピンセトル、メルリン・カモッツィ、クレイ・ランドリー、ボブ・ヒュアード、ダニエル・スナイル・ラグナルソン、エリック・スプロット、グジョン・エンギルベルトソン、ジェレミー・チャールズワース、ジョン・スタインソン、ケネス・クリス、ケヴィン・バンブロー、リック・ダヴィッジ、サージ・カズナディ、シャーリー・ウォン、シグルン・デイヴィッズドッティア、スヴェリール・パーマルソン、テリー・スプラッグ、ウリ・コーチ、ショーン・コール、カール・アトキン、ダーフィット・ラーツ、ジョン・プレンダーガスト、ピーア・フォス、フィル・コーザイン、フィル・ワーンケン、ジョナサン・デイヴィス、ネイト・シャフラン、ニック・ワダムズ、ジェン・ウォレン、イーサン・デヴァイン、ンケム・オノニウ、アブドゥライ・ディア、デナージュ・ホールバート、チャド・カミンズ、ティム・クルプニク、クララ・ブーゲルト、ノーム・アンガー、キャロライン・ワダムズ、アントニア・

マツィテリ、アレッサンドラ・ジャンニーニ、ジャン＝マルク・シナサミー、ギル・アリアス・フェルナンデス、サイモン・ブズッティル、ジョゼフ・カサー、ダレル・ペイス、ウェイン・ヒューイット、ジョージー・ムスカート、イヴァン・コンシグリオ、エマヌエル・マリア、アティク・ラーマン、ライアン・ブラッドリー、ロヒット・サラン、アジャイ・サーニ、ナズムル・イスラム、アティクル・イスラム・チョードリー、レザ・カリム・チョードリー、ビオニ・バタチャルジー、ビブー・プラサード・ロートレイ、サムジャル・バタチャルジー、ジェニファー・マーロウ、ジェニ・クレンシキ・バルセロス、スペンサー・アドラー、ドローラ・ヒューズ、フランコ・マスキエット、ピート・ディルケ、ピーター・ウィズマン、テイス・モルナー、フランス・バレンズ、リチャード・ペリカン、ルネ・ペサン、ジョート・ストルーク、コーエン・オルトゥイス、コニー・ファン・デル・ハイディン、マーニックス・ドゥ・フリンド、ダニエル・ペピトーン、ヨハン・カードン、ピオトル・プジオ、スーザン・ベナー、ポール・エプスタイン、リップ・バルー、トマス・スコット、ダニロ・カルバーリョ、マイケル・ドイル、ミッキ・コス、クリス・ティッテル、エミリー・ジーリンスキ＝グティエレス、アラン・アンダーソン、グレッグ・ファン、シェルビー・バーンズ、マーリーン・ダイクス、ケイシー・テグリーン、サミュエル・サーンストロム、リー・レーン、ケネス・グリーン、デイヴィッド・シュネア、マイケル・ディットモア、アーロン・ドノホー、ダーヴィッド・バッティスティ、ニール・アジャー、ヘザー・マクグレイ、ロジャー・ハーラビン、アンディ・ホフマン、アンディ・バックスバウム、リチャード・ルード。もし誤ってこのリストに載せ忘れた人がいれば、私の不徳のいたすところであり、あらかじめお詫び申しあげたい。

本書にタイトルをつける際、アイデアをひねり出すために友人や家族の力を借りたが、そのなかで版元のペンギン・プレスのアン・ゴドフが『*Windfall*』（訳注「棚ぼた」の意）という最高の案を出してくれた（公平を期するために言うと、ベン・ポーカーも同じタイトルを考えついたのだが、私は気づかなかった）。ベン、マイク・ベノワ、デイヴ・ショー、アレックス・ハード、ジャフェト・コティーン、ベンソン・ワイルダー、ヴァネッサ・ゲザリ、ティム・マーチマン、エイシャ・サルタン、マイク・ラリス、デイモン・テイバー、イーサン・デヴァイン、テイマー・アドラー、ウィルソン・ケロー、ノーム・アンガー、カリー・トンプソン、ジェイムズ・ヴラホス、アダム・アリントン、エヴァン・ハルパー、マデライン・アイシュ、キーハン・キム、アーロン・ヒューイ、ギオラ・プロスクロウスキのみなさん、ありがとう。あなた方のだじゃれが使えなくてごめんなさい。

シアトル公共図書館で、クリス・ヒガシがロッカーと執筆用の静かな部屋を貸してくれたことに、私はとても感謝している。また、もっと自宅に近いところでは、アーロン・ヒューイとクリスティン・ムーアがわが家の向かいに越してきて、私が本書の企画案を準備しているときにロシアに同行していたアーロンは、自分のオフィスに私専用の予備机を提供してくれたので、私がついに本書を書きあげる瞬間を見届けることができた。彼にはとても感謝している。これと同じぐらいの感謝を、ほんの1ブロック先にある「エンパイア」のみなさんにも捧げたい。もう1つの離れのオフィスとして私に使わせてくれてありがとう。おいしいコーヒーつきで。

情報源について

本書の内容は私が長い年月をかけて直接取材したもので、大部分はじかに見たり聞いたりしたことに基づいている。そしてそれを、手書きやキーボード入力の何千枚ものメモや、現地で頻繁に撮った写真や記録した音声と、可能なかぎり照らしあわせて確認した。多くの場合、その場にいた人々に相談することでさらに詳細に至るまで確かめることができた。

また、旅の前後にそれぞれの取材地や話題について、目を通せる記事や論文などにはすべて目を通すように努めた。したがって、私に先立って現地取材を行ったジャーナリストのみなさんや、今もなお、お金を払って世界じゅうにジャーナリストを送り出している報道機関――ニューヨーク・タイムズ、ウォール・ストリート・ジャーナル、フィナンシャル・タイムズ、ワシントン・ポスト、ロサンジェルス・タイムズ、ヒューストン・クロニクル、クリスチャン・サイエンス・モニター、NPR、BBC、ガーディアン、エコノミスト、デア・シュピーゲル、マクリーンズ、グローブ・アンド・メール、シドニー・モーニング・ヘラルド――に、私は負うところが大きい。私はそうした報道や彼らのアイデアを借り、自分のノートパソコンのハードディスクにそれらの記事のデジタルデータを保存しているので、フォルダーはあふれんばかりになっている。同様に、よりローカルなニュースの発信源もかけがえのないものだった。ここでいくつかの名前を挙げておく。バレンツ・オブザーヴァー、アラスカ・ディスパッチ、セルミトシアーク、ハアレツ、インペリアル・ヴァレー・プレス、アフリカ・コンフィデンシャル、ル・ソレイユ、ＩＲＩＮ、リリーフウェブ、タイムズ・オブ・マルタ、タイムズ・オブ・インディア、デイリー・スター、パームビーチ・ポスト。

私が気候変動の影響を理解するための作業にとりかかったときに読んだ本は、以下のとおりだ。*The Economics of Climate Change* by Sir Nicholas Stern (Cambridge, U.K.: Cambridge University Press, 2007)、*Field Notes from a Catastrophe* by Elizabeth Kolbert (New York: Bloomsbury, 2006)［邦訳：エリザベス・コルバート著『地球温暖化の現場から』仙名紀訳、オープンナレッジ、２００７年］、*The Weather Makers* by Tim Flannery (New York: Atlantic Monthly Press, 2005)［邦訳：ティム・フラナリー著『地球を殺そうとしている私たち』椿正晴訳、ヴィレッジブックス、２００７年］、*Six Degrees* by Mark Lynas (London: Forth Estate, 2007)［邦訳：マーク・ライナス著『＋６℃――地球温暖化最悪のシナリオ』寺門和夫監修・訳、ランダムハウス講談社、２００８年］。また、その後、気候変動に対する人間の反応について考えたときには、*Animal Spirits: How Human Psychology Drives the Economy, and Why It Matters for Global Capitalism* by George Akerlof and Robert Shiller (Princeton, N.J.: University Press, 2009)［邦訳：ジョージ・A・アカロフ、ロバート・J・シラー著『アニマルスピリット――人間の心理がマクロ経済を動かす』山形浩生訳、東洋経済新報社、２００９年］を参考にした。

北極圏の探査と北西航路の歴史は、*Resolute* by Martin Sandler (New York: Sterling, 2006)、*Dangerous Passage* by Gerard Kenney (Toronto: Natural Heritage, 2006)で網羅されている。また、カナダが自国の北

部に抱える格差問題について理解するために、*Canada's Colonies* by Kenneth Coates (Toronto: Lorimer, 1985)と*Tammarniit* (Mistakes) by Frank Tester and Peter Kulchyski (Vancouver: University of British Columbia Press, 1994)を読んだ。

私は1か月にわたって、氷で覆われたチュクチ海を進むアメリカの砕氷船ヒーリー号で、科学者とアメリカ国務省の代表者たちによる夜ごとの非公式な講演会を彼らとともに楽しんだ――海洋法や、解けつつある北極圏の氷、北極圏とその原油豊富な海底の支配をめぐる沿岸諸国間の攻防について、じつに多くをこの講演会で学んだ。とりわけ価値ある情報源となったのが、ニューハンプシャー大学沿岸・海洋マッピングセンター所長のラリー・メイヤー主任研究員だ。さらに、深い洞察を与えてくれた人々は以下のとおり。ロシアのユーリ・カズミン、カナダのロン・マクナブ、デンマークのトリーヌ・ダール＝イェンセン、スウェーデンのマルティン・ヨーコブソン、そして本人の希望で名前は出せないがワシントンやモスクワの人々。合衆国地質調査所のドン・ゴーチエ、ブレンダ・ピアス、デイヴ・ハウスネクトは、石油埋蔵量の推定値の大きさを私が理解するのを手伝ってくれた。

シェルのシナリオ・プランニングの歴史は、*The Art of the Long View* by Peter Schwartz (New York: Double-day/Currency, 1996)［邦訳：ピーター・シュワルツ著『シナリオ・プランニングの技法』垰本一雄・池田啓宏訳、東洋経済新報社、２０００年］と、その続編の*Learnings from the Long View* (Seattle: CreateSpace, 2011)で取りあげられている。また、シェルの多くの公開報告書や、*The Age of Heretics* (New York: Double-day/Currency, 1996)の著者アート・クライナーが書いたさまざまな文章も参考になった。

カリフォルニアの森林火災や山火事とその背景については、次の3冊から学んだ。*The Control of Nature* by John McPhee (New York: Farrar, Straus and Giroux, 1989)、*The Phoenix* by Leo Hollis (London: Phoenix, 2009)、*A Discourse of Trade* by Nicholas Barbon (London, 1690)［邦訳：ニコラス・バーボン著『交易論／東インド貿易論』久保芳和訳、東京大学出版会、1966年］。カリフォルニアとアメリカ西部の旱魃との果てしない闘いについては、次の3冊に記されている。*Cadillac Desert* by Marc Reisner (New York: Viking, 1986)［邦訳：マーク・ライスナー著『砂漠のキャデラック――アメリカの水資源開発』片岡夏実訳、築地書館、1999年］、*Unquenchable* by Robert Glennon (Washington, D.C.: Island Press, 2009)、*California : A History* by Kevin Starr (New York: Modern Library, 2005)。これは、歴史家のケヴィン・スターがカリフォルニアとアメリカンドリームについて書いた全7巻シリーズからの抜粋だ。

アメリカの現在および歴代政府の資料とともに、*Emma's War* by Deborah Scroggins (New York: Pantheon, 2002)、*The Root Causes of Sudan's Civil Wars* by Douglas H. Johnson (Bloomington: Indiana University Press, 2003)、*Atlas Shrugged* by Ayn Rand (New York: Random House, 1957)［邦訳：アイン・ランド著『肩をすくめるアトラス』脇坂あゆみ訳、アトランティス、2014年、ほか］の3冊が、フィル・ハイルバーグによるアフリカの土地取得問題についての私の案内役になってくれた。世界的食糧危機の概観については、*The Coming Famine* by Julian Cribb (Berkeley: University of California Press, 2010)［邦訳：ジュリアン・クリブ著『90億人の食糧問題――世界的飢饉を回避するために』片岡夏実訳、シーエムシー出版、2011年］、*An Essay on the Principle of Population* by Thomas Malthus

(London: J. Johnson, 1798)［邦訳：トマス・マルサス著『人口論』斉藤悦則訳、光文社、２０１１年ほか］を参照した。また、「緑の長城」のような土壌保全帯の歴史を理解するために、*Woman Against the Desert* by Wendy Campbell Purdie (London: Victor Gollancz, 1967)を読んだ。

　コーエン・オルトゥイスが思い描いた海上浮遊式の未来世界は、デイヴィッド・クーニングとの共著*Float!* (Amsterdam: Frame, 2010)に詳しく書かれている。温暖化した世界での感染症の増加は、*Changing Planet, Changing Health* by Paul Epstein and Dan Feber (Berkeley: University of California Press, 2011)に記されている。

　私は気候工学について意見を交わす活発なグーグルグループに属していた。それはケン・カルデイラが始めたグループで、私は初期の（そしていつも無言の）メンバーだった。そのグループのおかげで、私は本書を仕上げているときに、次に挙げる2冊の素晴らしい本を生み出した2人の人物とそのモチベーションについて理解することができた。その１冊が、*How to Cool the Planet* by Jeff Goodell (Boston: Houghton Mifflin Harcourt, 2010)で、もう1冊が、*Hark the Planet* by Eli Kintisch (Hoboken, N.J.: Wiley, 2010)だ。また、*SuperFreakonomics* by Steven Levitt and Stephan Dubner (New York: William Morrow, 2009)［邦訳：スティーヴン・D・レヴィット、スティーヴン・J・ダブナー著『超ヤバい経済学』望月衛訳、東洋経済新報社、２０１０年］は、インテレクチュアル・ベンチャーズ社の内部事情を教えてくれた。さらに、*Fixing the Sky* by James Rodger Fleming (New York: Columbia University Press, 2010)［邦訳：ジェイムズ・ロジャー・フレミング著『気象を操作したいと願った人間の歴史』鬼澤忍訳、紀伊國屋書店、２０１２年］に書かれている逸話は、天候を思いのままにしたいという私たちの願いが昔ながらのものであることを思い知らせてくれる点で、じつに貴重だった。

ワシントン大学で2010年と2011年に私が出席した気候工学の講義は、この生まれてまもない分野で最高の科学的知見と倫理的見識を持った人々、すなわちジェイムズ・ロジャー・フレミング、デイヴィッド・キース、デイル・ジェイミソン、フィル・ラッシュ、アラン・ロボック、ジエイン・ロング、クリストファー・プレストン、スティーヴ・レイナー、ベン・ヘイル、マイケル・ロビンソン＝ドーンを引き寄せた。講義にはしばしばワシントン大学のデイヴィッド・バッティスティ教授が出席して、気候工学の科学的側面についても陰謀についても喜んで私と議論してくれた。スティーヴン・ガーディナーは、この連続講義を企画した哲学教授で、*A Perfect Moral Storm: The Ethical Tragedy of Climate Change* (New York: Oxford University Press, 2011)の著者でもある。彼の著述のおかげで、一般的通念に反して、地球温暖化は、生態学者のギャレット・ハーディンが最初に提唱したような古典的な「共有地（コモンズ）の悲劇」ではないこと（少なくとも、仮に「共有地の悲劇」だとしても、たとえ話の牛飼いの一部は、より大きな牛を持っていること）が理解できた。

アラスカのチュクチ海を2度目に訪れて、ホープ岬の村に滞在したとき、私は*Firecracker Boys* by Dan O'Neill (New York: St. Martin's Press, 1994)を携えていた。それは、北極圏に新しい港を造るために、私たちが水素爆弾を6個も危うく爆発させかけたという話だ——もっとずっと昔に読んでおきたかった見事な史実の物語だ。

最後に、会話の翻訳についてひと言。本書には私自身が英訳したものが含まれている。ロシア語やフランス語の会話については、話し手の言いたいことを理解しようとできるかぎり努力した——

が、彼らの雄弁な語り口はほとんど訳に反映させることができなかった。スペイン語の翻訳も少しあるが、こちらのほうはもっとうまくできている。

訳者あとがき

本書は、アメリカのジャーナリスト、マッケンジー・ファンクが6年の月日をかけ、24か国とアメリカの十数州を回って書きあげた力作ルポルタージュ、『*Windfall*』の全訳だ。巻頭のカラー写真を見るだけでも、著者の取材がいかに多岐広範に及ぶかがうかがわれよう。本書は気候変動（地球温暖化）を取りあげるが、それ自体が主役ではない。気候変動が起こっているという確信が深まれば、それを阻止する本格的努力がなされるという考え方は、どうやら幻想にすぎなかったようで、人類は気候変動を早急に止めそうにない。それでは私たちはいったい何をしているのか――それを探り、その過程で人間の本性をあぶり出すことこそが、本書の主眼であり、その結果は図らずも、自己保存と目先の利益を追い求める、「共有地（コモンズ）の悲劇」と、いわゆる「現在志向バイアス」の物語となった。

気候変動ほど大規模で普遍的な出来事が、悪いことばかりであるはずがない。そこには途方もないビジネスチャンスがある。本書をお読みになった方は、その大きさと多様性に驚かれたかもしれない。これまで、気候変動のこの「カネ」にまつわる側面が、これほどまとまったかたちで日本に紹介されたことは、おそらくなかっただろうから。

気候変動関連ファンド（じつは、クリーンテクノロジーやグリーンテクノロジーよりも、むしろ温暖化が進んだときに業績が伸びそうな企業を重視）、氷が解けて開ける北極海の航路とその領有権、やはり氷が解けることでアクセス可能になる地下資源（北極海やグリーンランドなどの石油、天然ガス、鉱物資源など）、人工雪製造、淡水化プラント、火災やハリケーンなどの保険、営利の民間消防組織（保険会社と提携し、料金を支払う人だけを守る）、水供給ビジネスや水利権取引、農地獲得（豊かな国や企業が、21世紀最初の10年間で日本の面積の2倍以上を確保）、難民の流入防止や拘束、護岸壁や防潮堤、浮遊式の建物や都市の建設、バイオテクノロジー（病原体を運ぶ蚊の駆除や遺伝子組み換え農作物など）、気候工学の応用（人工降雨、太陽光を遮る成層圏シールドなど）……。

人間の創意工夫と抜け目のなさには舌を巻くばかりだ。そして、これらが温暖化の対策となるなら、ビジネスチャンスを活かして儲けてなぜ悪いのか？　それは、そこに「不公平」があるからだ。多くの場合、儲けを手にしたり恩恵を受けたりするのは、もともと豊かで、そもそも温暖化に大きく貢献している人々であり、そのしわ寄せを受けるのは、もともと貧しく、そもそも温暖化にはたいして寄与していない人々であるという、いわば「加害者」と「被害者」の構図が存在するのだ。そこに「気候変動に関してもっともつらい真実」がある。

日本はどうかといえば、「加害者」の側にあることは間違いなさそうだ。

国際エネルギー機関が２０１３年に発表したデータを見ると、日本の二酸化炭素排出量は年間13億１１００万トン（世界第5位）。１人あたり10・３トン（世界第21位）で、アメリカ人の半分程度ではあるが、気候変動の深刻な被害を受けているバングラデシュ人の30倍以上だ。

日本は食料の自給率が低いので、国外の農地に大きな負荷をかけている。そして、食料輸入にあたっては、輸送のために燃料を消費しており、当然、そこから熱や温暖化ガスが出る。

日本は水が豊かな国だと思われているが、じつは、近年は減少傾向にあるとはいえ2014年には3億4000万リットル以上のミネラルウォーターを輸入している。それだけではない。農業では水を大量に使うので、日本は食料を輸入することによって、外国でも間接的に水を消費している。たとえば、「小麦を1グラム輸出するのは、水を1リットル輸出するのに相当する」という本書の記述を当てはめれば、2013年の輸入量（約560万トン）は、5兆6000億リットルに相当する。また、日本の輸入品（農産物と工業製品）のために使われる水は、国内での使用量全体（約830億トン）にほぼ匹敵するという。

ところが日本の場合、「被害者」となる展開も予想されるから、事態はなおさら深刻だ。海面が上昇すれば、土壌の塩性化、水没、洪水、高潮、津波などの害を受けやすくなる。日本は多くの主要都市が海辺にあり、国土のうち、いわゆる「ゼロメートル地帯（標高1メートル未満）」の土地面積は0・6％ほどだが、居住人口は300万人を超え、5メートル未満には人口の15パーセント以上が、100メートル未満にはおよそ8割が住んでいる。海岸線の長さは、なんと世界第6位で、日本の面積の約25倍のアメリカ（第8位）や約20倍のオーストラリア（第7位）をも上回る。

食料自給率に関しては、農林水産省の推計によると、生産額ベースでは直近は64パーセント、カロリーベースでは39パーセント（2011年）でしかないという――世界人口が増加の一途をたどり、食料確保が大問題となっているというのに。温暖化によって国内の農業生産に影響が出るのは必至で、デング熱やマラリアといった病気の発生、異常気象現象の多発も懸念される。本書にも出てくるメイプルクロフト社が2010年に算出した気候変動脆弱性指数では、日本は170か国中86位で、中国（第49位）、ブラジル（第81位）などとともに「高リスク」と評価されている。

さて、本書はルポルタージュという性格上、著者の見聞が淡々と紹介されていく。著者はあえて「加害者」を糾弾することもなければ、具体的な解決策を提示することもない。だがそれは、著者が無見識、無節操、無責任だからではない。著者は自らも「加害者」側の一員であることを自覚しつつ、事態を冷静に大局的に眺めている。そのうえで「不都合な真実」を提示して、自らにも、読者にも、地球温暖化について、さらには人間の本性や正義の問題について、考えるよう促すことを目指しているのだ。本書がその発端となれば、著者の目的は十二分に果たされたこととなるだろう。そしてその延長線上に、「公平」な解決策の立案と実現があるならば、これほど素晴らしいことはなかろう。

最後になったが、私の度重なる質問に、いつもすばやく丁寧に答えてくださった著者に感謝したい。また、ダイヤモンド社の編集者、廣畑達也さん、校正を担当して下さった鷗来堂のみなさま、デザイナーの松沼教さんをはじめ、刊行までにお世話になった大勢の方々に、心からお礼を申しあげる。

2016年2月

柴田裕之

［著者］

マッケンジー・ファンク（McKenzie Funk）

アメリカ・オレゴン州生まれ。スワスモア大学で哲学、文学、外国語を学ぶ。2000年からアメリカ各地、海外に赴いて記事を書く。解けてゆく北極圏の海氷の報道で環境報道に与えられるオークス賞を受賞し、タジキスタンで実施したグアンタナモ強制収容所から初めて解放された囚人のインタビューで若手ジャーナリストに与えられるリヴィングストン賞の最終候補に残った。これまでハーパース、ナショナル ジオグラフィック、ローリングストーン、ニューヨーク・タイムズなどに寄稿し、高い評価を受ける。本書が初の著書となる。
本書は、ニューヨーカーでエリザベス・コルバートが「必読書」に、米アマゾンで2014年1月の「今月の１冊」に選出されたほか、ネイチャー、ウォール・ストリート・ジャーナル、GQ等、書評が掲載された紙誌は数十にのぼる。
著者ホームページ：http://www.mckenziefunk.com/#windfall

［訳者］

柴田裕之（しばた・やすし）

1959年生まれ。翻訳者。訳書にジェレミー・リフキン『限界費用ゼロ社会』（NHK出版）、ウォルター・ミシェル『マシュマロ・テスト』（早川書房）、アレックス（サンディ）・ペントランド『正直シグナル』（みすず書房）、ジョン・T・カシオポ他著『孤独の科学』（河出書房新社）、マイケル・S・ガザニガ『人間らしさとはなにか？』（インターシフト）、サリー・サテル他『その〈脳科学〉にご用心』、ダニエル・T・マックス『眠れない一族』（以上、紀伊國屋書店）、ポール・J・ザック『経済は「競争」では繁栄しない』、フランチェスカ・ジーノ『失敗は「そこ」からはじまる』（以上、ダイヤモンド社）ほか多数。

地球を「売り物」にする人たち
——異常気象がもたらす不都合な「現実」

2016年３月10日　第１刷発行

著　者——マッケンジー・ファンク
訳　者——柴田裕之
発行所——ダイヤモンド社
〒150-8409　東京都渋谷区神宮前6-12-17
http://www.diamond.co.jp/
電話／03･5778･7232（編集）　03･5778･7240（販売）

装丁･本文レイアウト— 松昭教（bookwall）
地図作成—— うちきばがんた
校正—— 鷗来堂
製作進行—— ダイヤモンド・グラフィック社
印刷—— 勇進印刷（本文）・加藤文明社（カバー）
製本—— ブックアート
編集担当—— 廣畑達也

ISBN 978-4-478-02893-3